人民交通出版社"十二五"
高职高专土建类专业规划教材

建筑与装饰材料

主　编　邵元纯　杨胜敏
副主编　陈世宁　陈水广　王国霞　张少坤
　　　　王　燕　董　伟　南　博
主　审　吴　锐　钟汉华

人民交通出版社
China Communications Press

内 容 提 要

全书共分12章，介绍了建筑与装饰材料的基本性质，胶凝材料，混凝土，砂浆，建筑钢材，墙体材料，木材，建筑防水材料，建筑玻璃、陶瓷及石材，建筑塑料制品、绝热及吸、隔声材料，建筑涂料，金属类装饰材料。附录部分介绍了常用建筑与装饰材料的试验与检测方法。

本书为高职高专建筑工程专业及相关专业的教材，可作为高职高专、成人教育教学参考用书，建筑行业施工技术管理岗位培训教材，以及建筑行业专业技术人员的工具书。

图书在版编目（CIP）数据

建筑与装饰材料 / 邵元纯，杨胜敏主编. — 北京：
人民交通出版社，2011.8
 ISBN 978-7-114-09338-8

Ⅰ. ①建… Ⅱ. ①邵… ②杨… Ⅲ. ①建筑材料－高等学校－教材②建筑装饰－装饰材料－高等学校－教材
Ⅳ. ①TU5②TU56

中国版本图书馆CIP数据核字(2011)第171467号

书　名：	建筑与装饰材料
著 作 者：	邵元纯　杨胜敏
责任编辑：	邵　江　刘彩云
出版发行：	人民交通出版社
地　　址：	（100011）北京市朝阳区安定门外外馆斜街3号
网　　址：	http://www.ccpress.com.cn
销售电话：	（010）59757973
总 经 销：	人民交通出版社发行部
经　销：	各地新华书店
印　刷：	北京交通印务实业公司
开　　本：	787×1092　1/16
印　张：	20.25
字　数：	471千
版　次：	2011年8月　第1版
印　次：	2013年2月　第2次印刷
书　号：	ISBN 978-7-114-09338-8
定　价：	39.00元

（有印刷、装订质量问题的图书由本社负责调换）

高职高专土建类专业规划教材编审委员会

主任委员

吴　泽(四川建筑职业技术学院)

副主任委员

赵　研(黑龙江建筑职业技术学院)　危道军(湖北城市建设职业技术学院)　袁建新(四川建筑职业技术学院)
王世新(山西建筑职业技术学院)　申培轩(济南工程职业技术学院)　王　强(北京工业职业技术学院)
许　元(浙江广厦建设职业技术学院)　韩　敏(人民交通出版社)

土建施工类分专业委员会主任委员

赵　研(黑龙江建筑职业技术学院)

工程管理类分专业委员会主任委员

袁建新(四川建筑职业技术学院)

委员（以姓氏笔画为序）

丁春静(辽宁建筑职业技术学院)　马守才(兰州工业高等专科学校)　毛燕红(九州职业技术学院)
王　安(山东水利职业学院)　王延该(湖北城市建设职业技术学院)　王社欣(江西工业工程职业技术学院)
邓宗国(湖南城建职业技术学院)　田恒久(山西建筑职业技术学院)　边亚东(中原工学院)
刘志宏(江西城市学院)　刘良军(石家庄铁道职业技术学院)　刘晓敏(黄冈职业技术学院)
吕宏德(广州城市职业学院)　朱玉春(河北建材职业技术学院)　张学钢(陕西铁路工程职业技术学院)
李中秋(河北交通职业技术学院)　李春亭(北京农业职业学院)　杨太生(山西建筑职业技术学院)
肖伦斌(绵阳职业技术学院)　邹德奎(哈尔滨铁道职业技术学院)　陈年和(江苏建筑职业技术学院)
侯洪涛(济南工程职业技术学院)　钟汉华(湖北水利水电职业技术学院)　涂群岚(江西建设职业技术学院)
郭　宁(深圳建设集团)　郭起剑(江苏建筑职业技术学院)　郭朝英(甘肃工业职业技术学院)
温风军(济南工程职业技术学院)　蒋晓燕(浙江广厦建设职业技术学院)　韩家宝(哈尔滨职业技术学院)
蔡　东(广东建设职业技术学院)　谭　平(北京京北职业技术学院)

顾问

杨嗣信(北京双圆工程咨询监理有限公司)　尹敏达(中国建筑金属结构协会)
杨军霞(北京城建集团)　李永涛(北京广联达软件股份有限公司)
李　志(湖北城建职业技术学院)

秘书处

邵　江(人民交通出版社)　　刘彩云(人民交通出版社)

高职高专土建类专业规划教材出版说明

　　近年来我国职业教育蓬勃发展,教育教学改革不断深化,国家对职业教育的重视达到前所未有的高度。为了贯彻落实《国务院关于大力发展职业教育的决定》的精神,提高我国土建领域的职业教育水平,培养出适应新时期职业需要的高素质人才,人民交通出版社深入调研,周密组织,在全国高职高专教育土建类专业教学指导委员会的热情鼓励和悉心指导下,发起并组织了全国四十余所院校一大批骨干教师,编写出版本系列教材。

　　本套教材以《高等职业教育土建类专业教育标准和培养方案》为纲,结合专业建设、课程建设和教育教学改革成果,在广泛调查和研讨的基础上进行规划和展开编写工作,重点突出企业参与和实践能力、职业技能的培养,推进教材立体化开发,鼓励教材创新,教材组委会、编审委员会、编写与审稿人员全力以赴,为打造特色鲜明的优质教材做出了不懈努力,希望以此能够推动高职土建类专业的教材建设。

　　本系列教材先期推出建筑工程技术、工程监理和工程造价三个土建类专业共计四十余种主辅教材,随后在 2~3 年内全面推出土建大类中 7 类方向的全部专业教材,最终出版一套体系完整、特色鲜明的优秀高职高专土建类专业教材。

　　本系列教材适用于高职高专院校、成人高校及二级职业技术学院、继续教育学院和民办高校的土建类各专业使用,也可作为相关从业人员的培训教材。

人民交通出版社
2011 年 6 月

  本书是人民交通出版社组织编写的"十二五"高职高专规划教材之一,是迎合新形势下职业技术教育发展的需求和按照高职高专建筑工程专业及相关专业的教学要求编写的。全书突出职业教育特点,充分考虑了广大高职院校学生的认知规律,不求进行深入的理论讲解,力争做到内容简明扼要,深入浅出,通俗易懂。

  全书共有 12 章内容,另加附录。前八章介绍了常用建筑材料,主要包括:建筑与装饰材料的基本性质,胶凝材料,混凝土,砂浆,建筑钢材,墙体材料,木材、建筑防水材料;后四章介绍了常用装饰材料,主要包括:建筑玻璃、陶瓷及石材,建筑塑料制品,绝热及吸、隔声材料,建筑涂料,金属类装饰材料。附录部分介绍了常用建筑与装饰材料的性能及检测方法。

  本书由湖北水利水电职业技术学院邵元纯、北京农业职业技术学院杨胜敏担任主编;武汉船舶职业技术学院陈世宁、武汉电力职业技术学院陈水广、湖北水利水电职业技术学院王国霞、张少坤、王燕及武汉钢铁集团民用建筑工程有限责任公司南博(一级建造师)担任副主编。具体编写分工为:邵元纯编写绪论和第 1、10 章,王燕编写第 2 章,张少坤编写第 3、4 章,杨胜敏编写第 6、7 章,南博编写第 8 章,陈世宁编写第 11、12 章,陈水广编写第 5、9 章,王国霞、董伟编写附录部分。全书由湖北城市建设职业技术学院吴锐和湖北水利水电职业技术学院钟汉华担任主审。

  本书在编写过程中,参考了国内外有关建筑材料的大量文献资料,但由于建筑与装饰业发展很快,新的建筑与装饰材料不断涌现,本书尽量做到与时俱进。另因编者水平有限,书中不妥之处在所难免,恳请读者批评指正。

编者
2011 年 6 月

目录

绪论 ··· 1
第1章 建筑与装饰材料的基本性质 ····································· 4
第1节 材料的物理性质 ··· 4
第2节 材料的力学性质 ··· 10
第3节 材料的耐久性 ··· 12
本章小结 ·· 13
习题 ·· 13

第2章 胶凝材料 ··· 14
第1节 气硬性胶凝材料 ··· 14
第2节 水硬性胶凝材料 ··· 21
本章小结 ·· 45
习题 ·· 45

第3章 混凝土 ··· 47
第1节 概述 ·· 47
第2节 混凝土组成材料 ··· 50
第3节 混凝土的主要技术性质 ··· 62
第4节 混凝土外加剂 ··· 74
第5节 混凝土配合比设计 ··· 79
第6节 混凝土的质量控制 ··· 87
第7节 其他品种混凝土 ··· 90
本章小结 ·· 98
习题 ·· 98

第4章 砂浆 ··· 99
第1节 砂浆的组成材料 ··· 99
第2节 砂浆的主要技术性质 ··· 100
第3节 建筑砂浆配合比设计 ··· 103
第4节 其他砂浆 ·· 108
本章小结 ·· 111
习题 ··· 111

第 5 章　建筑钢材 ... 113
第 1 节　钢的冶炼和分类 ... 113
第 2 节　建筑钢材的技术性能 ... 115
第 3 节　建筑常用钢及钢材 ... 122
第 4 节　钢材锈蚀及防止 ... 132
本章小结 ... 133
习题 ... 134

第 6 章　墙体材料 ... 135
第 1 节　砌墙砖 ... 135
第 2 节　墙用砌块 ... 142
本章小结 ... 145
习题 ... 145

第 7 章　木材 ... 146
第 1 节　木材的分类和构造 ... 146
第 2 节　木材的技术性质 ... 148
第 3 节　木材主要产品和应用 ... 151
第 4 节　木材的防腐与防火 ... 153
本章小结 ... 154
习题 ... 155

第 8 章　建筑防水材料 ... 156
第 1 节　沥青类防水材料 ... 156
第 2 节　合成高分子防水材料 ... 165
第 3 节　防水涂料 ... 167
本章小结 ... 168
习题 ... 169

第 9 章　建筑玻璃、陶瓷及石材 ... 170
第 1 节　建筑玻璃 ... 170
第 2 节　建筑陶瓷 ... 177
第 3 节　建筑石材 ... 180
本章小结 ... 183
习题 ... 183

第 10 章　建筑塑料制品、绝热及吸、隔声材料 ... 184
第 1 节　建筑塑料制品 ... 184
第 2 节　绝热材料 ... 188
第 3 节　吸、隔声材料 ... 192
本章小结 ... 197
习题 ... 197

第11章 建筑涂料 ... 198
第1节 概述 ... 198
第2节 内墙涂料 ... 203
第3节 外墙涂料 ... 210
第4节 地面涂料 ... 217
本章小结 ... 220
习题 ... 220

第12章 金属类装饰材料 ... 221
第1节 概述 ... 221
第2节 铝及铝合金制品 ... 223
第3节 铜及铜合金制品 ... 225
第4节 装饰五金配件 ... 226
第5节 装饰铝塑板 ... 229
本章小结 ... 232
习题 ... 233

附录 常用建筑与装饰材料的试验与检测方法 ... 234
试验一 水泥技术性质检测 ... 234
试验二 混凝土用骨料检测 ... 247
试验三 普通混凝土性能检测 ... 265
试验四 建筑砂浆性能检测 ... 272
试验五 砌墙砖性能检测 ... 277
试验六 建筑钢材性能检测 ... 283
试验七 防水材料性能检测 ... 290
试验八 木材性能检测 ... 301
试验九 建筑涂料检测 ... 305

参考文献 ... 310

绪 论

一 建筑与装饰材料的定义

建筑材料是指用于土木建筑结构物的所有材料的总称,是工程建设的重要物质基础。建筑装饰材料,又称建筑饰面材料,是指铺设或涂装在建筑物表面起装饰和美化环境作用的材料。建筑装饰材料是集材料、工艺、造型设计、美学于一身的材料,它是建筑装饰工程的重要物质基础,用以保护主体结构在各种环境因素下的稳定性和耐久性,满足建筑物的使用功能,提高建筑物的美观程度。主要有草、木、石、砂、砖、瓦、水泥、石膏、石棉、石灰、玻璃、马赛克、陶瓷、油漆涂料、纸、金属、塑料、织物以及各种复合制品。

二 建筑与装饰材料的分类

建筑材料品种繁多,分类方法也很多。一般按材料的化学成分,分为金属材料、非金属材料、复合材料三大类。

(1)金属材料

金属材料包括黑色金属材料、有色金属材料及特种金属材料。工程中应用最为广泛的黑色金属材料是建筑钢材,它多用于重要的承重结构,如钢筋混凝土结构、预应力混凝土结构及钢结构等。铝、铜、锌及其合金,属于有色金属材料,是装饰工程、电气工程、止水工程中的重要材料。如各种类型的铝合金型材及制品,现已大量用于门窗、吊顶、玻璃幕墙等工程中。特种金属材料包括不同用途的结构金属材料和功能金属材料。其中有通过快速冷凝工艺获得的非晶态金属材料,以及准晶、微晶、纳米晶金属材料等;还有隐身、抗氢、超导、形状记忆、耐磨、减振阻尼等特殊功能合金,以及金属基复合材料等,本书暂不介绍。

(2)非金属材料

非金属材料是由非金属元素或化合物构成的材料,包括无机非金属材料和有机材料。主要有天然材料(如砂、石)、烧土制品(如黏土砖、陶瓷)、玻璃、胶凝材料(如水泥、石灰、石膏、水玻璃)及以胶凝材料(如混凝土、硅酸盐制品)为基料的人造石材等。

随着生产和科学技术的进步,尤其是无机化学和有机化学工业的发展,人类以天然的矿物、植物、石油等为原料,制造和合成了许多新型非金属材料,如水泥、人造石墨、特种陶瓷、合成橡胶、合成树脂(塑料)、合成纤维等。这些非金属材料因具有各种优异的性能,为天然的非金属材料和某些金属材料所不及,而且无机非金属材料资源丰富、性能优良、价格低廉,从而在近代建筑中的用途不断扩大、迅速发展并占有重要地位。

(3) 复合材料

复合材料是指两种或两种以上不同性质的材料(复合相),经加工而组合成一体的材料。复合材料有利于发挥各复合相的性能优势,克服单一材料的弱点,是现代材料科学研究发展的趋势。根据复合相的几何形状,复合材料可分为颗粒型(如沥青混凝土、聚合物混凝土)、纤维型(如纤维混凝土、钢筋混凝土)、层合型(如塑钢复合型材、夹层玻璃、铝箔面油毡)等。

此外,建筑用装饰材料按所处的不同建筑部位,可分为结构材料、屋面材料、楼地面材料、墙体材料、吊顶材料等。按材料的主要功能作用,可分为承重材料、围护材料、建筑功能性材料等。

三 建筑与装饰材料在国民经济中的地位及作用

建筑与装饰材料主要应用于建筑与装饰业,建筑与装饰业是同经济发展和社会进步紧密联系的行业。我国建筑及装饰业几十年的发展历程充分证明,建筑装饰业是在社会分工专业化发展中,崛起的一个焕发活力和生机的古老行业,它不仅为国家、社会创造了大量的物质财富,同时带动了众多行业的发展,拉动了社会需求,推动了社会消费,还解决了很多就业问题,在国民经济和社会发展中占有举足轻重的地位。由于我国国民经济持续稳定的发展以及人民生活水平不断提高,尤其是建筑业及房地产业的迅猛发展,使建筑与装饰材料需求日益扩大。所以,无论从现状还是从发展的趋势来看,建筑与装饰材料的研制推广和应用对建筑业的发展具有深远的影响,对人民生活质量和生存环境也产生巨大的影响。

四 建筑与装饰材料的发展

建筑与装饰材料是随着人类社会的发展而发展的。人类使用建筑材料,最初是从土、石、草、木、兽皮等天然材料开始的。随着生产力的发展,出现了砖瓦、玻璃、塑料等人造建筑材料。19 世纪资本主义国家的工业革命兴起以后,建筑材料得到迅速发展。特别是钢材、水泥、钢筋混凝土等材料的出现和发展,使得高层建筑、高跨建筑成为可能。如这一时期建成的埃菲尔铁塔,高度达到 300m。20 世纪以来,建筑业得到进一步发展。许多新型材料复合型材料得到了广泛的应用。

随着社会的发展,人类对建筑工程的功能要求越来越高,为适应建筑工业化、现代化,提高质量、降低能耗、实现多功能的要求,建筑材料正向轻质、高强、耐久、节能环保等方向发展。尤其是建筑装饰行业的快速发展以及人们对物质和精神需求的不断增长,我国现代装饰材料发展迅猛,层出不穷。新型装饰材料将从品种上、规格上、档次上进入新的阶段,产品朝着功能化、复合化、系列化、规范化的方向发展。同时,随着人们环境保护与可持续发展意识的增强,保护环境、节约能源与土地,合理开发和综合利用原料资源,尽量利用工业废料,也成为建筑装饰材料发展的一种趋势。因此,建筑装饰材料总的发展趋势应该是:品种越来越多,门类更加齐全,档次力求配套,并践行"健康、环保、安全、实用、美观"的发展理念。

五 学习本课程的目的、方法

"建筑与装饰材料"是建筑工程、水利工程等专业的重要的专业基础课,也是高职学生就业材料员等岗位必备的知识技能课程。土木建筑物的设计、施工、维护都与建筑与装饰材料的品种、性能密切相关,在实际工程中,经常遇到有关建筑材料的选择、质量检验、配合比调整等方面的问题,这都需要我们具备一定的理论知识和试验技能。因此,"建筑与装饰材料"课程的学习是学好这些专业的必要条件。

作为高职高专学生,学习本课程时,可应用以下几种方法:

(1)认真听讲,仔细听老师讲解各种建筑与装饰材料的概念、性质及功能等基本知识。由于材料品种多,学习时可以将同类材料进行对比,归纳它们的共性和特性。从基本知识理论方面熟悉并掌握常见建筑与装饰材料的基本性质及功能。

(2)注重本课程试验实训学习。通过课堂试验和综合实训,学习鉴定和检验常用材料的方法,掌握试验技能,培养动手能力及分析、解决问题的能力。

另外,注意建筑材料标准和规范的更新,并结合其他专业课程来进一步巩固本课程知识。

第1章 建筑与装饰材料的基本性质

【职业能力目标】

通过本章的学习,能够在材料员等岗位上认识常用建筑与装饰材料的物理、力学性能指标,填写一些相关材料性能表格。

【学习目标】

熟悉建筑材料的常规物理性质、力学性质、耐久性质及声学性质等,为合理选用建筑材料,理解工程条件及对拟用材料提出的各项技术要求打下知识基础。

第1节 材料的物理性质

一、与质量有关的性质

1. 密度

密度 ρ 是指材料在绝对密实状态下的单位体积的质量,可用下式计算:

$$\rho = \frac{m}{V}$$

式中:m——材料在干燥状态下的质量,g;

V——材料在绝对密实状态下的体积,cm^3。

材料在绝对密实状态下的体积,即材料的实体积。实际上,只有少数材料(钢材、沥青等)可视为密实材料,直接测定其密度。其他大多数材料内部都含有一定的孔隙。对于多孔材料,可将材料磨制成规定细度的粉末,用排液法测得其体积,再计算出其密度。

对较密实材料,如砂、石等,因内部孔隙少,可用排开液体的体积作为绝对密实状态体积的近似值。用该方法求出的密度称为表观密度(也称视密度)。

2. 体积密度

体积密度 ρ_0 是指材料在自然状态下单位体积的质量,可用下式计算:

$$\rho_0 = \frac{m}{V_0}$$

式中:m——材料的质量,g 或 kg;

V_0——材料在自然状态下的体积,cm³ 或 m³。

材料在自然状态下的体积,是指构成材料的固体物质的体积与全部孔隙体积之和(图1-1)。规则形状的体积可直接测其外形体积,不规则形状的材料可在表面涂蜡,再用排液法求其体积。

材料的体积密度随含水状态的变化而变化。因此,在测定体积密度时,应同时测定含水量,并予以注明。未注明时指干燥状态的体积密度。

3. 堆积密度

堆积密度 ρ_0' 是指材料在规定的装填条件下,单位松散体积的质量,可用下式计算:

$$\rho_0' = \frac{m}{V_0'}$$

式中 ρ_0'——散粒材料的堆积密度,kg/m³。

m——材料的质量,g 或 kg;

V_0'——散粒材料的松散体积,m³。

散粒材料的松散体积包括固体颗粒体积、颗粒内部孔隙体积和颗粒之间的空隙体积(图1-2)。松散体积用容量筒测定。堆积密度与材料的装填条件及含水状态有关。在自然堆积状态下称松堆密度,如经过振实后测得的堆积密度称为紧堆密度。

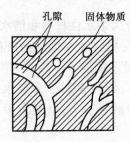

图1-1 材料组成示意图

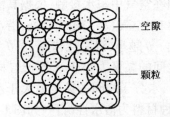

图1-2 散粒材料堆积体积示意图

4. 孔隙率

孔隙率 P 指块状材料中孔隙体积与材料在自然状态下总体积的百分比,可用下式计算:

$$P = \frac{V_{孔}}{V_0} \times 100\%$$

$$P = \frac{V_0 - V}{V_0} = 1 - \frac{V}{V_0} = \left(1 - \frac{\rho_0}{\rho}\right) \times 100\%$$

式中:P——材料的孔隙率,%;

$V_{孔}$——材料中孔隙的体积,cm³;

ρ_0——材料的体积密度(干燥状态)。

常用材料的密度、体积密度及孔隙率见表1-1。

5. 空隙率

散粒材料在松散状态下,颗粒之间的空隙体积与松散体积的百分比称为空隙率 P',可用下式计算:

$$P' = \frac{V'_0 - V_0}{V'_0} = 1 - \frac{V_0}{V'_0} = \left(1 - \frac{\rho'_0}{\rho_0}\right) \times 100\%$$

式中：P'——散粒材的空隙率，%。

ρ'_0、ρ_0 均为干燥状态下材料的体积密度。

常用建筑与装饰材料的密度、体积密度及孔隙率　　　　表1-1

材　料	密度（g/cm³）	体积密度（g/cm³）	孔隙率（%）
普通黏土砖	2.5～2.8	1 500～1 800	20～40
花岗岩	2.6～2.9	2 500～2 800	0.5～1.0
普通混凝土		2 300～2 500	5～20
沥青混凝土		2 300～2 400	2～4
松木	1.55～1.60	380～700	55～75
砂	2.6～2.7	1 400～1 600	40～45
建筑钢材	7.85	7 850	0

二、材料与水有关的性质

1. 亲水性与憎水性

材料在空气中与水接触，根据其能否被水润湿，将材料分为亲水性材料和憎水性材料。

在材料、空气、水三相交界处，沿水滴表面作切线，切线与材料和水接触面所得夹角 θ，称为润湿角。θ 越小，浸润性越强，当 θ 为零时，表示材料完全被水润湿。一般认为当 $\theta < 90°$ 时，水分子之间的黏聚力小于水分子与材料分子之间的吸引力，此种材料称为亲水性材料。当 $\theta > 90°$ 时，水分子之间的黏聚力大于水分子与材料分子之间的吸引力，材料表面不易被水润湿，称此种材料为憎水性材料，如图1-3所示。

混凝土、砖石、木材等大多数材料属于亲水性材料，沥青、石蜡等少数材料属于憎水性材料。憎水性材料能阻止水分渗入其毛细管中，可用作防水材料。

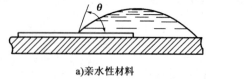
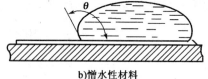

a) 亲水性材料　　　　　　　　　　　　b) 憎水性材料

图1-3　材料的湿润示意图

2. 吸水性

材料吸收水分的性质称为吸水性。材料吸水达到饱和状态时，其内部所含水分的多少，用吸水率表示。材料的吸水率可用质量吸水率或体积吸水率表示。质量吸水率 $w_\text{质}$ 是指材料吸水饱和时，所吸收水分的质量与材料干燥质量的百分比，可用下式计算：

$$w_\text{质} = \frac{m_2 - m_1}{m_1} \times 100\%$$

式中：$w_质$——材料的质量吸水率，%；

m_1、m_2——材料在干燥状态和饱和面干状态下的质量，g。

对于多孔材料常用体积吸水率表示。体积吸水率 $w_体$ 是指材料吸水饱和时，所吸收水分的体积与干燥材料自然体积的百分比，可用下式计算：

$$w_体 = \frac{m_2 - m_1}{V_0} \times \frac{1}{\rho_w} \times 100\%$$

式中：$w_体$——材料的体积吸水率，%；

ρ_w——水的密度，g/cm³；常温下为 1g/cm³；

V_0——材料自然状态下的体积，cm³。

材料吸水率的大小取决于材料的亲水属性及材料的构造。材料开口孔隙率越大，吸水性越强，特别是材料具有很多微小开口孔隙时，吸水率非常大。不同材料的吸水率变化很大，花岗岩为 0.02%~0.7%；普通混凝土为 2%~4%，烧结普通砖为 8%~15%。

材料在空气中吸收水分的性质称为吸湿性，用含水率 $w_含$ 表示：

$$w_含 = \frac{m_3 - m_1}{m_1} \times 100\%$$

式中：$w_含$——材料的含水率，%；

m_1、m_3——材料在干燥状态和气干状态下的质量，g。

材料的吸水率是一个定值，含水率则随环境而变化。当空气湿度较大且温度较低时，材料的含水率就大，反之则小。材料所含水分与空气的湿度相平衡时的含水率，称为平衡含水率。

材料吸水后会对工程产生不良影响。如受潮后的材料表观密度、导热性增大，强度、抗冻性降低。

3. 耐水性

材料在水作用下，保持其原有性质的能力，称为耐水性。一般情况下，潮湿的材料较干燥时强度低，主要是浸入的水分削弱了材料微粒间的结合力，同时材料内部往往含有一些易被水软化或溶解的物质（如黏土、石膏等）。材料的耐水性以软化系数表示：

$$K_软 = \frac{f_w}{f}$$

式中：$K_软$——材料的软化系数；

f_w、f——材料在水饱和状态下及干燥状态下的强度，MPa。

软化系数的大小反映材料浸水后强度降低的程度。软化系数越小，其耐水性越差。在选择受水作用的结构材料时，$K_软$ 值是一项重要指标。受水浸泡或长期受潮的重要结构材料，其软化系数不宜小于 0.85~0.9；受潮较轻或次要的结构材料，其软化系数不宜小于 0.7~0.85。

4. 抗渗性

材料抵抗压力水渗透的性质，称为抗渗性。抗渗性常用渗透系数和抗渗等级表示。

根据达西定律，在一定时间 t 内，透过材料的水量 Q 与试件的过水断面积 A 及作用于试件的水头差 H 成正比，与试件的厚度 d 成反比，比例系数为 k，称为渗透系数。表达式为：

$$Q = k\frac{H}{d}At$$

或

$$k = \frac{Qd}{AtH}$$

式中：k——材料的渗透系数，cm/s；

Q——透过材料的水量，cm^3；

d——试件厚度，cm；

A——透水面积，cm^2；

t——透水时间，s；

H——静水压力水头，cm。

渗透系数反映材料内部组织构造的疏密程度。k 值越小，表明材料的抗渗能力越强。

规定的试件，在标准试验方法下试件不透水时所能承受的最大水压力（以 MPa 计），称为材料的抗渗等级。如 P4 表示材料在渗水前能承受的最大水压力为 0.4MPa。抗渗等级常用于表示砂浆和混凝土的抗渗能力，抗渗等级越大，材料的抗渗能力越强。材料孔隙率小，且具有闭口孔隙的材料往往抗渗能力较强。

抗渗性是决定材料耐久性的重要因素，也是检验防水材料质量等级的指标之一。

5. 抗冻性

材料在水饱和状态下，经受多次冻融循环作用而不破坏，其强度也不显著降低的性质，称为抗冻性。

抗冻性试验通常是将规定的标准试件浸水饱和后，在规定的试验条件下，进行反复冻融，试件强度降低及重量损失值不超过规定值、材料表面无明显损伤，所对应的最大循环次数，定为该材料的抗冻等级。材料的抗冻性用抗冻等级 Fi 表示，"i"表示冻融循环次数，如 F25、F50 等，抗冻等级越高，材料的抗冻能力越强。

冻结的破坏作用主要是材料孔隙中的水结冰膨胀所致。当材料孔隙中充满水时，水结冰约产生 9% 的体积膨胀，使材料孔壁产生拉应力，当拉应力超过材料的抗拉强度时，孔壁形成局部开裂。随着冻融次数的增加，材料的破坏更加严重。

材料的抗冻能力取决于材料的吸水饱和程度、孔隙特征及抵抗冻胀应力的能力。闭口孔隙不易进水，粗大的开口孔隙水分不易充满孔隙，都会使材料抗冻能力提高；材料自身的强度高，变形能力强，也会提高材料的抗冻能力。

抗冻性是考查材料耐久性的一个重要指标。水工建筑物经常处于干湿交替作用的环境中，其抗冻性的要求可高达 F500～F1000。

三 材料与热有关的性质

1. 导热性

材料传导热量的性质称为导热性。材料的导热能力用导热系数 λ 表示，其物理意义是：面积为 $1m^2$、厚度为 1m 的单层材料，当两侧温差为 1K 时，经 1s 所传递的热量。计算公式如下：

$$\lambda = \frac{Q \cdot d}{At(T_2 - T_1)}$$

式中：λ——材料的导热系数，W/(m·K)；
　　　Q——传导的热量，J；
　　　A——热传导面积，m^2；
　　　d——材料厚度，m；
　　　t——导热时间，s；
T_1、T_2——材料两侧的温度，K。

材料的导热系数越小，隔热保温效果越好。有隔热保温要求的建筑物宜选用导热系数小的材料做围护结构。工程中通常将 $\lambda<0.23W/(m·K)$ 的材料称为绝热材料。

导热系数与材料的化学组成、显微结构、孔隙率、孔隙形态特征、含水率及导热时的温度等因素有关。

2. 热容

热容是指材料受热时蓄存热量或冷却时放出热量的性能。

材料受热时吸收或冷却时放出的热量与其质量、温度变化值成正比，即：

$$Q = cm(T_2 - T_1)$$

或

$$c = \frac{Q}{m(T_2 - T_1)}$$

式中：Q——材料吸收或放出的热量，J；
　　　c——材料的比热容，J/(kg·K)；
　　　m——材料的质量，kg；
$T_2 - T_1$——材料受热或冷却前后的温差，K。

材料热容量高，可较长时间保持房间温度的稳定。

几种常见材料的导热系数及比热容见表1-2。

常见材料的导热系数及比热容　　　　　表1-2

材　料	导热系数 W/(m·K)	比热容 J/(kg·K)	材　料	导热系数 W/(m·K)	比热容 J/(kg·K)
铜	370	0.38	绝热纤维板	0.05	1.46
钢	55	0.46	玻璃棉板	0.04	0.88
花岗岩	2.9	0.80	泡沫塑料	0.03	1.30
普通混凝土	1.8	0.88	冰	2.20	2.05
普通黏土砖	0.55	0.84	水	0.58	4.19
松木（顺纹）	0.15	1.63	密闭空气	0.025	1.00

四 材料与声有关的性质

1. 吸声性

材料吸收声音的能力称为材料的吸声性。评定材料吸声性能好坏的主要指标是吸声系

数,计算公式为:

$$\delta = E/E_0$$

式中:δ——材料的吸声系数;

E——被材料吸收的声能(包括部分穿透材料的声能),J;

E_0——入射到材料表面的总声能,J。

当声波遇到材料表面时,一部分被反射,另一部分穿透材料,其余的部分则传递给材料,在材料的孔隙中引起空气分子与孔壁的摩擦和黏滞阻力,使相当一部分声能转化为热能而被吸收。材料的吸声系数越大,则其吸声性能越好。吸声系数与声音的频率和入射方向有关。同一材料用不同频率的声波,从不同方向射向材料时,有不同的 δ 值。所以,吸声系数采用的是声音从各方向入射的平均值,但需指出是对哪个频率的吸收。通常采用的 6 个频率为 125Hz、250Hz、500Hz、1000Hz、2000Hz 和 4000Hz。一般将对上述 6 个频率的平均吸声系数 $\delta > 0.2$ 的材料称为吸声材料。材料的吸声性能与材料的厚度、孔隙的特征、构造形态等有关。开放的互相连通的气孔越多,材料的吸声性能越好。最常用的吸声材料大多为多孔材料,强度较低,多孔吸声材料易于吸湿,安装时应考虑胀缩的影响。

2. 隔声性

材料隔绝声音的能力称为材料的隔声性能。材料的隔声性用隔声量来表示,计算公式为:

$$R = 10\lg(E_0/E_2)$$

式中:R——隔声量,dB;

E_0——入射到材料表面的总声能,J;

E_2——透过材料的声能,J。

隔声可分为隔绝空气声(通过空气传播的声音)和隔绝固体声(通过撞击或振动传播的声音)。两者的隔声原理截然不同。对于空气声,根据声学中的"质量定律",其传声的大小主要取决于墙或板的单位面积质量,质量越大,越不易被振动,则隔声效果越好。可以认为,隔声量越大,材料的隔声性能越好。隔绝空气声主要是反射,因此必须选择密实、沉重的材料,如黏土砖、钢筋混凝土、钢板等作为隔声材料。对于固体声,是由于振源撞击固体材料,引起固体材料受迫振动而发声,并向四周辐射声能。固体声在传播过程中,声能的衰减极少。隔绝固体声主要是吸收,这和吸声材料是一致的。隔绝固体声最有效的措施是在墙壁和承重梁之间、房屋的框架和墙壁及楼板之间加弹性衬垫,这些衬垫材料大多可以采用上述的吸声材料,如毛毡、软木等,在楼板上可加地毯、木地板等。

第 2 节　材料的力学性质

一 材料的强度

1. 强度

材料抵抗外力作用破坏的性能称为强度。当材料承受荷载作用时,内部便产生应力。应力随荷载的增大而增大,直至材料发生破坏。此时的极限应力值即为材料的强度。

$$f = \frac{P_{max}}{A}$$

式中:f——强度,MPa;

P_{max}——极限荷载,N;

A——受力面积,mm^2。

2. 强度的影响因素

材料的强度与材料的组成及结构有关。一般来说,材料的孔隙率越大,则强度越小。材料的强度还与检测时试件的形状、尺寸、含水状态、环境温度、加荷速度等有关。同种材料,试件尺寸小时所测强度值高;加荷速度快时强度值高;试件表面粗糙时强度值高。如果材料含水率增大,环境温度升高,都会使材料强度降低。

3. 比强度

比强度是衡量材料轻质高强性能的重要指标,其值等于材料强度与其体积密度之比。它便于我们对不同强度的材料进行比较。

例如,木材的强度低于钢材,而木材的比强度远过高于钢材,说明木材比钢材更为轻质高强。

二 其他力学性质

1. 材料的冲击韧性和脆性

材料抵抗冲击、振动荷载作用的能力称为韧性。其值用冲击韧性指标 a_k 表示,a_k 指用带缺口的试件做冲击破坏试验时,断口处单位面积所吸收的功,其计算式为:

$$a_k = \frac{A_k}{A}$$

式中:a_k——材料的冲击韧性指标,J/mm^2;

A_k——试件破坏时所消耗的功,J;

A——试件受力净截面积,mm^2。

建筑钢材、木材的 a_k 值较高,称之为韧性材料。它们在破坏前均有较明显的变形。玻璃、混凝土、砖石等材料破坏前无明显的塑性变形,称之为脆性材料。

2. 磨损及磨耗

材料表面在外界物质的摩擦作用下,其质量和体积减小的现象称为磨损,磨损用磨损率表示:

$$K = \frac{m_1 - m_2}{A}$$

式中:K——试件的磨损率,g/cm^2;

m_1、m_2——试件磨损前、后的质量,g;

A——试件受磨表面积,cm^2。

材料在摩擦和冲击同时作用下,其质量和体积减小的现象,称为磨耗。磨耗以试验前、后的试件质量损失百分数表示。

磨损及磨耗统称为材料的耐磨性。材料的硬度大、韧性好、构造均匀致密时,其耐磨性较强。多泥砂的河流上修建水闸的消能结构,就要求使用耐磨性较强的材料。

第3节 材料的耐久性

耐久性是指材料在长期使用过程中保持其工作性能到极限状态的性质。材料的工作性能是指材料在使用过程中所必须具备的物理、化学及力学性质。极限状态要依据材料的破坏程度、建筑物的安全度及经济指标等几方面因素综合确定。

改变材料工作性能的因素,除了外力的作用,还与材料所处的工作环境有关。环境因素的破坏作用,主要是物理作用、化学作用及生物作用。这些因素或单独或交互发生,具有复杂多变性。材料的耐久性与破坏因素见表1-3。

耐久性与环境破坏因素　　　　　　表1-3

名　称	破坏作用	环境因素	评定指标
抗渗性	物理	压力水	渗透系数、抗渗等级
抗冻性	物理	水、冻融	抗冻等级
冲磨气蚀	物理	流水、泥沙	磨损率
碳化	化学	CO_2、H_2O	碳化深度
化学侵蚀	化学	酸、碱、盐及其溶液	*
老化	化学	阳光、空气、水	*
锈蚀	物理、化学	H_2O、O_2、Cl^-、电流	锈蚀率
碱—集料反应	物理、化学	K_2O、活性骨料	*
腐朽	生物	H_2O、O_2、菌	*
虫蛀	生物	昆虫	*
耐热	物理	湿热、冷热交替	*
耐火	物理	高温、火焰	*

注:*表示可参考其强度变化率、裂缝开裂情况、变形情况进行评定。

材料的耐久性是一项综合性质。对材料耐久性的判断,需要在使用条件下进行长期的观察和测定。通常的做法是根据工程对所用材料的使用要求,在实验室进行有关的快速试验,如干湿循环、冻融循环、加湿与紫外线干燥循环、碳化、盐溶液浸渍与干燥循环、化学介质浸渍等,并据此做出耐久性判断。

例如,矿物质材料的抗冻性可以综合反映材料抵抗温度变化、干湿变化等风化作用的能力,因此抗冻性可作为矿物质材料抵抗周围环境物理作用的耐久性综合指标。在水利工程中,处于温暖地区的结构材料,为抵抗风化作用,对材料也提出一定的抗冻性要求。

◀本 章 小 结▶

本章主要介绍了建筑材料的物理性质、力学性质及耐久性等。理解与掌握建筑装饰材料的基本性质,有助于完成材料的性能试验,并能为合理选择和科学利用建筑与装饰材料打下基础。

习 题

1-1 材料的吸水性、吸湿性、耐水性、抗渗性、抗冻性、吸声性及隔声性的含意是什么?各用什么指标表示?

1-2 材料受冻破坏的原因是什么?为什么通过水饱和度可以看出材料的抗冻性如何?

1-3 如何保持建筑物室内温度的稳定性并减少热损失?

1-4 某天然岩石密度为 $2.68g/cm^3$,孔隙率2%,将该岩石破碎或碎石,碎石的堆积密度为 $1550kg/m^3$。求碎石的体积密度和空隙率。

1-5 某材料干燥状态时破坏荷载为200kN,吸水饱和时的破坏荷载为155kN,求其软化系数并判断该材料是否能用于潮湿环境。

1-6 材料的吸声性与材料哪些因素有关?材料的吸声系数是如何确定的?

第 2 章 胶凝材料

【职业能力目标】

通过本章的学习,可根据石灰、石膏、水泥及水玻璃等胶凝材料的主要技术性质以及影响因素来解决工程中遇到的实际问题;能够对施工现场胶凝材料进场进行验收;按照规定的步骤进行砌筑砂浆配合比设计计算等。

【学习目标】

通过本章的学习,应对水泥、石灰、水玻璃及石膏等胶凝性材料有一个整体把握,并掌握如下知识:

1. 石灰的组成及各组成材料的作用、生产过程及应用;
2. 石膏的组成及各组成材料的作用、生产过程及应用;
3. 水玻璃的组成及各组成材料的作用、生产过程及应用;
4. 水泥的组成及各组成材料的作用、生产过程及应用。

第 1 节　气硬性胶凝材料

能通过自身的物理化学作用,由浆体变成坚硬的固体,并能把散粒材料或块体材料胶结成为一个整体的材料称为胶凝材料。

胶凝材料按其化学成分可分为无机胶凝材料(水泥、石灰等)和有机胶凝材料(沥青、树脂等)。无机胶凝材料按凝结硬化条件不同又可分为气硬性胶凝材料和水硬性胶凝材料。气硬性胶凝材料只能在空气中凝结硬化,并保持和提高自身强度;水硬性胶凝材料还能在水中凝结硬化,保持和提高自身强度。

一 石灰

石灰是建筑上使用较早的气硬性胶凝材料。由于其原料来源广、工艺简单、成本低廉、使用方便,目前仍广泛应用于建筑工程中。

1. 石灰的生产

石灰的主要原料是以含碳酸钙（$CaCO_3$）为主的天然矿石，如石灰石、白垩、白云质石灰石等。原料经高温煅烧后，生成以 CaO 为主要成分的生石灰，是一种白色或灰色的块状物质，反应式如下：

$$CaCO_3 \xrightarrow{900 \sim 1100℃} CaO + CO_2 \uparrow$$

由于原料中常含有一些碳酸镁（$MgCO_3$），煅烧后会生成 MgO。根据 MgO 含量的不同，生石灰分为钙质生石灰（MgO 含量≤5%）和镁质生石灰（MgO 含量>5%）。同等级的钙质生石灰质量优于镁质生石灰。建材行业标准《建筑生石灰》（JC/T 479—92）将生石灰分为三个等级，见表 2-1。

建筑生石灰的技术指标 表 2-1

项 目	钙质生石灰			镁质生石灰		
	优等品	一等品	合格品	优等品	一等品	合格品
CaO + MgO 含量(%)，不小于	90	85	80	85	80	75
未消化残渣含量(5mm 圆孔筛余量)(%)，不小于	5	10	15	5	10	15
CO_2 含量(%)，不大于	5	7	9	6	8	10
产浆量(L/kg)，不小于	2.8	2.3	2.0	2.8	2.3	2.0

在适当温度下煅烧得到的生石灰称为正火石灰，呈块状，其内部孔隙率大。如果温度控制不当，生成物中会含有欠火石灰和过火石灰，它们的含量超标会降低生石灰的质量。欠火石灰的生成是由于煅烧温度不够或时间不足，石灰中含有未烧透的内核（即未分解的碳酸钙）。过火石灰的生成是由于煅烧温度过高或时间过长，在石灰表面形成了结构致密的玻璃质包层。

工程上也有将块状生石灰直接磨细使用的情况，建材行业标准《建筑生石灰粉》（JC/T 480—92）将生石灰分为三个等级，具体见表 2-2。

建筑生石灰粉的技术指标 表 2-2

项 目		钙质生石灰粉			镁质生石灰粉		
		优等品	一等品	合格品	优等品	一等品	合格品
CaO + MgO 含量(%)，不小于		85	80	75	80	75	70
CO_2 含量(%)，不大于		7	9	11	8	10	12
细度	0.90mm 筛筛余(%)，不大于	0.2	0.5	1.5	0.2	0.5	1.5
	0.125mm 筛筛余(%)，不大于	7.0	12.0	18.0	7.0	12.0	18.0

2. 生石灰的熟化

（1）熟化过程及其特点

生石灰（CaO）加水反应生成 $Ca(OH)_2$ 的过程称为熟化，其水化反应式为：

$$CaO + H_2O = Ca(OH)_2 + 64.9kJ$$

熟化过程的特点如下：

①速度快。煅烧良好的生石灰与水接触时几秒钟内即反应完毕。

②放热量大。石灰熟化为放热反应,熟化时最初1h放出的热量是半水石膏水化1h放出热量的10倍,是普通硅酸盐水泥水化1d放出热量的9倍。

③体积膨胀。成分较纯并低烧适宜的生石灰,熟化时体积可增大1~2.5倍。

生石灰中夹杂有欠火石灰和过火石灰。欠火石灰不能完全熟化,产浆量低,黏结力差。过火石灰由于质地密实,且表面包覆着一层玻璃质薄膜,熟化速度很慢,往往石灰已经硬化,其中过火石灰颗粒才开始熟化,产生的体积膨胀会引起"崩裂、隆起"等现象。为消除过火石灰的危害,石灰浆应在储灰坑中"陈伏"两周以上,使其充分熟化。陈伏期间,石灰膏表面要有一层水,以隔绝空气,防止与CO_2作用产生碳化。

(2)熟化方法

①消石灰粉。当熟化时加入适量(60%~80%)的水,则得到颗粒细小、分散的消石灰粉。生石灰消化成消石灰粉时其用水量的多少十分重要,以能充分熟化而又不过湿成团为度。工地调制消石灰粉时,常采用淋灰法。

根据建材行业标准《建筑消石灰粉》(JC/T 481—92)的规定,消石灰粉可分为优等品、一等品、合格品三个等级,见表2-3。

建筑消石灰粉的技术指标　　　　表2-3

项目		钙质消石灰粉			镁质消石灰粉			白云石消石灰粉		
		优等品	一等品	合格品	优等品	一等品	合格品	优等品	一等品	合格品
CaO+MgO含量(%),不小于		70	65	60	65	60	55	65	60	55
游离水(%)		0.4~2	0.4~2	0.4~2	0.4~2	0.4~2	0.4~2	0.4~2	0.4~2	0.4~2
体积安定性		合格	合格	—	合格	合格	—	合格	合格	—
细度	0.90mm筛筛余(%),不大于	0	0	0.5	0	0	0.5	0	0	0.5
	0.125mm筛筛余(%),不大于	3	10	15	3	10	15	3	10	15

②石灰膏。当熟化时加入大量的水,则生成浆状石灰膏。石灰膏的生产通常是在化灰池和储灰坑中进行,将块状生石灰置于化灰池中,加入3~4倍的水熟化成石灰乳,通过筛网,滤去欠火石灰和杂质,流入储灰坑沉淀而得。

3. 石灰的硬化

石灰的硬化由同时进行的干燥作用、碳化作用两个过程所完成。

(1)干燥作用

石灰浆体在干燥过程中,毛细孔隙失水,使石灰胶粒间接触紧密,产生一定的强度。同时,由于水分蒸发,氢氧化钙从过饱和溶液中呈晶体析出,使强度进一步提高。

(2)碳化作用

氢氧化钙与空气中的二氧化碳作用,生成碳酸钙晶体,并释放出水分,称为碳化。其反应式为:

$$Ca(OH)_2 + CO_2 + nH_2O \rightarrow CaCO_3 + (n+1)H_2O$$

碳化作用实际上是二氧化碳与水形成碳酸,然后与氢氧化钙反应生成碳酸钙。

4.石灰的性质与应用

(1)性质

①保水性和可塑性好。生石灰熟化为石灰浆时,由于$Ca(OH)_2$颗粒极细,比表面积很大,颗粒表面吸附一层厚的水膜,使得石灰浆具有良好的保水性和可塑性。因此工程中常掺入一定量的石灰膏以提高水泥砂浆的可塑性。

②耐水性差。石灰受潮会溶解,强度下降或丧失,因此一般只在干燥环境中使用。

③凝结硬化慢,强度低。石灰只能在空气中硬化,硬化速度较慢,硬化后强度不高,如1:3的石灰砂浆强度仅为0.2~0.5MPa。

④收缩大。石灰浆体硬化过程中要蒸发大量水分而引起显著收缩,一般不宜单独使用。通常掺入砂子、纸筋、麻刀等材料以减少收缩并增加抗拉强度。

(2)应用

①配制石灰土与石灰砂浆。石灰和黏土按比例配合形成灰土,再加入砂,可配成三合土。灰土或三合土经分层夯实,具有一定的强度(抗压强度一般4~5MPa)和耐水性,多用于建筑物的基础或路面垫层。石灰砂浆或水泥石灰砂浆是建筑工程中常用的砌筑、抹面材料。

②生产硅酸盐及碳化制品。以生石灰粉和硅质材料(如砂、粉煤灰、火山灰等)为基料,加少量石膏、外加剂,加水拌和成型,经湿热处理而得的制品,统称为硅酸盐制品,如蒸养粉煤灰砖及砌块等。石灰碳化制品是将石灰粉和纤维料(或骨料)按规定比例混合,在水湿条件下混拌成型,经干燥后再进行人工碳化而成,如碳化砖、瓦、管材及石灰碳化板等。

③用于建筑室内粉刷。石灰乳是一种廉价的涂料,施工方便,颜色洁白,运用广泛。

石灰要在干燥条件下运输和储存,注意防潮防水,且不宜在空气中存放太久。

二 石膏

石膏是一种传统的胶凝材料。我国石膏资源丰富,建筑石膏生产工艺简单。建筑石膏制品质轻、防火性能好、装饰性强,具有广阔的发展前景。

1.石膏的原料及生产

(1)石膏的原材料

石膏在自然界中以两种稳定形态存在于石膏矿中:一种是天然二水石膏($CaSO_4 \cdot 2H_2O$),也称软石膏或生石膏;另一种是天然无水石膏($CaSO_4$),也称硬石膏。

生产石膏的原料除了天然二水石膏、天然无水石膏,还有脱硫石膏,也可以是一些含有二水硫酸钙($CaSO_4 \cdot 2H_2O$)及$CaSO_4$混合物的化工副产品,如磷石膏、氟石膏等。建筑石膏的主要原料是天然二水石膏矿石。

(2)石膏的生产

建筑石膏是由生石膏在非密闭状态下低温焙烧,再经磨细制成的半水石膏粉。反应式为:

$$CaSO_4 \cdot 2H_2O \xrightarrow{107 \sim 170℃} CaSO_4 \cdot \frac{1}{2}H_2O + \frac{3}{2}H_2O$$

生石膏在加热过程中,随着温度和压力的不同,其产品的性能也随之变化,得到不同的石膏品种。上述条件下生产的是β型半水石膏,将β型半水石膏(熟石膏)磨细得到的石膏粉称为建筑石膏。建筑石膏晶粒较细,调制浆体时需水量较大。产品中杂质含量少,颜色洁白者可作为模型石膏。

若将生石膏在125℃、0.13MPa压力的蒸压锅内蒸炼,则生成α型半水石膏。将α型半水石膏磨细得到的石膏粉称为高强石膏。α型和β型半水石膏在微观结构上相似,但作为胶凝材料,其宏观性质相差较大。高强石膏晶体粗大,比表面积小,调成可塑性浆体时需水量是建筑石膏需水量的一半。所以高强石膏硬化后密实而强度高,可用于室内高级抹灰、装饰制品和石膏板的原料。掺入防水剂,可制成高强度防水石膏,用于潮湿环境中。

石膏品种繁多,建筑上应用最广的为建筑石膏。因此,本节主要介绍建筑石膏的特性和应用。

2. 建筑石膏的凝结硬化

建筑石膏加水拌和后,与水发生水化反应生成二水硫酸钙的过程称为水化,其反应式如下:

$$CaSO_4 \cdot \frac{1}{2}H_2O + \frac{3}{2}H_2O \rightleftharpoons CaSO_4 \cdot 2H_2O$$

二水石膏在水中的溶解度远小于半水石膏,故二水石膏首先从石膏饱和溶液中以胶粒形式沉淀析出,并不断转化为晶体。随着水化反应的不断进行,自由水分由于水化作用和蒸发而逐渐减少,加上生成的二水石膏微粒比半水石膏细,比表面积大,吸附更多的水,从而使石膏浆体很快失去塑性而凝结。随后,二水石膏胶体微粒逐渐凝聚成为晶体,晶体不断长大,并彼此搭接、交错、共生,形成结晶结构网,浆体固化,强度不断增大,直至完全干燥,这个过程称为硬化。实际上,水化和凝结硬化过程是相互交叉且连续进行的。

3. 建筑石膏的技术要求

建筑石膏为白色粉末,密度为 $2.5\sim2.8g/cm^3$,堆积密度 $800\sim1000kg/m^3$。根据国家标准《建筑石膏》(GB/T 9776—2008)的规定,建筑石膏按2h强度(抗折)分为3.0、2.0、1.6三个等级,其物理力学性能见表2-4。

建筑石膏物理力学性能　　　　　　　　　　　　　　　表2-4

等级	细度(0.2mm方孔筛筛余)(%)	凝结时间(min)		2h强度(MPa)	
		初凝	终凝	抗折	抗压
3.0	≤10	≥3	≤30	≥3.0	≥6.0
2.0				≥2.0	≥4.0
1.6				≥1.6	≥3.0

4. 建筑石膏的特性

(1)凝结硬化快

建筑石膏浆体凝结极快,初凝一般只需几分钟,终凝也不超过半个小时。在施工过程中,如需降低凝结速度,可适量加入缓凝剂,如加入0.1%~0.2%的动物胶或1%的亚硫酸酒精废液。

(2)硬化初期有微膨胀性

建筑石膏在硬化初期能产生约1%的体积膨胀,石膏制品不易开裂,适宜制造建筑装饰制品,其形体饱满、表面光滑。

(3)孔隙率大、耐水性差

建筑石膏水化反应理论需水量约 18.6%，为获得良好可塑性的石膏浆体，通常加水量达石膏质量的 60%～80%。石膏硬化后多余的水分蒸发掉，形成大量的内部毛细孔。石膏制品的孔隙率高达 40%～60%，表观密度小，导热系数小，故具有良好的隔热保温性能及吸声性能。同时，由于孔隙率大又使得石膏制品的强度降低，耐水性、抗渗性及抗冻性变差。

(4) 具有一定的调湿功能

建筑石膏制品由于毛细孔隙较多，比表面积大，当空气过于潮湿时能吸收水分；而当空气过于干燥时则能释放出水分，从而调节空气中的相对湿度。

(5) 防火性能好

硬化后的石膏制品遇到火灾时，在高温下二水石膏中的结晶水蒸发，蒸发水分能在火与石膏制品之间形成蒸汽幕，降低了石膏表面的温度，可阻止火势蔓延。

(6) 可加工性能好

石膏制品，可锯、可钉、可刨，利于施工。

5. 建筑石膏的应用

(1) 室内抹灰及粉刷

建筑石膏加砂、水、缓凝剂等拌和成的石膏砂浆，可用于室内抹灰的面层，也可用于油漆、涂料的打底层。因建筑石膏热容量大，吸湿性强，故石膏砂浆能调节室内温度和湿度，可保持室内"小气候"的均衡状态，给人以舒适感。

粉刷指的是建筑石膏加水和适量外加剂，调制成涂料，涂刷装修内墙面。表面光洁、细腻、洁白、不裂、不起鼓，且透湿透气、凝结硬化快、施工方便、黏结强度高，是良好的内墙涂料，可用于办公室、住宅等的墙面、顶棚等。

(2) 制成各种建筑装饰制品

由于石膏具有凝结快和体积稳定的特点，常用于建造建筑雕花和花样、形状不同的装饰制品，其方法是：以杂质含量少的建筑石膏（有时称为模型石膏）加入少量纤维增强材料和建筑胶水等，加水搅拌成石膏浆体，将浆体注入模具中，就可制作成各种装饰制品，也可掺入颜料制成彩色制品。如石膏装饰板、石膏线条、灯盘、门柱、门窗拱眉等。

石膏制品属绿色环保建材产品，具有轻质、保温、绝热、吸声、防火、可锯可钉性和施工方便等特点，因此被广泛应用于土木工程中。目前我国生产的石膏板主要有纸面石膏板、纤维石膏板、装饰石膏板、石膏空心条板、吸声用穿孔石膏板等。

6. 建筑石膏的储运

建筑石膏及其制品在运输和储存时，不得受潮和混入杂物。建筑石膏的储存期为 3 个月，过期或受潮后，强度会有一定程度的降低。3 个月后应重新进行检验，以确定等级。

水玻璃

水玻璃俗称泡花碱，是一种能溶于水的硅酸盐，也是由碱金属氧化物和二氧化硅按不同比例组成的气硬性胶凝材料。按组成不同水玻璃分为硅酸钾水玻璃和硅酸钠水玻璃，土木工程中主要使用硅酸钠水玻璃，分子式为 $Na_2O \cdot nSiO_2$。

水玻璃分子式中的 n 为二氧化硅与碱金属氧化物间的摩尔比，称为水玻璃的模数。n 值越大,水玻璃的黏性越大,黏结能力越强,强度、耐酸性、耐热性也越高,但较易分解、硬化。同时,n 值越大,固态水玻璃在水中溶解的难度越大。n 为 1 的水玻璃能溶于常温的水,而 n 大于 3 时,要在 4 个大气压以上的蒸汽中才溶解。

水玻璃按状态不同分为固体水玻璃和液体水玻璃。优质纯净的液体水玻璃为无色透明的黏稠液体,当含有杂质时呈淡黄色、青灰色或绿色。

建筑上常用的水玻璃其模数为 2.4~3.0,密度为 1.35~1.50g/cm³。

1. 水玻璃的原料及生产

水玻璃的主要原料是石英粉和纯碱或含硫酸钠的原料。将原料磨细,按比例混合,在高温条件下煅烧生成硅酸钠,冷却后得固态水玻璃,其反应式如下:

$$n\text{SiO}_2 + \text{Na}_2\text{CO}_3 \xrightarrow{1300 \sim 1400 ℃} \text{Na}_2\text{O} \cdot n\text{SiO}_2 + \text{CO}_2 \uparrow$$

固态水玻璃再在高温或高温高压水中溶解,即得液体水玻璃。

2. 水玻璃的硬化

水玻璃在空气中的凝结硬化与石灰的凝结硬化非常相似,首先与空气中的二氧化碳作用,析出二氧化硅凝胶,随着水分蒸发,凝胶脱水成固体而逐渐凝结硬化。液体水玻璃与 CO_2 气体的反应式为:

$$\text{Na}_2\text{O} \cdot n\text{SiO}_2 + \text{CO}_2 + m\text{H}_2\text{O} \rightarrow \text{Na}_2\text{CO}_3 + n\text{SiO}_2 \cdot m\text{H}_2\text{O}$$

由于空气中的 CO_2 含量低,上述反应十分缓慢。为加速硬化,需将水玻璃加热或掺入氟硅酸钠(Na_2SiF_6)作硬化剂,氟硅酸钠的适宜掺量为 12%~15%。

3. 水玻璃的性质

(1)黏结力和强度较高。水玻璃硬化后的主要成分是硅凝胶($n\text{SiO}_2 \cdot m\text{H}_2\text{O}$)和固体,比表面积大,因而具有良好的黏结能力和较高的强度。用水玻璃配制的混凝土,抗压强度可已达到 15~40MPa。

(2)耐热性好。水玻璃不燃烧,在高温下硅酸凝胶干燥快,形成二氧化硅空间网状骨架,强度并不降低,甚至有所提高。

(3)耐酸性强。水玻璃能抵抗大多数无机酸和有机酸的作用。这是由于硬化后水玻璃的主要成分为 SiO_2,它在氧化性酸中具有较高的化学稳定性。

(4)耐碱性和耐水性较差。因 $\text{Na}_2\text{O} \cdot n\text{SiO}_2$ 和 SiO_2 均可溶于碱,所以水玻璃不能在碱性环境中使用。同样由于水玻璃、碳酸钠均溶于水,故水玻璃不耐水。为了提高耐水性,可采用中等浓度的酸对已硬化的水玻璃进行酸洗处理。

4. 水玻璃的应用

(1)作为灌浆材料,用水玻璃及氯化钙的水溶液交替灌入土中,可加固地基。反应式如下:

$$\text{Na}_2\text{O} \cdot n\text{SiO}_2 + \text{CaCl}_2 + m\text{H}_2\text{O} = n\text{SiO}_2 \cdot (m-1)\text{H}_2\text{O} + \text{Ca(OH)}_2 + 2\text{NaCl}$$

硅胶起胶结和填充土的作用,使地基的承载力及不透水性提高。

(2)用水玻璃溶液对砖石材料、混凝土及硅酸盐制品表面进行涂刷或浸渍,可提高上述材料的密实度、强度和抗风化能力。

(3)水玻璃能抵抗大多数无机酸(氢氟酸、过热磷酸除外)的作用,可配制耐酸胶泥、耐酸砂浆及耐酸混凝土。

（4）水玻璃具有良好的耐热性，可配制耐热砂浆和耐热混凝土，耐热温度可高达 1200℃。

（5）取蓝矾、明矾、红矾和紫矾各 1 份，溶于 60 份水中，冷却至 50℃时投入 400 份水玻璃溶液中，搅拌均匀，可制成四矾防水剂。四矾防水剂与水泥浆调和，可堵塞建筑物的漏洞、缝隙。

（6）以水玻璃为胶凝材料，膨胀珍珠岩或膨胀蛭石为骨料，加入一定量的赤泥或氟硅酸钠，经配料、搅拌、成型、干燥、焙烧而制成的制品，是良好的保温隔热材料。

第 2 节　水硬性胶凝材料

一 水泥概述

水泥是加水拌和成塑性浆体，能胶结砂石等材料，并能在空气和水中硬化的粉状水硬性胶凝材料。它是工程建设中目前最重要的材料之一，在各种工业与民用建筑、道路与桥梁、水利与水电、海洋与港口、矿山及国防等工程中广泛应用。水泥在这些工程中可用于制作各种混凝土、钢筋混凝土建筑物和构筑物，并可用于配制各种砂浆及其他各种胶结材料等。

工程中应用的水泥品种繁多。按所含化学成分的不同，可分为硅酸盐系水泥、铝酸盐系水泥、硫铝酸盐系水泥及铁铝酸盐系水泥等，其中以硅酸盐系水泥应用最广；按水泥的用途及性能，可分为通用水泥、专用水泥与特性水泥三类。通用水泥是指大量用于一般土木建筑工程的水泥，包括硅酸盐水泥、普通硅酸盐水泥、矿渣硅酸盐水泥、火山灰质硅酸盐水泥、粉煤灰硅酸盐水泥和复合硅酸盐水泥等六大水泥。专用水泥是指有专门用途的水泥，如砌筑水泥、道路水泥、油井水泥等。特性水泥则是指某种有较突出性能的水泥，如快硬水泥、白水泥、抗硫酸盐水泥、中热硅酸盐水泥、低热矿渣硅酸盐水泥、膨胀水泥和高铝水泥等。

二 硅酸盐水泥

根据现行国家标准《通用硅酸盐水泥》(GB 175—2007)的规定，以硅酸盐水泥熟料和适量的石膏及规定的混合材料制成的水硬性胶凝材料，都称为硅酸盐水泥（即国外通称的波特兰水泥）。硅酸盐水泥可分为两种类型：不掺加混合材料的称 I 型硅酸盐水泥，代号 P·I；在硅酸盐水泥熟料粉磨时掺加不超过水泥质量 5% 的石灰石或粒化高炉矿渣混合材料的称 II 型硅酸盐水泥，代号 P·II。

1. 硅酸水泥的原料及生产

硅酸盐水泥的原料主要是石灰质原料和黏土质原料。石灰质原料有石灰石、白垩等，主要提供 CaO；黏土质原料有黏土、黄土、页岩等，主要提供 SiO_2、Al_2O_3、Fe_2O_3。原料配合比例的确定，应满足原料中氧化钙含量占 75%~78%，氧化硅、氧化铝及氧化铁含量占 22%~25%。为满足上述各矿物含量要求，原料中常加入富含某种矿物成分的辅助原料，如铁矿石、砂岩等，来校正二氧化硅、氧化铁的不足。此外，为改善水泥的烧成性能或使用性能，有时还可掺加少量的添加剂（如萤石等）。

硅酸水泥的生产过程主要分为制备生料、煅烧熟料、粉磨水泥三个阶段，该生产工艺过程可概括为"两磨一烧"，如图2-1所示。生产水泥时，首先将几种原料按适当比例混合后磨细，制成生料。然后将生料入窑进行高温煅烧，得到以硅酸钙为主要成分的水泥熟料。熟料和适量的石膏，或再加入少量的石灰石或粒化高炉矿渣共同在球磨机中研磨成细粉，即可得到硅酸盐水泥。

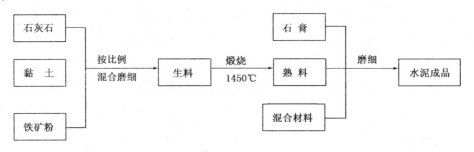

图2-1 硅酸盐水泥生产工艺示意图

按生料制备方法不同可分为湿法和干法。由于干法比湿法产量高，且节省能源，是目前水泥生产的常用方法。

生料在煅烧过程中形成水泥熟料的物理化学过程十分复杂，大体上可分为下述几个过程：生料的干燥与脱水；碳酸钙分解；固相反应；烧成阶段；熟料的冷却。其主要反应简述如下：

生料进入窑中后，即开始被加热，水分逐渐蒸发而干燥。当温度上升到500~800℃时，首先是有机物质被烧尽，其次是黏土中的高岭石脱水并分解为无定形的 SiO_2 及 Al_2O_3。当温度达到800~1000℃时，碳酸钙进行分解，分解出的CaO即开始与黏土分解产物 SiO_2、Al_2O_3 及 Fe_2O_3 发生固相反应。随着温度的继续升高，固相反应加速进行，逐步形成 $2CaO \cdot SiO_2$、$3CaO \cdot SiO_2$ 及 $4CaO \cdot Al_2O_3 \cdot Fe_2O_3$。当温度达1300℃时，固相反应基本完成，这时物料中仍剩余一部分未反应的CaO。当温度从1300℃升到1450℃再降到1300℃时，为烧成阶段，这时 $3CaO \cdot Al_2O_3$ 及 $4CaO \cdot Al_2O_3 \cdot Fe_2O_3$ 烧至熔融状态，出现液相，把剩余的CaO及部分 $2CaO \cdot SiO_2$ 溶解于其中，在此液相中，$2CaO \cdot SiO_2$ 吸收CaO形成 $3CaO \cdot SiO_2$。这一过程是煅烧水泥的关键，必须达到足够的温度及停留适当长的时间，使生成 $3CaO \cdot SiO_2$ 的反应更为充分。否则，熟料中将有残余的游离CaO，影响水泥的质量。煅烧完成后，经迅速冷却，即得到熟料。

2. 硅酸盐水泥熟料的矿物组成及其特性

以适当成分的生料，煅烧至部分熔融而得到的以硅酸钙为主要成分的物质称为硅酸盐水泥熟料。硅酸盐水泥熟料主要由四种矿物组成，其名称和含量范围见表2-5。

水泥熟料的主要矿物组成及含量　　　　表2-5

矿物成分名称	基本化学组成	矿物简称	一般含量范围
硅酸三钙	$3CaO \cdot SiO_2$	C_3S	37%~60%
硅酸二钙	$2CaO \cdot SiO_2$	C_2S	15%~37%
铝酸三钙	$3CaO \cdot Al_2O_3$	C_3A	7%~15%
铁铝酸四钙	$4CaO \cdot Al_2O_3 \cdot Fe_2O_3$	C_4AF	10%~18%

在硅酸盐水泥熟料的4种矿物组成中，C_3S 和 C_2S 的含量为75%~82%，C_3A 和 C_4AF 的含量仅为18%~25%。除这四种主要矿物成分外，水泥熟料中还含有少量的 SO_3、游离 CaO、游离 MgO 和碱（K_2O、Na_2O），这些均为有害成分，国家标准对其含量有严格限制。

不同的矿物成分单独与水作用时，在水化速度、放热量及强度等方面都表现出不同的特性。四种主要矿物成分单独与水作用的主要特性如下：

C_3S 的水化速率较快，水化热较大，且主要在早期放出，强度最高，且能不断得到增长，是决定水泥强度等级高低的最主要矿物。

C_2S 的水化速率最慢，水化热最小，且主要在后期放出，早期强度不高，但后期强度增长率较高，是保证水泥后期强度增长的主要矿物。

C_3A 的水化速率极快，水化热最大，且主要在早期放出，硬化时体积减缩也最大，早期强度增长率很快，但强度不高，而且以后几乎不再增长，甚至降低。

C_4AF 的水化速率较快，仅次于 C_3A，水化热中等，强度较低。脆性比其他矿物小，当含量增多时，有助于水泥抗拉强度的提高。

由上述可知，几种矿物质成分的性质不同，改变它们在熟料中的相对含量，水泥的技术性质也随之改变。例如提高 C_3S 含量，可制成高强度水泥，降低 C_3A 和 C_3S 含量，可制成低热或中热硅酸盐水泥。水泥熟料的组成成分及各组分的比例是影响硅酸盐系水泥性能的最主要因素。因此，掌握硅酸盐水泥熟料中各矿物成分的含量及特性，就可以大致了解该水泥的性能特点。

3. 硅酸盐水泥的水化和凝结硬化

（1）硅酸盐水泥的水化作用

硅酸盐水泥加水后，熟料中各种矿物与水作用，生成一系列新的化合物，称为水化。生成的新化合物称为水化生成物。

①硅酸三钙水化。C_3S 与水作用，生成水化硅酸钙（简写成 C-S-H）和氢氧化钙，反应式如下：

$$2(3CaO \cdot SiO_2) + 6H_2O = \underset{(水化硅酸钙凝胶)}{3CaO \cdot 2SiO_2 \cdot 3H_2O} + \underset{(氢氧化钙晶体)}{3Ca(OH)_2}$$

硅酸三钙水化反应快，水化放热量大，生成的水化硅酸钙几乎不溶于水，而以胶体微粒析出，并逐渐凝聚成凝胶。反应生成的氢氧化钙很快在溶液中达到饱和，呈六方板状晶体析出。硅酸三钙早期和后期强度均高，是保证强度的主要成分。但生成的氢氧化钙易溶于水、易与酸反应，所以抗侵蚀能力较差。

②硅酸二钙水化。C_2S 与水作用，生成水化硅酸钙和氢氧化钙，反应式如下：

$$2(2CaO \cdot SiO_2) + 4H_2O = 3CaO \cdot 2SiO_2 \cdot 3H_2O + Ca(OH)_2$$

硅酸二钙水化反应最慢，水化放热量小，早期强度低，但后期强度发展最快，强度高，因此，硅酸二钙是保证后期强度的主要成分。由于水化时生成氢氧化钙很少，其抗侵蚀能力高。

③铝酸三钙水化。C_3A 与水作用，生成水化铝酸钙，反应式如下：

$$3CaO \cdot Al_2O_3 + 6H_2O = \underset{(水化铝酸钙晶体)}{3CaO \cdot Al_2O_3 \cdot 6H_2O}$$

铝酸三钙水化反应速度最快,水化放热量最大,早期强度发展最快,但强度低,增长也甚微。由于本身易受硫酸盐侵蚀,所以铝酸三钙抗侵蚀性能最差。因铝酸三钙与水反应迅速,造成水泥速凝,将影响施工。因此,在水泥磨细时加入适量石膏,石膏与水化铝酸钙反应生成高硫型水化硫铝酸钙,又称钙矾石(AFt),反应式如下:

$$3CaO \cdot Al_2O_3 \cdot 6H_2O + 3(CaSO_4 \cdot 2H_2O) + 19H_2O = 3CaO \cdot Al_2O_3 \cdot 3CaSO_4 \cdot 31H_2O$$

(高硫型水化硫铝酸钙晶体)

水化硫铝酸钙是难溶于水的针状晶体,沉积在熟料颗粒的表面形成保护膜,阻止水分向颗粒内部渗入,从而阻碍了铝酸三钙的水化反应,起到了延缓水泥凝结的作用。

④铁铝酸四钙水化。C_4AF 与水作用,生成水化铝酸钙和水化铁酸钙,反应式如下:

$$4CaO \cdot Al_2O_3 \cdot Fe_2O_3 + 7H_2O = 3CaO \cdot Al_2O_3 \cdot 6H_2O + CaO \cdot Fe_2O_3 \cdot H_2O$$

(水化铁酸钙凝胶)

铁铝酸四钙水化反应快,水化放热量中等,但强度较低,后期增长甚少。

四种主要矿物水化特性汇于表2-6中。

硅酸盐水泥熟料矿物成分水化特性　　　　　　表2-6

特性		矿物名称	C_3S	C_2S	C_3A	C_4AF
凝结硬化速度			快	慢	最快	较快
水化热			大	小	最大	较大
强度	早期		高	低	低	低
	后期			高		
抗化学侵蚀性			较小	最大	小	大
干燥收缩			中	中	大	小

综上所述,如果忽略一些次要的成分,则硅酸盐水泥与水作用后生成的主要水化产物为水化硅酸钙和水化铁酸钙凝胶、氢氧化钙、水化铝酸钙和水化硫铝酸钙晶体。在完全水化的水泥石构成成分中,水化硅酸钙约占70%,氢氧化钙约占20%,钙矾石和单硫型水化铝酸钙约占7%。若混合材料较多时,还可能有相当数量的其他硅酸盐凝胶。

从硅酸盐系水泥的水化、凝结与硬化过程来看,水泥水化反应的放热量较大,放热周期也较长;但大部分(50%以上)热量集中在前3天以内,主要表现为凝结硬化初期的放热量最为明显。显然,水泥水化热的多少及放热速率的大小主要取决于水泥熟料的矿物组成及混合材料的多少。当其中 C_3A 含量较高时,水泥在凝结硬化初期的水化热与水化速率较大,从而表现出凝结与硬化速度较快;而 C_2S 含量较高或混合材料较多时,则水泥在凝结硬化初期的水化热和水化放热速率较小,从而也表现出凝结与硬化速度较慢。

(2)硅酸盐水泥的凝结硬化

硅酸盐水泥加水拌和后,最初形成具有可塑性的浆体,然后逐渐变稠失去塑性,这一过程称为初凝,开始具有强度时称为终凝,由初凝到终凝的过程为凝结。终凝后强度逐渐提高,并变成坚固的石状物体——水泥石,这一过程为硬化。

到目前为止,尚没有一种统一的理论来阐述水泥凝结硬化的具体过程,仍存在着许多问题有待进一步的研究。目前一般看法如下:

水泥加水拌和后,水泥颗粒分散于水中,成为水泥浆体。水泥的水化反应首先在水泥颗粒表面进行,生成的水化产物立即溶于水中。这时,水泥颗粒又暴露出一层新的表面,水化反应继续进行。由于各种水化产物溶解度很小,水化产物的生成速度大于水化产物向溶液中扩散速度,所以很快使水泥颗粒周围液相中的水化产物浓度达到饱和或过饱和状态,并从溶液中析出,包在水泥颗粒表面。水化产物中的氢氧化钙、水化铝酸钙和水化硫铝酸钙是结晶程度较高的物质,而数量多的水化硅酸钙则是大小为 $10^{-7} \sim 10^{-5}$ 的粒子(或微晶),比表面积大,相当于胶体物质,胶体凝聚便形成凝胶。以水化硅酸钙凝胶为主体,其中分布着氢氧化钙晶体的结构,通常称为凝胶体。

水化开始时,由于水泥颗粒表面覆盖了一层以水化硅酸钙凝胶为主的膜层,阻碍了水泥颗粒与水的接触,有相当长一段时间(约 1~2h)水化十分缓慢。在此期间,由于水化物尚不多,包有凝胶体膜层的水泥颗粒之间还是分离的,相互之间引力较小,所以水泥浆基本保持塑性。

随着水泥颗粒不断水化,凝胶体膜层不断增厚而破裂,并继续扩展,在水泥颗粒之间形成了网状结构,水泥浆体逐渐变稠,黏度不断增大,渐渐失去塑性,这就是水泥的凝结过程。凝结后,水泥水化仍在继续进行。随着水化产物的不断增加,水泥颗粒之间的毛细孔不断被填实,加之水化产物中的氢氧化钙晶体、水化铝酸钙晶体不断贯穿于水化硅酸钙等凝胶体之中,逐渐形成了具有一定强度的水泥石,从而进入了硬化阶段。水化产物的进一步增加,水分的不断丧失,使水泥石的强度不断发展。硬化期是一个相当长的时间过程,在适当的养护条件下,水泥硬化可以持续几年甚至几十年。水泥浆的凝结硬化过程见图2-2所示。

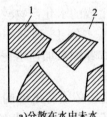 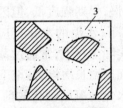 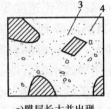 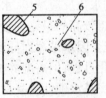

a) 分散在水中未水化的水泥颗粒　　b) 在水泥颗粒表面形成水化物膜层　　c) 膜层长大并出现网状构造(凝胶)　　d) 水化物逐步发展,填充毛细孔(硬化)

图2-2　水泥凝结硬化过程示意图
1-水泥颗粒;2-水分;3-凝胶;4-晶体;5-水泥颗粒的未水化内核;6-毛细孔

随着凝胶体膜层的逐渐增厚,水泥颗粒内部的水化越来越困难,经过较长时间(几个月甚至若干年)的水化以后,除原来极细的水泥颗粒被完全水化外,仍存在大量尚未水化的水泥颗粒内核。因此,硬化后的水泥石是由各种水化物(凝胶和晶体)、未水化的水泥颗粒内核、毛细孔与水所组成的多相不匀质结构体,并随着不同时期相对数量的变化,而使水泥石的结构不断改变,从而表现为水泥石的性质也在不断变化。

在已经硬化的水泥石结构中，尽管水泥石中胶凝之间或晶体、未水化水泥颗粒与凝胶之间产生黏结力的实质至今尚无明确的结论，但一般认为范德华力、氢键、离子引力以及表面能是产生黏结力的主要来源，也可能有化学键力的作用。不可否认的是水化硅酸钙凝胶对水泥石的强度及其他主要性质起着支配作用。

总之，水泥的凝结硬化过程，是一个长期而又复杂的、交错进行的、物理化学变化过程。

(3) 影响硅酸盐水泥凝结硬化的主要因素

①水泥熟料矿物组成。水泥的组成成分及各组分的比例是影响硅酸盐系水泥凝结硬化的最重要内在因素。一般来讲，水泥中混合材料的增加或熟料含量的减少，将使水泥的水化热降低和凝结时间延长，并使其早期强度降低。如水泥熟料中 C_2S 与 C_3A 含量的提高，将使水泥的凝结硬化加快，早期强度较高，同时水化热也多集中在早期。

②水泥颗粒细度。水泥颗粒越细，水泥比表面积（单位质量水泥颗粒的总表面积）越大，与水的接触面积也大，因此，其水化速度就越快，从而表现为水泥浆的凝结硬化加快，早期强度较高。但水泥颗粒过细时，其硬化时产生的体积收缩也较大，同时会增加磨细的能耗和提高成本，且不宜久存。

③石膏掺量。石膏是作为延缓水泥凝结时间的组分而掺入水泥的。若石膏加入量过多，会导致水泥石的膨胀性破坏；过少，则达不到缓凝的目的。石膏的掺入量一般为水泥成品质量的 3%~5%。

④水泥浆的水灰比。拌和水泥浆时，水与水泥的质量之比称为水灰比（W/C）。在满足水泥水化需水量时（25%左右）的情况下，加水量增大时水灰比较大，此时水泥的初期水化反应得以充分进行；但水泥颗粒间被水隔开的距离较远，颗粒间相互连接形成骨架结构所需的凝结时间长，因此水泥浆凝结硬化较慢。而且多余的水在硬化的水泥石内形成毛细孔隙，降低了水泥石的强度。

⑤养护条件（环境温度、湿度）。水泥水化反应的速度与环境温度有关。通常，温度升高，水泥的水化反应加速，从而使其凝结硬化速度加快，强度增长加快，早期强度提高；相反，温度降低，则水化反应减慢，水泥的凝结硬化速度变慢，早期强度低，但因生成的水化产物较致密而可以获得较高的最终强度。当温度降到 0℃ 以下，水泥的水化反应基本停止，强度不仅不增长，甚至会因水结冰而导致水泥石结构破坏。实际工程中，常通过蒸汽养护来加速水泥制品的凝结硬化过程，但高温养护往往导致水泥后期强度增长缓慢，甚至下降。

水泥是水硬性胶凝材料，其矿物成分发生水化与凝结硬化的前提是必须有足够的水分存在。因此，水泥石结构早期必须注意养护，只有其保持潮湿状态，才有利于早期强度的发展。否则，若缺少水分，不仅会导致水泥水化的停止，甚至还会导致过大的早期收缩而使水泥石结构产生开裂。

⑥龄期。水泥浆的凝结硬化是随着龄期（天数）延长而发展的过程。随着时间的增加，水化程度提高，凝胶体不断增多，毛细孔减少，水泥石强度不断增加。只要温度、湿度适宜，水泥强度的增长可持续若干年。水泥石强度发展的一般规律是：3~7d 内强度增长最快，28d 内强度增长较快，超过 28d 后强度将继续发展但增长较慢。

⑦外加剂。在水泥中加入促凝剂，能加速水泥的凝结，加入缓凝剂能使水泥凝结延缓。

4.硅酸盐水泥的主要技术性质

(1)化学指标

通用硅酸盐水泥的化学指标应符合表2-7规定的要求。

通用硅酸盐水泥的化学指标　　　　表2-7

品　种	代号	不溶物(%)(质量分数)	烧失量(%)(质量分数)	三氧化硫(%)(质量分数)	氧化镁(%)(质量分数)	氯离子(%)(质量分数)
硅酸盐水泥	P·Ⅰ	≤0.75	≤3.0	≤3.5	≤5.0①	≤0.06③
	P·Ⅱ	≤1.50	≤3.5			
普通硅酸盐水泥	P·O	—	≤5.0			
矿渣硅酸盐水泥	P·S·A			≤4.0	≤6.0②	
	P·S·B					
火山灰质硅酸盐水泥	P·P			≤3.5	≤6.0②	
粉煤灰硅酸盐水泥	P·F					
复合硅酸盐水泥	P·C					

注：①如果水泥压蒸试验合格，则水泥中氧化镁的含量(质量分数)允许放宽至6.0%。
②如果水泥中氧化镁的含量(质量分数)大于6.0%时，需进行水泥压蒸安定性试验并合格。
③当有更低要求时，该指标由买卖双方协商确定。

(2)标准稠度用水量

由于加水量的多少，对水泥的一些技术性质(如凝结时间等)的测定值影响很大，故测定这些性质时，必须在一个规定的稠度下进行。这个规定的稠度，称为标准稠度(详见水泥试验部分)。水泥净浆达到标准稠度时所需的拌和水量(以水占水泥质量的百分比表示)，称为标准稠度用水量(也称需水量)。

硅酸盐水泥的标准稠度用水量，一般在24%～30%之间。水泥熟料矿物成分不同时，其标准稠度用水量亦有差别。水泥磨得越细，标准稠度用水量越大。

水泥标准中，对标准稠度用水量没有提出具体要求。但标准稠度用水量的大小，能在一定程度上影响混凝土的性能。标准稠度用水量较大的水泥，拌制同样稠度的混凝土，加水量也较大，故硬化时收缩较大，硬化后的强度及密实度也较差。因此，当其他条件相同时，水泥标准稠度用水量越小越好。

(3)凝结时间

水泥的凝结时间有初凝与终凝之分。初凝时间是指从水泥加水到水泥浆开始失去可塑性所需的时间；终凝时间是指从水泥加水到水泥浆完全失去可塑性，并开始产生强度所需的时间。水泥凝结时间的测定，是以标准稠度的水泥净浆，在规定温度和湿度条件下，用凝结时间测定仪测定(详见附录试验一第4节)。

水泥的凝结时间对混凝土和砂浆的施工有重要的意义。初凝时间不宜过短，以便施工时有足够的时间来完成混凝土和砂浆的搅拌、运输、浇捣或砌筑等操作；终凝时间也不宜过长，是为了使混凝土和砂浆在浇捣或砌筑完毕后能尽快凝结硬化，具有一定的强度，以利于下一道工序的及早进行。

国家标准规定，硅酸盐水泥初凝不小于45min，终凝不大于390min。普通硅酸盐水泥、矿渣硅酸盐水泥、火山灰质硅酸盐水泥、粉煤灰硅酸盐水泥和复合硅酸盐水泥初凝不小于45min，终凝不大于600min。

（4）体积安定性

水泥的体积安定性，是指水泥在凝结硬化过程中，体积变化的均匀性。若水泥硬化后体积变化不均匀，即所谓的安定性不良。使用安定性不良的水泥会造成构件产生膨胀性裂缝，降低建筑物质量，甚至引起严重事故。

造成水泥安定性不良的原因主要是由于熟料中含有过多的游离氧化钙（f-CaO）或游离氧化镁（f-MgO），以及水泥粉磨时掺入的石膏超量。熟料中所含游离氧化钙或游离氧化镁都是过烧的，结构致密，水化很慢，加之被熟料中其他成分所包裹，使得在水泥已经硬化后才进行水化，产生体积膨胀，引起不均匀的体积变化。当石膏掺入量过多时，水泥硬化后，残余石膏与固态水化铝酸钙继续反应生成钙矾石，体积增大约1.5倍，从而导致水泥石开裂。

沸煮能加速 f-CaO 的水化，国家标准规定用沸煮法检验水泥的体积安定性。其方法是将水泥净浆试饼或雷氏夹试件煮沸3h后，用肉眼观察试饼未发现裂纹，用直尺检查也没有弯曲现象，或测得两个雷氏夹试件的膨胀值的平均值不大于5mm时，则体积安定性合格；反之，则为不合格（检测方法见试验部分）。当对测定结果有争议时，以雷氏夹法为准。f-MgO 的水化比 f-CaO 更缓慢，其在压蒸条件下才加速水化；石膏的危害则需长期在常温水中才能发现，两者均不便于快速检验。因此，国家标准规定通用水泥中 MgO 含量不得超过5%，如经压蒸法检验安定性合格，则 MgO 含量可放宽到6%；水泥中 SO_3 的含量不得超过3.5%。

国家标准《通用硅酸盐水泥》（GB 175—2007）规定，水泥安定性经沸煮法试验必须合格，方可使用。

（5）强度及强度等级

水泥的强度是评定其质量的重要指标，也是划分水泥强度等级的依据。

根据《水泥胶砂强度检验方法（ISO法）》（GB/T 17671—1999）规定，测定水泥强度时应将水泥、标准砂和水按质量比以1:3:0.5混合，按规定的方法制成40mm×40mm×160mm的试件，在标准温度20℃±1℃的水中养护，分别测定其3d和28d的抗折强度和抗压强度（具体方法见试验部分）。根据测定结果，硅酸盐水泥分为42.5、42.5R、52.5、52.5R、62.5、62.5R六个强度等级。与硅酸盐水泥相比，其他通用水泥有32.5这一等级，而没有62.5这一等级。此外，依据水泥3d的不同强度又分为普通型和早强型两种类型，其中有代号为R者为早强型水泥。各等级、各类通用硅酸盐水泥的各龄期强度应符合表2-8的要求。

通用硅酸盐水泥的强度要求　　　　　　表2-8

品　　种	强度等级	抗压强度（MPa）		抗折强度（MPa）	
		3d	28d	3d	28d
硅酸盐水泥	42.5	≥17.0	≥42.5	≥3.5	≥6.5
	42.5R	≥22.0		≥4.0	
	52.5	≥23.0	≥52.5	≥4.0	≥7.0
	52.5R	≥27.0		≥5.0	
	62.5	≥28.0	≥62.5	≥5.0	≥8.0
	62.5R	≥32.0		≥5.5	

续上表

品　　种	强度等级	抗压强度(MPa)		抗折强度(MPa)	
		3d	28d	3d	28d
普通硅酸盐水泥	42.5	≥17.0	≥42.5	≥3.5	≥6.5
	42.5R	≥22.0		≥4.0	
	52.5	≥23.0	≥52.5	≥4.0	≥7.0
	52.5R	≥27.0		≥5.0	
矿渣硅酸盐水泥 火山灰质硅酸盐水泥 粉煤灰硅酸盐水泥 复合硅酸盐水泥	32.5	≥10.0	≥32.5	≥2.5	≥5.5
	32.5R	≥15.0		≥3.5	
	42.5	≥15.0	≥42.5	≥3.5	≥6.5
	42.5R	≥19.0		≥4.0	
	52.5	≥21.0	≥52.5	≥4.0	≥7.0
	52.5R	≥23.0		≥4.5	

(6)细度

细度是指水泥颗粒的粗细程度,是检定水泥品质的选择性指标。

水泥颗粒的粗细直接影响水泥的需水量、凝结硬化及强度。水泥颗粒越细,与水起反应的比表面积越大,水化较快,早期强度及后期强度都较高。但水泥颗粒过细,研磨水泥能耗大,成本也较高,且易与空气中的水分及二氧化碳起反应,不宜久置,硬化时收缩也较大。若水泥颗粒过粗,则不利于水泥活性的发挥。

水泥细度可用筛析法和比表面积法来检测。筛析法以 $80\mu m$ 或 $45\mu m$ 方孔筛的筛余量表示水泥细度。比表面积法用 1kg 水泥所具有的总表面积(m^2/kg)来表示水泥细度。为满足工程对水泥性能的要求,国家标准规定,硅酸盐水泥和普通硅酸盐水泥以比表面积表示,不小于 $300m^2/kg$;矿渣硅酸盐水泥、火山灰质硅酸盐水泥、粉煤灰硅酸盐水泥和复合硅酸盐水泥以筛余表示,$80\mu m$ 方孔筛筛余不大于 10% 或 $45\mu m$ 方孔筛筛余不大于 30%。

(7)碱含量

水泥中的碱超过一定含量时,遇上骨料中的活性物质如活性 SiO_2,会生成膨胀性的产物,导致混凝土开裂破坏。为防止发生此类反应,需对水泥中的碱进行控制。《通用硅酸盐水泥》(GB 175—2007)中将碱含量定为选择性指标。若使用活性骨料,用户要求提供低碱水泥时,水泥中碱含量按 $Na_2O + 0.658K_2O$ 计算的质量百分率应不大于 0.60%,或由买卖双方协商确定。

(8)其他指标。

①密度与堆积密度。硅酸盐水泥的密度,一般在 $3.0 \sim 3.2g/cm^3$ 之间,储存过久的水泥,密度稍有降低。水泥在松散状态时的堆积密度,一般在 $900 \sim 1300kg/m^3$ 之间,紧密状态时可达 $1400 \sim 1700kg/m^3$。

②水化热。水泥在水化过程中所放出的热量,称为水泥的水化热(kJ/kg)。水泥水化热的大部分是在水化热初期(7d 内)放出的,后期放热逐渐减少。

水泥水化热的大小及放热速率,主要取决于水泥熟料的矿物组成及细度等。通常强度等级高的水泥,水化热较大。凡起促凝作用的因素(如加 $CaCl_2$)均可提高早期水化热;反之,凡能减慢水化反应的因素(如加入缓凝剂),则能降低早期水化热。

水泥的这种放热特性,对大体积混凝土建筑物是不利的。它能使建筑物内部与表面产生较大的温差,引起局部拉应力,使混凝土发生裂缝。因此,大体积混凝土工程应采用放热功量较低的水泥。

《通用硅酸盐水泥》(GB 175—2007)中规定,化学指标、凝结时间、安定性、强度中的任何一项技术指标不符合标准规定要求时,均为不合格品。水泥的碱含量和细度两项技术指标属于选择性指标,并非必检项目。

5. 水泥石的侵蚀和防止

(1) 水泥石的侵蚀

通常情况下,硬化后的硅酸盐水泥具有较强的耐久性。但在某些含侵蚀性物质(酸、强碱、盐类)的介质中,由于水泥石结构存在开口空隙,有害介质侵入水泥石内部,水泥石中的水化产物与介质中的侵蚀性物质发生物理、化学作用,使已硬化的水泥石结构遭到破坏,强度降低,最终甚至造成建筑物的破坏,这种现象称为水泥石的侵蚀。

根据侵蚀介质的不同,硅酸盐水泥石的几种典型侵蚀作用如下:

① 溶出性侵蚀(软水侵蚀)。氢氧化钙结晶体是构成水泥石结构的主要水化产物之一,它需在一定浓度的氢氧化钙溶液中才能稳定存在;如果水泥石结构所处环境的溶液(如软水)中氢氧化钙浓度低于其饱和浓度,则其中的氢氧化钙将被溶解或分解,从而造成水泥石结构的破坏。

雨水、雪水、蒸馏水、工厂冷凝水及含碳酸盐很少的河水与湖水等都属于软水。当水泥石长期与这些水相接融时,其中的氢氧化钙会被溶出(每升水中能溶氢氧化钙1.3g以上)。在静水中或无压的情况下,由于氢氧化钙容易达到饱和,故溶出仅限于表层而对水泥石结构的危害不大。但在流水及压力水的作用下时,其中氢氧化钙会不断被溶解而流失,并使水泥石碱度不断降低,从而引起其他水化产物的分解与溶蚀。如高碱性的水化硅酸盐、水化铝酸盐等可分解成为胶结能力很差的低碱性水化产物,最后导致水泥石结构的破坏,这种现象称为溶析。

当环境水中含有重碳酸盐时,则重碳酸盐可与水泥石中的氢氧化钙产生反应,并生成几乎不溶于水的碳酸钙。其反应式为:

$$Ca(HO)_2 + Ca(HCO_3)_2 \longrightarrow 2CaCO_3 + 2H_2O$$

所生成的碳酸钙沉积在已硬化水泥石中的孔隙内起密实作用,从而可阻止外界水的继续侵入及内部氢氧化钙的扩散析出。因此,对需与软水接触的混凝土,若预先在空气中硬化和存放一段时间后,可使其碳化作用而形成碳酸钙外壳,这将对溶出性侵蚀起到一定的阻止效果。

溶出性侵蚀的强弱程度,与水质的硬度有关。当环境水的水质较硬,即水中重碳酸盐含量较高时,氢氧化钙的溶解度较小,侵蚀性较弱;反之,水质越软,侵蚀性越强。

② 盐类侵蚀。

a. 硫酸盐侵蚀。在海水、地下水及盐沼水等矿物水中,常含有大量的硫酸盐类,如硫酸镁($MgSO_4$)、硫酸钠(Na_2SO_4)及硫酸钙($CaSO_4$)等,它们对水泥石均有严重的破坏作用。

硫酸盐能与水泥石中的氢氧化钙起反应，生成石膏。石膏在水泥石孔隙中结晶时体积膨胀，使水泥石破坏，更严重的是，石膏与水泥石中的水化铝酸钙起作用，生成水化硫铝酸钙，反应式为：

$$3CaO \cdot Al_2O_3 \cdot 6H_2O + 3(CaSO_4 \cdot 2H_2O) + 19H_2O \longrightarrow 3CaO \cdot Al_2O_3 \cdot 3CaSO_4 \cdot 31H_2O$$

生成的水化硫铝酸钙，含有大量的结晶水，其体积比原有水化铝酸钙体积的增大约1.5倍左右，对水泥石产生巨大的破坏作用。由于水化硫铝酸钙呈针状结晶，故常称之为"水泥杆菌"。

当水中硫酸盐浓度较高时，所生成的硫酸钙还会在孔隙中直接结晶成二水石膏，这也会产生明显的体积膨胀而导致水泥石的开裂破坏。

b. 镁盐侵蚀。在海水、地下水及其他矿物水中，常含有大量的镁盐，主要有硫酸镁及氯化镁等。这些镁盐能与水泥石中的 $Ca(OH)_2$ 发生如下反应：

$$MgSO_4 + Ca(OH)_2 + 2H_2O \longrightarrow CaSO_4 \cdot 2H_2O + Mg(OH)_2$$

$$MgCl_2 + Ca(OH)_2 \longrightarrow CaCl_2 + Mg(OH)_2$$

在生成物中，氯化钙（$CaCl_2$）易溶于水，氢氧化镁[$Mg(OH)_2$]松软无胶结力，石膏则进而产生硫酸盐侵蚀，它们都将破坏水泥石结构。

③酸性侵蚀。

a. 碳酸侵蚀。某些工业污水及地下水中常含有较多的二氧化碳。二氧化碳与水泥石中的氢氧化钙反应生成碳酸钙，碳酸钙与二氧化碳反应生成碳酸氢钙，反应式如下：

$$Ca(OH)_2 + CO_2 + H_2O \longrightarrow CaCO_3 + 2H_2O$$

$$CaCO_3 + CO_2 + H_2O \longrightarrow Ca(HCO_3)_2$$

由于碳酸氢钙易溶于水，若被流动的水带走，化学平衡遭到破坏，反应不断向右边进行，则水泥石中的石灰浓度不断降低，水泥石结构逐渐破坏。

b. 一般酸的侵蚀。在工业废水、地下水、沼泽水中常含有无机酸或有机酸，工业窑炉中的烟气常含有二氧化硫，遇水后生成亚硫酸，这些酸类物质将对水泥石产生不同程度的侵蚀作用。各种酸很容易与水泥石中的氢氧化钙产生中和反应，其作用后的生成物或者易溶于水而流失，或者体积膨胀而在水泥石内造成内应力而导致结构破坏。侵蚀作用最快的无机酸有盐酸、氢氟酸、硝酸、硫酸，有机酸有醋酸、蚁酸和乳酸等。例如盐酸和硫酸分别与水泥石中的氢氧化钙作用，反应生成的氯化钙易溶于水，被水带走后，降低了水泥石的石灰浓度，生成的二水石膏在水泥石孔隙中结晶膨胀，使水泥石结构开裂，继而又起硫酸盐的侵蚀作用，其反应式如下：

$$2HCl + Ca(OH)_2 \longrightarrow CaCl_2 + 2H_2O$$

$$H_2SO_4 + Ca(OH)_2 \longrightarrow CaSO_4 \cdot 2H_2O$$

环境水中酸的氢离子浓度越大，即 pH 越小时，则侵蚀性越严重。

④强碱的侵蚀。低浓度或碱性不强的溶液一般对水泥石结构无害，但是，当水泥中铝酸盐

含量较高时,遇到强碱(氢氧化钠、氢氧化钾)作用后,也可能因被侵蚀而破坏。这是因为氢氧化钠与水泥熟料中未水化的铝酸盐作用时,可生成易溶的铝酸钠,当水泥石被氢氧化钠浸透后再经干燥时,容易与空气中的二氧化碳作用生成碳酸钠,从而在水泥石毛细孔中结晶沉积,最终导致水泥石结构被胀裂。

除上述四种侵蚀类型外,还有糖类、氨盐、纯酒精、动物脂肪、含环烷酸的石油产品等物质对水泥石也有一定的侵蚀作用。

实际上,水泥石的侵蚀是一个极为复杂的物理化学作用过程,在其遭受侵蚀时,很少仅为单一的侵蚀作用,往往是几种同时存在,互相影响。但从水泥石结构本身来说,造成其侵蚀的基本原因,一方面是水泥石中存在有易被侵蚀的组分(如其中的氢氧化钙、水化铝酸钙);另一方面是水泥石本身的结构不密实,往往含有很多毛细孔通道,使得侵蚀性介质易于进出其内部结构。

(2)水泥石侵蚀的防止

根据水泥石侵蚀的原因及侵蚀的类型,工程中可采取下列防止措施:

①根据环境介质的侵蚀特性,合理选择水泥的品种。如采用水化产物中氢氧化钙含量较少的水泥,可提高对各种侵蚀作用的抵抗能力;对于具有硫酸盐腐蚀的环境,可采用铝酸三钙含量低于5%的抗硫酸盐水泥;另外,掺入适当的混合材料,也可提高水泥对不同侵蚀介质的抵抗能力。

②提高水泥石的密实度。从理论上讲,硅酸盐系水泥水化所需水(化合水)仅为水泥质量的23%左右,但工程实际中为满足施工要求,其实际用水量约为水泥质量的40%~70%,其中大部分水分蒸发后会形成连通孔隙,这为侵蚀介质侵入水泥石内部提供了通道,从而加速了水泥石的侵蚀。为此,可采取适当的措施来提高其结构的密实度,以抵抗侵蚀介质的侵入。通过合理的材料配比设计,如降低水灰比,掺加某些可堵塞孔隙的物质,改善施工方法,均可以获得均匀密实的水泥石结构,避免或减缓水泥石的侵蚀。

③设置保护层。当环境介质的侵蚀作用较强,或难以利用水泥石结构本身抵抗其侵蚀作用时,可在其表面加做耐腐蚀性强且不易透水的保护区层,隔绝侵蚀性介质,保护原有建筑结构,使之不遭受侵蚀。如耐酸石料、耐酸陶瓷、玻璃、塑料、沥青、涂料、不透水的水泥喷浆层及塑料薄膜防水层等。尽管这些措施的成本通常较高,但其效果却十分有效,均能起到保护作用。

6. 硅酸盐水泥的特性与应用

硅酸盐水泥中的混合材料掺量很少,其特性主要取决于所用水泥熟料矿物的组成与性能。因此,硅酸盐水泥通常具有以下基本特性:

(1)水化、凝结与硬化速度快,强度高。硅酸盐水泥中熟料多,即水泥中 C_3S 含量多,水化、凝结硬化快,早期强度与后期强度均高。通常土木工程中所采用的硅酸盐水泥多为强度等级较高的水泥,主要用于要求早强的结构工程,大跨度、高强度、预应力结构等重要结构的混凝土工程。

(2)水化热大,且放热较集中。硅酸盐水泥中早期参与水化反应的熟料成分比例高,尤其是其中的 C_3S 和 C_3A 含量更高,使其在凝结硬化过程中的放热反应表现较为剧烈。通常情况下,硅酸盐水泥的早期水化放热量大,放热持续时间也较长;其3d内的水化放热量约占其总放热量的50%,3个月后可达到总放热量的90%。因此,硅酸盐水泥适用于冬季施工,不适宜在大体积混凝土等工程中使用。

（3）抗冻性好。硅酸盐水泥石具有较高的密实度，且具有对抗冻性有利的孔隙特征，因此抗冻性好，适用于严寒地区遭受反复冻融循环的混凝土工程及干湿交替的部位。

（4）耐腐蚀性差。硅酸盐水泥的水化产物中含有较多可被侵蚀的物质（如氢氧化钙等），因此，它不适合用于软水环境或酸性介质环境中的工程，也不适用于经常与流水接触或有压力水作用的工程。

（5）耐热性差。随着温度的升高，硅酸盐水泥的硬化结构中的某些组分会产生较明显的变化。当受热温度达到400～600℃时，其水泥中的部分矿物将会产生明显的晶型转变或分解，导致其结构强度显著下降。当温度达到700～1000℃时，其水泥石结构会遭到严重破坏，而表现为强度的严重降低，甚至产生结构崩溃。故硅酸盐水泥不适用于有耐热、高温要求的混凝土工程。

（6）干缩性小。硅酸盐水泥在凝结硬化过程中生成大量的水化硅酸钙凝胶，游离水分少，水泥石密实，硬化时干燥收缩小，不易产生干缩性裂纹，可用于干燥环境中的混凝土工程。

（7）抗碳化性好。水泥石中$Ca(OH)_2$与空气中的CO_2及水的作用称为碳化。硅酸盐水泥水化后，水泥石中含有较多的$Ca(OH)_2$，因此抗碳化性好。

（8）耐磨性好。硅酸盐水泥强度高，耐磨性好，适用于道路、地面等对耐磨性要求高的工程。

三 掺混合材料的硅酸盐水泥

1. 混合材料

混合材料是生产水泥时为改善水泥的性能、调节水泥的强度等级而掺入的人工或天然矿物材料，也称为掺合料。多数硅酸盐水泥品种都掺加有适量的混合材料，这些混合材料与水泥熟料共同磨细后，不仅可调节水泥等级，增加产量，降低成本，还可调整水泥的性能，增加水泥品种，满足不同工程的需要。

（1）混合材料的分类

混合材料按照在水泥中的性能表现不同，可分为活性混合材料和非活性混合材料两大类，其中活性混合材料用量最大。

①活性混合材料。磨细的混合材料与石灰、石膏或硅酸盐水泥混合均匀，加水拌和后，在常温下能发生化学反应，生成具有水硬性的水化产物，这种混合材料称为活性混合材料。对于这类混合材料，常用石灰、石膏等作为激发剂来激发其潜在反应能力从而提高胶凝能力。常用的活性混合材料有粒化高炉矿渣、火山灰质混合材料及粉煤灰等。

火山灰质混合材料按其成因可分为天然的和人工的两类。天然的火山灰质混合材料包括火山灰（火山灰喷发形成的碎屑）、凝灰岩（由火山灰质作用而形成的岩石）、浮石（火山喷出时形成的玻璃质多孔岩石）、沸石（凝灰岩经环境介质作用而形成的一种以含水铝硅酸盐矿物为主的多孔岩石）、硅藻土（由极细的硅藻介壳聚集、沉积而成的矿物）等。人工的火山灰质混合材料包括燃烧过的煤矸石、烧页岩、烧黏土和炉渣等。

在高炉冶炼生铁时,将浮在铁水表面的熔融物,经急冷处理而成的粒径为0.5~5mm的疏松颗粒材料,称为粒化高炉矿渣。由于多采用水淬方法进行急冷处理,故又称为水淬矿渣。

水淬矿渣是以玻璃体为主的矿物,其中玻璃体含量达80%以上,其主要化学成分为CaO、SiO_2和Al_2O_3等,另外还有少量MgO、Fe_2O_3及其他杂质。

粉煤灰是火力发电厂等以煤粉为燃料的燃煤炉中所收集的灰渣,其性能与火山灰质混合材料相同,也属于火山灰质混合材料。通常,对粉煤灰影响最大的因素是其中的含碳量,其含碳量越低时,活性就越高;粉煤灰中5~45μm的细颗粒含量越多、低铁玻璃体越多、细小而密实球形玻璃体的含量越高时,其活性越高,质量也越好。

②非活性混合材料。凡常温下与石灰、石膏或硅酸盐水泥一起,加水拌和后不能发生水化反应或反应甚微,不能生成水硬性产物的混合材料称为非活性混合材料。水泥中掺加非活性混合材料后可以调节水泥的强度等级、降低水化热等,并增加水泥产量。常用的非活性混合材料有石灰石粉、磨细石英砂、慢冷矿渣及黏土等。此外,凡活性未达到规定要求的高炉矿渣、火山灰质混合材料及粉煤灰等也可作为非活性混合材料使用。

(2)活性混合材料的水化

活性混合材料主要化学成分为活性SiO_2和活性Al_2O_3,这些活性混合材料本身虽难于产生水化反应,无胶凝性,但在氢氧化钙或石膏等溶液中,却能产生明显的水化反应,生成水化硅酸钙和水化铝酸钙,其反应式如下:

$$x\mathrm{Ca(OH)}_2 + \mathrm{SiO}_2 + m\mathrm{H}_2\mathrm{O} = x\mathrm{CaO} \cdot \mathrm{SiO}_2 \cdot (x+m)\mathrm{H}_2\mathrm{O}$$

$$y\mathrm{Ca(OH)}_2 + \mathrm{Al}_2\mathrm{O}_3 + n\mathrm{H}_2\mathrm{O} = y\mathrm{CaO} \cdot \mathrm{Al}_2\mathrm{O}_3 \cdot (y+n)\mathrm{H}_2\mathrm{O}$$

当液相中有石膏存在时,将与水化铝酸钙反应生成水化硫铝酸钙。水泥熟料的水化产物$Ca(OH)_2$和熟料中的石膏具备了使活性混合材料发挥活性的条件,即$Ca(OH)_2$和石膏起着激发水化、促进水泥硬化的作用,故称为激发剂。

掺活性混合材料的硅酸盐水泥与水拌和后,首先是水泥熟料水化,生成氢氧化钙。然后,氢氧化钙与掺入的石膏作为活性混合材料的激发剂,产生上述的反应(称二次水化反应)。二次水化反应速度较慢,对温度反应敏感。

2. 掺混合材料的硅酸盐水泥

在硅酸盐水泥熟料中掺入不同种类的混合材料,可制成性能不同的掺混合材料的通用硅酸盐水泥。常用的有普通硅酸盐水泥、矿渣硅酸盐水泥、火山灰质硅酸盐水泥、粉煤灰硅酸盐水泥及复合硅酸盐水泥。

(1)普通硅酸盐水泥

根据国家标准《通用硅酸盐水泥》(GB 175—2007),普通硅酸盐水泥的定义是:凡由硅酸盐水泥熟料、5%~20%混合材料、适量石膏磨细制成的水硬性凝材料,称为普通硅酸盐水泥(简称普通水泥),代号P·O。掺活性混合材料时,最大掺量不得超过20%,其中允许用不超过水泥质量5%的窑灰或不超过水泥质量8%的非活性混合材料来代替。

普通硅酸盐水泥的成分中,绝大部分仍是硅酸盐水泥熟料,故其基本特性与硅酸盐水泥相近。但由于普通硅酸盐水泥中掺入了少量混合材料,故某些性能与硅酸盐水泥比较,又稍有些差异。普通水泥的早期硬化速度稍慢,强度略低。同时,普通水泥的抗冻、耐磨等性能也较硅酸盐水泥稍差。

(2) 矿渣硅酸盐水泥

根据国家标准《通用硅酸盐水泥》(GB 175—2007)的规定,矿渣硅酸盐水泥的定义是:凡由硅酸盐水泥熟料和粒化高炉矿渣,适量石膏磨细制成的水硬性胶凝材料,称为矿渣硅酸盐水泥(简称矿渣水泥),代号为P·S。矿渣水泥中粒化高炉矿渣掺量按质量百分比计为20%~70%,按掺量不同分为A型和B型两种。A型矿渣水泥的矿渣掺量为20%~50%,其代号P·S·A;B型矿渣水泥的矿渣掺量为50%~70%,其代号P·S·B。允许用石灰石、窑灰和火山灰质混合材料中的一种材料代替矿渣,代替总量不得超过水泥质量的8%,替代后水泥中的粒化高炉矿渣不得少于20%。

矿渣水泥加水后,首先是水泥熟料颗粒开始水化。继而,矿渣受熟料水化时所析出的$Ca(OH)_2$的激发,活性SiO_2、Al_2O_3即与$Ca(OH)_2$作用形成具有胶凝性能的水化硅酸钙和水化铝酸钙。

矿渣水泥中加入的石膏,一方面可调节水泥的凝结时间;另一方面又是矿渣的激发剂。因此,石膏的掺量一般可比硅酸盐水泥中稍多一些。但若掺量太多,也会降低水泥的质量。国家标准中规定,矿渣水泥中的SO_3含量不得超过4%。

矿渣水泥的密度一般为$2.8\sim3.0g/cm^3$。不同强度等级的矿渣水泥,其强度指标见表2-8。

矿渣水泥与硅酸盐水泥及普通水泥相比较,主要有以下特点:

① 具有较强的抗溶出性侵蚀及抗硫酸盐侵蚀的能力。由于矿渣水泥中掺加了大量矿渣,熟料相对减少,C_3S及C_3A的含量也相对减少;又因水化过程中所析出的$Ca(OH)_2$与矿渣作用,生成较稳定的水化硅酸钙及水化铝酸钙。这样,在硬化后的水泥石中,游离$Ca(OH)_2$及易受硫酸盐侵蚀的水化铝酸钙都大为减少,从而提高了抗溶出性侵蚀及抗硫酸盐侵蚀的能力。故矿渣水泥较适用于受溶出性或硫酸盐侵蚀的水工建筑工程、海港工程及地下工程。但在酸性水(包括碳酸)及含镁盐的水中,矿渣水泥的抗侵蚀性能却较硅酸盐水泥及普通水泥为差。

② 水化热低。在矿渣水泥中,由于熟料减少,使发热量高的C_3S和C_3A含量相对减少故其水化热较低,宜用于大体积工程中。

③ 早期强度低,后期强度增长率大。矿渣水泥中活性SiO_2、Al_2O_3与$Ca(OH)_2$的化合反应在常温下进行得较为缓慢,故矿渣水泥早期硬化较慢,其早期(28d以前)强度较同强度等级的硅酸盐水泥及普通水泥为低(参看表2-8);而28d以后的强度发展将超过硅酸盐水泥及普通水泥。

④ 环境温度对凝结硬化的影响较大。矿渣水泥在较低温度下,凝结硬化较硅酸盐水泥及普通水泥缓慢,故冬季施工时,更需加强保温养护措施。但在湿热条件下,矿渣水泥的强度发展却较硅酸盐水泥及普通水泥为快,故矿渣水泥适于蒸汽养护。

⑤ 保水性差,泌水性较大。水泥加水拌和后,水泥浆体能够保持一定量的水分而不析出的性能,称为保水性。当加水量超过其保水能力时,在凝结过程中将有部分水从泥浆中析出,这种析出水分的性能,称为泌水性或析水性。因此,保水性和泌水性这两个名称实际上是表述同一事物的两个方面。

由于矿渣在与熟料共同粉磨过程中,颗粒难于磨得很细,且矿渣玻璃质亲水性较弱,因而矿渣水泥的保水性较差,泌水性较大。这是一个缺点,它易使混凝土内形成毛细管通道及水囊，当水分蒸发后，便形成孔隙，降低混凝土的密实性、均匀性及抗渗性。

⑥干缩性较大。水泥在空气中硬化时，随着水分的蒸发，体积会有微小的收缩，称为干缩。水泥干缩是一种不良的性质，它将直接引起混凝土产生干缩，易使混凝土表面发生很多微细裂缝，从而降低混凝土的耐久性和力学性能。

矿渣水泥的干缩性较硅酸盐水泥及普通水泥大。因此，使用矿渣水泥时，应注意加强养护。

⑦抗冻性较差，耐磨性较差。水泥抗冻性及耐磨性的强弱，是影响混凝土抗冻性及耐磨性的重要因素。矿渣水泥抗冻性及耐磨性均较硅酸盐水泥及普通水泥差。因此，矿渣水泥不宜用于严寒地区水位经常变动的部位，也不宜用于高速挟沙水流冲刷或其他具有耐磨要求的工程。

⑧碳化速度较快、深度较大。用矿渣水泥拌制的砂浆及混凝土，由于水泥石中 $Ca(HO)_2$ 浓度（碱度）较硅酸盐水泥及普通水泥低，因而表层的碳化作用进行得较快，碳化深度也较大。这对钢筋混凝土是不利的，当碳化深入达到钢筋表面时，就会导致钢筋锈蚀。

⑨耐热性较强。矿渣水泥的耐热性较强，因此，较其他品种水泥更适用于高温车间、高炉基础等耐热工程。

（3）火山灰质硅酸水泥

根据国家标准《通用硅酸盐水泥》（GB 175—2007）的规定，火山灰质硅酸盐水泥的定义是：凡由硅酸盐水泥熟料和火山灰质混合材料、适量石膏磨细制成的水硬性胶凝性材料，称为火山灰质硅酸水泥（简称火山灰水泥），代号 P·P。水泥中火山灰质混凝合材料掺量按质量百分比计为20%~40%。

火山灰水泥的密度在 $2.7 \sim 3.1 g/cm^3$ 之间。火山灰水泥对细度、凝结时间及体积安定性的技术要求与矿渣硅酸盐水泥相同。不同强度等级火山灰水泥的强度指标见表2-8。

火山灰水泥的许多性能，如抗侵蚀性、水化时的放热量、强度及其增长率、环境温度对凝结硬化的影响、碳化速度等，都与矿渣水泥有相同的特点。

火山灰水泥的抗冻性及耐磨性比矿渣水泥还要差一些，故应避免用于有抗冻及耐磨要求的部位。它在硬化过程中的干缩现象较矿渣水泥更为显著，尤其所掺为软质混合材料时更加突出。因此，使用时需特别注意加强养护，使之较长时间保持潮湿状态，以避免产生干缩裂缝。处于干热环境施工的工程，不宜使用火山灰水泥。

火山灰水泥的标准稠度用水量比一般水泥都大，泌水性较小。此外，火山灰质混合材料在石灰溶液中会产生膨胀现象，使拌制的混凝土较为密实，故抗渗性较高。

（4）粉煤灰硅酸盐水泥

根据国家标准《通用硅酸盐水泥》（GB 175—2007）的规定，粉煤灰硅酸盐水泥的定义是：凡由硅酸盐水泥熟料和粉煤灰、适量石膏磨细制成的水硬性胶凝材料，称为粉煤灰硅盐水泥（简称粉煤灰水泥），代号 P·F。水泥中粉煤灰掺量按质量百分比计为20%~40%。

粉煤灰水泥对细度、凝结时间及体积安定性的技术要求与矿渣硅酸盐水泥相同。不同强度等级的粉煤灰水泥强度指标见表2-8。

粉煤灰水泥的凝结硬化过程与火山水泥基本相同，在性能上也与火山灰水泥有很多相似之处。国家标准《通用硅酸盐水泥》（GB 175—2007）把粉煤灰水泥列为一个独立的水泥品种，是因为，一方面粉煤灰的综合利用有着重要的政治经济意义；另一方面粉煤灰水泥在性能上有它独自的特点。

粉煤灰水泥的主要特点是干缩性比较小，甚至比硅酸盐水泥及普通水泥还小，因而抗裂性较好。用粉煤灰水泥配制的混凝土和易性较好。这主要是由于粉煤灰中的细颗粒多呈球形（玻璃微珠），且较为致密，吸水性较小，而且还起着一定的润滑作用之故。

由于粉煤灰水泥有干缩性较小，抗裂性较好的优点，再加上它的水化热较硅酸盐水泥及普通水泥低，抗侵蚀性较强，因此特别适用于水利工程及大体积建筑物。

（5）复合硅酸盐水泥

根据国家标准《通用硅酸盐水泥》(GB 175—2007)的规定，复合硅酸盐水泥的定义是：凡由硅酸盐水泥熟料、两种或两种以上规定的混合材料、适量石膏磨细制成的水硬性胶凝性材料，称为复合硅酸盐水泥（简称复合水泥），代号 P·C。水泥中混合材料总掺量按质量百分比计应大于 20%，但不超过 50%。水泥中允许用不超过 8% 的窑灰代替部分混合材料；掺矿渣时混合材料掺量不得与矿渣水泥重复。

用于掺入复合水泥的混合材料有多种。除符合国家标准的粒化高炉矿渣、粉煤灰及火山灰质混合材料外，还可掺用符合标准的粒化精炼铁渣、粒化增钙液态渣及各种新开发的活性混合性材料以及各种非活性混合性材料。因此，复合水泥更加扩大了混合材料的使用范围，既利用了混合材料资源，缓解了工业废渣的污染问题，又大大降低了水泥的生产成本。

复合硅酸盐水泥同时掺入两种或两种以上的混合材料，它们在水泥中不是每种混合材料作用的简单叠加，而是相互补充。如矿渣与石灰石复掺，使水泥既有较高的早期强度，又有较高的后期强度增长率；又如火山灰与矿渣复掺，可有效地减少水泥的需水性。水泥中同时掺入两种或多种混合材料，可更好地发挥混合材料各自的优良特性，使水泥性能得到全面改善。

根据国家标准《通用硅酸盐水泥》(GB 175—2007)，复合水泥对细度、凝结时间及体积安定性的技术要求与矿渣硅酸盐水泥相同。不同强度等级的复合水泥，其强度指标见表 2-8。

为方便水泥的选用，将不同品种的通用硅酸盐系水泥的主要特性和适用环境与选用原则分别列于表 2-9 和表 2-10 中。

通用硅酸盐水泥的特性　　　　　　　　　　表 2-9

项目	硅酸盐水泥	普通水泥	矿渣水泥	火山灰水泥	粉煤灰水泥	复合水泥
性质	1.早期、后期强度高 2.水化热大 3.抗冻性好 4.耐腐蚀性差 5.耐热性差 6.干缩性小 7.抗碳化性好 8.耐磨性好	1.早期强度较高 2.水化热较大 3.抗冻性较好 4.耐腐蚀性较差 5.耐热性较差 6.干缩性较小 7.抗碳化性较好 8.耐磨性较好 9.抗渗性较好	共性： 1.凝结硬化慢 2.早期强度低,后期强度增长较快 3.水化热较低 4.抗冻性差 5.耐腐蚀性较好 6.抗碳化性较差 7.对温、湿度敏感,适合蒸汽养护、高温养护 特性： 1.耐热性好 2.泌水性大、抗渗性差 3.干缩性较大	1.保水性好、抗渗性好 2.干缩性大 3.耐磨性差	1.干缩性小 2.抗裂性好 3.泌水性大、抗渗性差 4.耐磨性差	与所掺混合材料的种类、掺量有关

不同品种的通用硅酸盐系水泥适用环境与选用原则　　　　　表 2-10

品种		工程特点及所处环境	优先选用	可以选用	不宜选用
普通混凝土	1	在一般气候环境中混凝土	普通水泥	矿渣水泥、火山灰水泥、粉煤灰水泥、复合水泥	—
	2	在干燥环境中混凝土	普通水泥	粉煤灰水泥	火山灰水泥、矿渣水泥
	3	在高湿环境中或长期处于水中的混凝土	矿渣水泥、火山灰水泥、粉煤灰水泥、复合水泥	普通水泥	—
	4	大体积混凝土	矿渣水泥、火山灰水泥、粉煤灰水泥、复合水泥	普通水泥	硅酸盐水泥
有特殊要求的混凝土	1	要求快硬、高强的混凝土	硅酸盐水泥	普通水泥	矿渣水泥、火山灰水泥、粉煤灰水泥、复合水泥
	2	严寒地区的露天混凝土，寒冷地区处于水位升降范围内的混凝土	普通水泥	矿渣水泥（强度等级大于32.5）	火山灰水泥、粉煤灰水泥
	3	严寒地区处于水位升降范围内的混凝土	普通水泥（强度等级大于42.5）	—	矿渣水泥、火山灰水泥、粉煤灰水泥、复合水泥
	4	有抗渗要求的混凝土	普通水泥、火山灰水泥	—	矿渣水泥、粉煤灰水泥
	5	有耐磨性要求的混凝土	硅酸盐水泥、普通水泥	矿渣水泥（强度等级大于32.5）	火山灰水泥、粉煤灰水泥
	6	受侵蚀性介质作用的混凝土	矿渣水泥、火山灰水泥、粉煤灰水泥、复合水泥	—	硅酸盐水泥、普通水泥

四 水泥的验收、运输与储存

工程中应用水泥，不仅要对水泥品种进行合理选择，质量验收时还要严格把关，妥善进行运输、保管、储存等也是必不可少的。

1. 验收

（1）包装标志验收

根据供货单位的发货明细表或入库通知单及质量合格证，分别核对水泥包装上所注明的执行标准、水泥品种、代号、强度等级、生产者名称、生产许可证标志（QS）及编号、出厂编号、包装日期、净含量。掺火山灰质混合材料的普通水泥和矿渣水泥还应标上"掺火山灰"字样。包装袋两侧应根据水泥的品种采用不同的颜色印刷水泥名称和强度等级，硅酸盐水泥和普通硅酸盐水泥采用红色，矿渣硅酸盐水泥采用绿色，火山灰质硅酸盐水泥、粉煤灰硅酸盐水泥和复合硅酸盐水泥采用黑色或蓝色。散装发运时应提交与袋装标志相同内容的卡片。

(2) 数量验收

水泥可以散装或袋装,袋装水泥每袋净含量为50kg,且应不少于标志质量的99%;随机抽取20袋总质量(含包装袋)应不少于1000kg。其他包装形式由供需双方协商确定,但有关袋装质量要求,应符合上述规定。

(3) 质量验收

水泥出厂前按同品种、同强度等级编号和取样。袋装水泥和散装水泥应分别进行编号和取样。每一个编号为一个取样单位。取样应有代表性,可连续取,也可以从20个以上不同部位取等量样品,总量至少12kg。

交货时水泥的质量验收可抽取实物试样以其检验结果为依据,也可以生产者同编号水泥的检验报告为依据。采取何种方法验收由买卖双方商定,并在合同或协议中注明。

以抽取实物试样的检验结果为验收依据时,买卖双方应在发货前或交货地共同取样和签封。取样数量为20kg,缩分为两等份。一份由卖方保存40d,一份由买方按本标准规定的项目和方法进行检验。在40d以内,买方检验认为产品质量不符合本标准要求,而卖方又有异议时,则双方应将卖方保存的另一份试样送省级或省级以上国家认可的水泥质量监督检验机构进行仲裁检验。

以水泥厂同编号水泥的检验报告为验收依据时,在发货前或交货时,买方在同编号水泥中抽取试样,双方共同签封后保存3个月,或委托卖方在同编号水泥中抽取试样,签封后保存3个月。在3个月内,买方对水泥质量有疑问时,买卖双方应将签封的试样送省级或省级以上国家认可的水泥质量监督检验机构进行仲裁检验。

2. 运输与贮存

(1) 水泥的受潮

水泥是一种具有较大表面积、极易吸湿的材料,在储运过程中,如与空气接触,则会吸收空气中的水分和二氧化碳而发生部分水化反应和碳化反应,从而导致水泥变质,这种现象称为风化或受潮。受潮水泥由于水化产物的凝结硬化,会出现结粒或结块现象,从而失去活性,导致强度下降,严重的甚至不能再用于工程中。

此外,即使水泥不受潮,长期处在大气环境中,其活性也会降低。

(2) 水泥的运输和储存

水泥在运输过程中,要采用防雨、雪措施,在保管中要严防受潮。不同生产厂家、品种、强度等级和出厂日期的水泥应分开储运,严禁混杂。应先存先用,不可储存过久。

受潮后的水泥强度逐渐降低,密度也降低,凝结迟缓。水泥强度等级越高,细度越细,吸湿受潮也越快。水泥受潮快慢及受潮程度与保管条件、保管期限及质量有关。一般储存3个月的水泥,强度降低约10%~25%,储存6个月可降低25%~40%。通用硅酸盐水泥贮存期为3个月。过期水泥应按规定进行取样复验,按实际强度使用。

水泥一般入库存放,储存水泥的库房必须干燥通风。存放地面应高出室外地面30cm,距离窗户和墙壁30cm以上;袋装水泥堆垛不宜过高,以免下部水泥受压结块,一般10袋堆一垛。如存放时间短,库房紧张,也不宜超过15袋。露天临时贮存袋装水泥时,应选择地势高、排水条件好的场地,并认真做好上盖下垫,以防止水泥受潮。

储运散装水泥时,应使用散装水泥罐车运输,采用铁皮罐仓或散装水泥库存放。

五 其他品种水泥

1. 中、低热硅酸盐水泥及低热矿渣硅酸盐水泥

这三种水泥是适用于要求水化热较低的大坝和大体积混凝土工程的水泥。根据国家标准《中热硅酸盐水泥 低热硅酸盐水泥 低热矿渣硅酸盐水泥》(GB 200—2003)的规定,这三种水泥的定义如下:

(1)中热硅酸盐水泥:以适当成分的硅酸盐水泥熟料,加入适量石膏,磨细制成的具有中等水化热的水硬性胶凝材料,称为中热硅酸盐水泥(简称中热水泥),代号 P·MH。

(2)低热硅酸盐水泥:以适当成分的硅酸盐水泥熟料,加入适量石膏,磨细制成的具有低水化热的水硬性胶凝材料,称为低热硅酸盐水泥(简称低热水泥),代号 P·LH。

(3)低热矿渣硅酸盐水泥:以适当成分的硅酸盐水泥熟料,加入粒化高炉矿渣、适量石膏,磨细制成的具有低水化热的水硬性胶凝材料,称为低热矿渣硅酸盐水泥(简称低热矿渣水泥),代号 P·SLH。低热矿渣水泥中矿渣掺量按质量百分比计为20%~60%。允许用不超过混合材料总量50%的粒化电炉磷渣或粉煤灰代替部分粒化高炉矿渣。

为了减少水泥的水化热及降低放热速率,特限制中热水泥熟料中 C_3A 的含量不得超过6%,C_3S 的含量不得超过55%;低热水泥熟料中 C_3A 的含量不得超过6%,C_2S 的含量不得小于40%;低热矿渣水泥熟料中 C_3A 的含量不得超过8%。

在细度要求上,水泥的比表面积应不低于 $250m^2/kg$;初凝时间不得早于60min,终凝时间不得迟于12h;水泥安定性必须合格。中、低热水泥及低热矿渣水泥的强度等级及各龄期强度指标见表2-11,各龄期水化热上限值见表2-12。

中、低热水泥及低热矿渣水泥的等级与各龄期强度　　　　表2-11

品　种	强度等级	抗压强度(MPa)			抗折强度(MPa)		
		3d	7d	28d	3d	7d	28d
中热水泥	42.5	12.0	22.0	42.5	3.0	4.5	6.5
低热水泥	42.5	—	13.0	42.5	—	3.5	6.5
低热矿渣水泥	32.5	—	12.0	32.5	—	3.0	5.5

中、低热水泥及低热矿渣水泥强度等级的各龄期水化热　　　　表2-12

品　种	强度等级	水化热(kJ/kg)	
		3d	7d
中热水泥	42.5	251	293
低热水泥	42.5	230	260
低热矿渣水泥	32.5	197	230

中、低热水泥主要适用于大坝溢流面或大体积建筑物的面层和水位变动区等部位,要求较低水化热和较高耐磨性、抗冻性的工程;低热矿渣水泥主要适用于大坝或大体积建筑物内部及水下等要求低水化热的工程。

2. 白水泥和彩色水泥

(1) 白色硅酸盐水泥

以适当成分的生料烧至部分熔融,所得以硅酸钙为主要成分,氧化铁含量少的白色硅酸盐熟料,再加入适当石膏及 0~10% 的石灰石或窑灰,磨细制成水硬性胶凝材料称为白色硅酸盐水泥(简称"白水泥")。代号 P·W。

① 白色硅酸盐水泥的生产及要求。通用硅酸盐水泥中通常含有较多的氧化铁而多呈灰色,随着氧化铁含量的增加而颜色变深,水泥中含铁量与水泥颜色的关系见表2-13。为满足工程对水泥颜色的要求,白色硅酸盐水泥在生产时应严格控制水泥原料的铁含量,并严防在生产过程中混入铁质物质。白色硅酸盐水泥中的 Fe_2O_3 含量一般小于 0.5%,并尽可能除掉其他着色氧化物(MnO、TiO_2 等)。

水泥中铁含量与水泥的颜色的关系   表2-13

氧化铁含量(%)	3~4	0.45~0.7	0.35~0.4
水泥颜色	暗灰色	淡绿色	白色

白水泥的性能与硅酸盐水泥基本相同,白水泥与硅酸盐水泥的生产原理与方法也基本相同,但对原材料的要求有所不同。生产白色水泥所用石灰石及黏土原料中的氧化铁含量应分别低于是 0.1% 和 0.7%。为此,常用的黏土质原料主要有高岭土、瓷石、白泥、石英砂等,石灰岩质原料则多采用白垩。

为防止有色物质对水泥的颜色污染,生产中还需要采取一些特殊措施,如选用无灰烬的气体燃料(天然气)或溶体燃料(柴油、重油或酒精等);在粉磨生料和熟料时,为避免混入铁质,球磨机内壁要镶贴白色花岗岩或高强陶瓷衬板,并采用烧结刚玉、瓷球、卵石等作为研磨体。为提高白色水泥的白度,对白水泥熟料还需经漂白处理,例如,对刚出窑的红热熟料进行喷水、喷油或浸水,使高价色深的 Fe_2O_3 还原成低价色浅的 FeO 或 Fe_3O_4,也可通过提高白色水泥熟料的饱和比(即 KH 值)增加其中游离 CaO 的含量,并使其吸水消解为 $Ca(OH)_2$,适当提高水泥的细度;白水泥所用石膏多采用高白度的雪花石膏来增强其白度。

② 白水泥的技术性质。

a. 强度。根据国家标准《白色硅酸盐水泥》(GB/T 2015—2005)规定,白色硅酸盐水泥按 3d、28d 的抗压强度和抗折强度分为 32.5、42.5、52.5 三个强度等级,各强度等级的各龄期强度应不低于表2-14 数值。

白色硅酸盐水泥的强度等级与各龄期强度   表2-14

强度等级	抗压强度(MPa)		抗折强度(MPa)	
	3d	28d	3d	28d
32.5	12.0	32.5	3.0	6.0
42.5	17.0	42.5	3.5	6.5
52.5	22.0	52.5	4.0	7.5

b. 细度、凝结时间及体积安定性。为满足工程使用的技术要求,白色硅酸盐水泥对其细度要求为 80μm 方孔筛筛余不得超过 10%;其初凝时间不得早于 45min,终凝时间不得迟于 10h;体积安定性用沸煮法检验必须合格,白色硅酸盐水泥熟料中氧化镁的含量不宜超过

5.0%，水泥中三氧化硫含量应不超过3.5%。

c. 白度。白度是反映水泥颜色白色程度的技术参数。将白色水泥样品装入压样器中压成表面平整的白板，置于白度仪中所测定的技术指标，以其表面对红、绿、蓝三原色光的表面反射率与氧化镁标准白板的反射率比较，所得相对反射百分率即为水泥的白度。白水泥的水泥白度值应不低于87。

根据《白色硅酸盐水泥》(GB/T 2015—2005)规定，凡三氧化硫、初凝时间、安定性中任一项不符合标准规定或强度低于最低等级的指标时为废品。凡细度、终凝时间、强度和白度任一项不符合标准规定时为不合格品。水泥包装标志中水泥品种、生产者名称和出厂编号不全的也属于不合格品。

(2) 彩色硅酸盐水泥

凡由硅酸盐水泥熟料及适量石膏(或白色硅酸盐水泥)、混合材及着色剂磨细或混合制成的带有色彩的水硬性胶凝材料称为彩色硅酸盐水泥。为获得所期望的色彩，可采用烧成法或染色法生产彩色水泥。其中烧成法是通过调整水泥生料的成分，使其烧成后生成所需要的彩色水泥；染色法是将硅酸盐水泥熟料(白水泥熟料或普通水泥熟料)、适量石膏和碱性颜料共同磨细而制成的彩色水泥，也可将矿物颜料直接与水泥粉混合而配制成彩色水泥。

彩色水泥中加入的颜料必须具有良好的大气稳定性和耐久性，不溶于水，分散性好，抗碱性强，着色力强，不影响水泥的水化硬化。常用的颜料有氧化铁(黑、红、褐、黄色)、二氧化锰(黑、褐色)、氧化铬(绿色)、钴蓝(蓝色)等。

白水泥和彩色水泥主要用于建筑物内外面的装饰，如地面、楼面、墙柱、台阶，以及建筑立面的线条、装饰图案、雕塑等。白色水泥和彩色水泥还可拌制彩色砂浆和彩色混凝土，制造彩色水刷石、人造大理石、水磨石等各种装饰材料。

3. 膨胀水泥和自应力水泥

通用硅酸盐水泥在空气中硬化，通常表现为收缩。由于收缩，混凝土内部会产生裂纹，这样不但降低了水泥石结构的密实性，还影响结构的抗渗、抗冻、耐腐蚀等性能。膨胀水泥是指在硬化过程中能产生体积膨胀的水泥，可克服通用水泥的这个缺点。

膨胀水泥的膨胀作用是由于水化过程中形成大量膨胀性物质(如水化硫铝酸钙等)，这一过程是在水泥硬化初期进行的，仅使硬化的水泥体积膨胀，而不至于引起有害内应力。膨胀水泥在硬化过程中，形成比较密实的水泥石结构，故抗渗性较高。因此，膨胀水泥又是一种不透水的水泥。

根据在约束条件下产生的膨胀量和用途，膨胀水泥分为收缩补偿型膨胀水泥(简称膨胀水泥)和自应力型膨胀水泥(简称自应力水泥)两大类。前者表示水泥水化硬化过程中的体积膨胀，在实用上具有补偿因普通水泥在水化时所产生的收缩，其自应力值小于2.0MPa，一般为0.5MPa，其线膨胀率一般在1%以下，相当或稍大于一般水泥的收缩；后者表示水泥水化硬化后的体积膨胀，能使砂浆或混凝土在受约束条件下产生可应用的预应力(因为这种预先具有的压应力是依靠水泥本身的水化而产生的，所以称自应力)，并以自应力值表示所产生压应力的大小。自应力值不小于2.0MPa，线膨胀率一般在1%~3%。

膨胀水泥不仅应有一定的膨胀率，而且还必须具有一定的强度，而膨胀本身又往往影响强度，所以设计适当的强度组分和膨胀组分，即可配置出诸多的膨胀水泥。

按膨胀水泥的组成,可将其分为硅酸盐膨胀水泥、铝酸盐膨胀水泥、硫铝酸盐膨胀水泥、铁铝酸盐膨胀水泥等,以前两种应用最为广泛。

膨胀水泥适用于补偿收缩混凝土结构工程、防渗层及防渗混凝土、构件的接缝及管道接头、结构的加固与补修、固结机器底座和地脚螺栓等。自应力水泥适用于制造自应力钢筋混凝土压力管及其配件等。

4. 砌筑水泥

砌筑水泥是以活性混合材料或具有水硬性的工业废料为主要原料,加入适量硅酸盐水泥熟料和石膏,经磨细制成的水硬性胶凝材料,代号 M。砌筑水泥中混合材料掺加量按质量百分比计应大于 50%,允许掺入适量的石灰石或窑灰。这种水泥的强度较低,不能用于钢筋混凝土中,主要用于工业与民用建筑的砌筑砂浆和内墙抹面砂浆。

根据国家标准《砌筑水泥》(GB/T 3183—2003)的规定,砌筑水泥分为 12.5、22.5 两个强度等级,其 7d 抗压强度分别不低于 7.0MPa、10.0MPa,28d 抗压强度分别不低于 12.5MPa、22.5MPa。砌筑水泥对其细度要求为 80μm 方孔筛筛余不大于 10%;其初凝时间不得早于 60min,终凝时间不得迟于 12h;体积安定性用沸煮法检验应合格,三氧化硫含量应不大于 4.0%。

5. 铝酸盐水泥

凡以铝酸钙为主的铝酸盐水泥熟料,磨细制成的水硬性胶凝材料称为铝酸盐水泥,代号 CA。

铝酸盐水泥按 Al_2O_3 含量分为以下 4 类:

CA-50 （50% ≤ Al_2O_3 含量 < 60%）

CA-60 （60% ≤ Al_2O_3 含量 < 68%）

CA-70 （68% ≤ Al_2O_3 含量 < 77%）

CA-80 （77% ≤ Al_2O_3 含量）

(1) 铝酸盐水泥的组成、水化与硬化

铝酸盐水泥的生产原料是石灰石和铝矾土。铝酸盐水泥的主要矿物成分是铝酸一钙($CaO \cdot Al_2O_3$,简写式 CA)和二铝酸一钙($CaO \cdot 2Al_2O_3$,简写式 CA_2),此外还有少量的其他铝酸盐和硅酸二钙(C_2S)。

铝酸一钙是铝酸盐水泥的最主要矿物,具有很高的活性,其特点是凝结正常、硬化迅速,是铝酸盐水泥强度的主要来源。

二铝酸一钙的凝结硬化慢,早期强度低,但后期强度较高,含量过多将影响水泥的快硬性能。

铝酸盐水泥的水化过程,主要是 CA 的水化过程。一般认为,CA 在不同温度下进行水化时,可得到不同的水化产物。

当温度低于 20℃ 时,主要水化产物为十水铝酸一钙($CaO \cdot Al_2O_3 \cdot 10H_2O$,简写式 CAH_{10}),反应式如下:

$$CaO \cdot Al_2O_3 + 10H_2O \longrightarrow CaO \cdot Al_2O_3 \cdot 10H_2O$$

当温度在 20~30℃ 时,主要水化产物为八水铝酸二钙($2CaO \cdot Al_2O_3 \cdot 8H_2O$,简写式 C_2AH_8),还有氢氧化铝凝胶($Al_2O_3 \cdot 3H_2O$,简写式 AH_3),反应式如下:

$$2(CaO \cdot Al_2O_3) + 11H_2O \longrightarrow 2CaO \cdot Al_2O_3 \cdot 8H_2O + Al_2O_3 \cdot 3H_2O$$

当温度大于30℃时,主要水化产物为六水铝酸三钙（$3CaO \cdot Al_2O_3 \cdot 6H_2O$,简写式$C_3AH_6$）和氢氧化铝凝胶。

CAH_{10}和如C_2AH_8为片状或针状的晶体,它们互相交错搭接,形成坚固的结晶连生体骨架,同时生成的铝胶填充于晶体骨架的空隙中,形成致密的水泥石结构,因此强度较高。水化5~7d后,水化物的数量很少增长,故铝酸盐水泥的早期强度增长很快,后期强度增进很小。

特别需要指出的是,CAH_{10}和如C_2AH_8都是不稳定的,会逐步转化为C_3AH_6,温度升高转化加快,晶体转变的结果,使水泥石内析出了游离水,增大了孔隙率;同时也由于C_3AH_6本身强度较低,且相互搭接较差,所以水泥石的强度明显下降,后期强度可能比最高强度降低达40%以上。

(2)铝酸盐水泥的技术性质

铝酸盐水泥常为黄色或褐色,也有呈灰色的。铝酸盐水泥的密度一般为3.10~3.20g/cm³,堆积密度一般为1000~1300kg/m³。

①细度。比表面积不小于300m²/kg或0.045mm方孔筛筛余不大于20%。

②凝结时间。CA-50、CA-70、CA-80的初凝时间不得早于30min,终凝时间不得迟于6h;CA-60的初凝时间不得早于60min,终凝时间不得迟于18h。

③强度。各类型铝酸盐水泥各龄期强度值不得低于表2-15规定的数值。

铝酸盐水泥各龄期强度值　　　　表2-15

水泥类型	抗压强度(MPa)				抗折强度(MPa)			
	6h	1d	3d	28d	6h	1d	3d	28d
CA-50	20①	40	50	—	3.0①	5.5	6.5	—
CA-60	—	20	45	85	—	2.5	5.0	10.0
CA-70	—	30	40	—	—	5.0	6.0	—
CA-80	—	25	30	—	—	4.0	5.0	—

注:①当用户需要时,生产厂应提供结果。

(3)铝酸盐水泥的特性与应用

与硅酸盐水泥相比,铝酸盐水泥具有以下特性及相应的应用:

①快硬早强。1d强度高,适用于紧急抢修工程。

②水化热大。放热量主要集中在早期,1d内即可放出水化总热量的70%~80%,因此,不宜用于大体积混凝土工程,但适用于寒冷地区冬期施工的混凝土工程。

③抗硫酸盐侵蚀性好。因为铝酸盐水泥在水化后几乎不含有$Ca(OH)_2$,且结构致密,所以具有良好的抗硫酸盐、盐酸等腐蚀性溶液的性能,适用于抗硫酸盐及海水侵蚀的工程。但抗碱性极差,不得用于接触碱性溶液的工程。

④耐热性好。因不存在水化产物$Ca(OH)_2$在较低温度下的分解,且在高温时水化产物之间发生固相反应,生成新的化合物。因此,铝酸盐水泥可作为耐热砂浆或耐热混凝土的胶结材料,能耐1300~1400℃高温。

⑤长期强度要降低。一般降低40%~50%,因此不宜用于长期承载结构,且不宜用于高温环境中的工程。

⑥铝酸盐水泥与硅酸盐水泥或石灰相混不但产生闪凝,而且由于生成高碱性的水化铝酸钙,使混凝土开裂,甚至破坏。因此,施工时除不得与石灰和硅酸盐水泥混合外,也不得与尚未硬化的硅酸盐水泥接触使用。

⑦最适宜的硬化温度为15℃左右,一般不得超过25℃。铝酸盐水泥不适用于高温季节施工,也不适合采用蒸汽养护。

6. 道路硅酸盐水泥

凡由适当成分的生料烧至部分熔融,所得以硅酸钙为主要成分和较多的铁铝酸钙的硅酸盐水泥熟料,称为道路硅酸盐水泥熟料。由道路硅酸盐水泥熟料、0~10%活性混合材料和适量石膏磨细制成的水硬性胶凝材料,称为道路硅酸盐水泥(简称道路水泥),代号P·R。

为满足道路工程对水泥抗折强度和耐磨性较高的要求,国家标准《道路硅酸盐水泥》(GB 13693—2005)规定,道路硅酸盐水泥中铁铝酸四钙含量不得小于16.0%,铝酸三钙含量不得小于5.0%。道路水泥的比表面积要求为300~450m^2/kg;初凝时间不得早于1.5h,终凝时间不得迟于10h;28d 干缩率应不大于0.10%;28d 磨耗量应不大于3.00kg/m^2;三氧化硫含量应不大于3.5%,氧化镁含量应不大于5.0%。按3d、28d 的抗压强度和抗折强度分为32.5、42.5和52.5 三个强度等级。

与其他品种的硅酸盐系水泥相比,道路硅酸盐水泥具有抗折强度与早期强度高、耐磨性好、干缩率低,抗冲击性、抗冻性和抗硫酸盐侵蚀能力均较好的特点。它更适用于公路路面、机场跑道面、车站及公共广场等工程的面层混凝土中应用。

◀ **本 章 小 结** ▶

本章是全书的重点之一。胶凝材料按其化学成分可分为无机胶凝材料(水泥、石灰等)和有机胶凝材料(沥青、树脂等)。无机胶凝材料按凝结硬化条件不同又可分为气硬性胶凝材料和水硬性胶凝材料。气硬性胶凝材料只能在空气中凝结硬化,并保持和提高自身强度;水硬性胶凝材料还能在水中凝结硬化,保持和提高自身强度。本章主要讲述了石灰、石膏、水玻璃等气硬性胶凝材料的组成及各组成材料的作用、生产过程及应用;重点阐述了水硬性胶凝材料——水泥的组成及各组成材料的作用、生产过程、性质及应用。

习 题

2-1 名词解释:(1)气硬性胶凝材料;(2)水玻璃的模数;(3)硅酸盐水泥;(4)活性混合材料;(5)软水侵蚀。

2-2 石灰的主要技术性质有哪些?使用时掺入麻刀、纸筋等的作用是什么?

2-3 石灰浆体是如何硬化的?为使硬化加快,使硬化环境中的湿度增大,有利于CO_2与H_2O形成碳酸,从而促进碳化过程,这种说法是否正确?

2-4 什么是石灰的"陈伏"?生石灰熟化时进行"陈伏"的目的是什么?

2-5 试述建筑石膏的水化、凝结与硬化过程。

2-6 石膏的主要成分是什么？为什么说建筑石膏制品是一种较好的室内装饰材料？

2-7 水玻璃的模数和密度对水玻璃的黏结力有何影响？

2-8 水玻璃的性质有哪些？在工程中有何用途？

2-9 硅酸盐水泥熟料的主要矿物成分有哪些？它们在水化反应中各表现出什么特性？形成了哪些主要水化产物？

2-10 何谓水泥体积安定性？产生体积安定性不良的原因是什么？如何检验水泥的安定性？

2-11 水泥的细度对水泥应用有什么影响？是不是细度越细越好？水泥细度用什么方法测定？国家规定的指标是多少？

2-12 硅酸盐水泥侵蚀的类型有哪些？水泥石受侵蚀的基本原因是什么？

2-13 混合材料分为哪几类？掺入硅酸盐水泥中起什么作用？

2-14 试分析硅酸盐水泥、普通水泥、矿渣水泥、火山灰水泥及粉煤灰水泥性质的异同点，并说明产生差异的原因。

2-15 某工地建筑材料仓库存有白色胶凝材料三桶，原分别标明为磨细生石灰、建筑石膏和白水泥，后因保管不善，标签脱落，问可用什么简易方法来加以辨别？

2-16 某住宅工程工期较短，现有强度等级同为 42.5 的硅酸盐水泥和矿渣水泥可选用，从有利于完成工期的角度，分析选用哪种水泥更为有利。

第 3 章 混 凝 土

【职业能力目标】

通过本章的学习,可根据混凝土的组成和技术性质来模拟制作混凝土试块;判断分析普通混凝土主要技术性质以及影响因素,并解决工程实际问题;按照规定的步骤进行混凝土配合比设计计算并试配调整。

【学习目标】

通过本章的学习,应对混凝土有一个整体把握,并掌握如下知识:
1. 混凝土的定义、分类、特点、组成及各组成材料的作用、基本要求及应用;
2. 混凝土各组成材料的技术要求及检验方法;
3. 混凝土拌和物和易性的概念、指标、测定方法以及影响和易性的因素;
4. 混凝土的强度以及影响因素,混凝土耐久性影响因素以及提高耐久性的措施;
5. 外加剂的定义、分类及使用目的;
6. 混凝土配合比设计各个环节。

第 1 节 概 述

一 混凝土的定义

混凝土是以水泥为胶凝材料、水和砂石骨料等材料按适当比例配合拌制成拌和物,再经浇筑成型硬化后得到的人工石材。新拌制的未硬化的混凝土称为混凝土拌和物。经硬化有一定强度的混凝土亦称硬化混凝土。

混凝土是一种重要的建筑材料,它是当今工业与民用建筑、水利、交通、港口等工程中最常用的材料之一。

二 水泥混凝土的发展概况

自19世纪30年代水泥混凝土出现以来,它在土木工程各领域的应用不断扩展,特别是钢筋混凝土的诞生，使其应用技术不断进步，逐渐成为应用最广泛、使用量最大的土木工程材料。目前，混凝土已经成为各种工业与民用建筑、桥梁、铁路、公路、水利、海洋、矿山和地下工程中的主导材料。

在水泥混凝土材料研究方面，20世纪80年代以来，世界各国的研究人员致力于对混凝土进行深入的理论研究，并不断推出混凝土新材料和新工艺。随着混凝土外加剂及高性能矿物掺合材料的逐渐推广应用，有效地克服了混凝土的某些缺陷，并使其性能不断改善。

在混凝土应用方面，随着混凝土技术的不断进步，它不仅已经成为重要的结构材料，而且也成为重要的防水、装饰、耐腐蚀及防护材料。其技术的进步不仅体现在强度的不断提高方面，更表现为综合性能的不断改进。特别是20世纪70年代以来，普通混凝土的应用技术和施工水平不断提高，使其在土木工程中的用量快速增加。据统计，20世纪末，全世界每年平均消耗的水泥混凝土量为90亿t，在21世纪它仍将在众多的工程材料中占据主导地位。

在生产水平上，水泥混凝土正逐步摆脱过去那种劳动强度大，生产规模零星分散、技术含量低的落后状态。20世纪80年代以来，我国各地纷纷建立了大、中型预拌混凝土厂，可保质保量地为用户及时提供满足工程要求的商品混凝土。混凝土生产水平的提高，不仅使其质量更加稳定，而且减少了混凝土生产与使用过程中的材料浪费和对环境的污染，也使其施工水平和生产效率得以提高。

随着现代土木工程建设技术水平的不断提高，对于未来水泥混凝土的技术性能要求将更高，主要表现为要求对混凝土综合性能做全面改善。这就要求未来的水泥混凝土除了具有高强度（抗压强度60MPa以上）外，还必须具备良好的使用操作性、体积稳定性，而且必须具有适应环境的高耐久性。因此，高性能水泥混凝土（HPC）将是未来混凝土的主要发展方向之一。

为满足人类可持续发展的要求，未来水泥混凝土及其材料在生产、开发和应用过程中，还应尽可能节约资源和能源、减少废气废料排放、减少对环境的危害，以保护人类赖以生存的自然环境，因此，绿色高性能混凝土（GHPC）也是未来的发展方向。这些新的发展动态，说明水泥混凝土科学的发展潜力很大，水泥混凝土技术与应用领域仍存在巨大的空间，有待于我们进一步开拓。

三 混凝土分类

1. 按表观密度分类

混凝土按表观密度大小不同可分为三类：

（1）重混凝土：指干表观密度大于2600kg/m³的混凝土，通常是采用高密度骨料（如重晶石、铁矿石、钢屑等）或同时采用重水泥（如钡水泥、锶水泥等）制成的混凝土。因为它主要用作核能工程的辐射屏蔽结构材料，又称为防辐射混凝土。

（2）普通混凝土：指干表观密度为2000～2600kg/m³的混凝土，通常是以常用水泥为胶凝材料，且以天然砂、石为骨料配制而成的混凝土。它是目前土木工程中最常用的水泥混凝土。

（3）轻混凝土：指干表观密度小于1950kg/m³的混凝土，通常是采用陶粒等轻质多孔的骨料，或者不用骨料而掺入加气剂或泡沫剂等而形成多孔结构的混凝土。根据其性能与用途的不同又可分为结构用轻混凝土、保温用轻混凝土和结构保温轻混凝土等。

2. 按用途分类

按混凝土在工程中的用途不同,可分为结构混凝土、水工混凝土、海洋混凝土、道路混凝土、防水混凝土、补偿收缩混凝土、装饰混凝土、耐热混凝土、耐酸混凝土、防辐射混凝土等。

3. 按强度等级分类

按混凝土的抗压强度(f_{cu})不同,可分为低强混凝土($f_{cu}<30\text{MPa}$)、中强混凝土($f_{cu}=30\sim60\text{MPa}$)、高强混凝土($f_{cu}\geqslant60\text{MPa}$)及超高强混凝土($f_{cu}\geqslant100\text{MPa}$)等。

4. 按生产和施工方法分类

按混凝土的生产和施工方法不同,可分为预拌(商品)混凝土、泵送混凝土、喷射混凝土、压力灌浆混凝土(预填骨料混凝土)、挤压混凝土、离心混凝土、真空吸水混凝土、碾压混凝土等。

此外,按每立方米混凝土中水泥用量(C)不同,分为贫混凝土($C\leqslant170\text{kg/m}^3$)和富混凝土($C\geqslant230\text{kg/m}^3$)。另外,还有掺加其他辅助材料的特种混凝土,如粉煤灰混凝土、纤维混凝土、硅灰混凝土、磨细高炉矿渣混凝土、硅酸盐混凝土等。

四 普通水泥混凝土的主要特点

在土木工程中普通混凝土主要有以下优点:

(1)混凝土组成材料来源广泛。混凝土中占约80%的主要原料为砂、石等地方性材料,具有可就地取材、价格低廉的特点。

(2)新拌混凝土有良好的可塑性。可按设计要求浇筑成各种形状和尺寸的整体结构或预制构件。

(3)可按需要配制各种不同性质的混凝土。在一定范围内调整混凝土的原材料配比,可获得强度、流动性、耐久性及外观不同的混凝土。

(4)具有较高的抗压强度,且与钢筋具有良好的共同工作性。硬化混凝土的抗压强度一般为20~40MPa,有些可高达80~100MPa。它不仅与钢筋间有较强的黏结力,并与钢筋具有相近的温度胀缩性,而且其碱性环境能有效地保护钢筋免受腐蚀。这些性能使二者复合成为钢筋混凝土后,可形成具有互补性的整体,更扩大了混凝土作为工程结构材料的应用范围。

(5)具有良好的耐久性,可抵抗大多数环境破坏作用。与其他结构材料相比,其维修费用很低。

(6)具有较好的耐火性,普通混凝土的耐火性优于木材、钢材和塑料等大宗材料,经高温作用数小时后仍能保持其力学性能,可使混凝土结构物具有较高的可靠性。

但是,混凝土也有自重大、比强度小、抗拉强度低(一般只有其抗压强度的1/10~1/15)、变形能力差、易开裂和硬化较慢、生产周期长等缺点。这些缺陷正随着混凝土技术的不断发展而逐渐得以改善,但在目前工程实践中还应注意其不良影响。

五 工程对混凝土的基本要求

工程中使用的混凝土,一般必须满足以下四个基本条件:

（1）混凝土拌和物应具有与施工条件相适应的和易性，便于施工时浇筑振捣密实，并能保证混凝土的均匀性。

（2）混凝土经养护至规定龄期，应达到设计所要求的强度。

（3）硬化后混凝土应具有与工程环境条件相适应的耐久性，如抗渗、抗冻、抗侵蚀、抗磨损等。

（4）在满足上述三个要求的前提下，混凝土各种材料的配合应该经济合理，尽量降低成本。

此外，对于大体积的混凝土（结构物实体最小尺寸等于或大于1m的混凝土），尚须考虑抗热性，避免产生温度裂缝。

第2节　混凝土组成材料

普通混凝土是由水泥、水、细骨料（天然砂等）和粗骨料（石子等）等为基本材料，或再掺加适量外加剂、混合材料等制成的复合材料。

在混凝土中，各组成材料起着不同的作用。砂、石等骨料在混凝土中起骨架作用，对混凝土起稳定性作用。由水泥与水所形成的水泥浆通常包裹在骨料的表面，它赋予新拌混凝土一定的流动性以便于施工操作；在混凝土硬化后，水泥浆形成的水泥石又起胶结作用，是它把砂、石等骨料胶结成为整体而成为坚硬的人造石材，并产生力学强度。硬化混凝土的组织结构图和实物图分别如图3-1和图3-2所示。

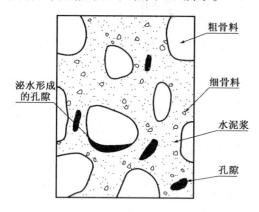

图3-1　硬化混凝土的组织结构图

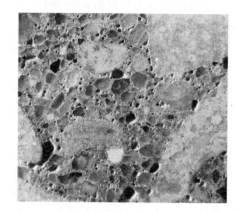

图3-2　硬化混凝土的实物图

为了使配制的混凝土达到所要求的各项技术要求，并节省材料用量，降低工程造价，必须合理地选用混凝土的各项组成材料。本节将对普通混凝土组成材料的性能及技术要求进行论述。

一　水泥

水泥在混凝土中起胶结作用，它是混凝土中最重要的组分，直接关系着混凝土的强度、和易性、耐久性和经济效果。

正确的选用水泥,已在前面专门讨论过,主要是水泥的品种和强度等级是否得当。合理的选择水泥品种,可参照表 3-1 进行。

常用水泥的选用　　　　　　　表 3-1

混凝土工程特点或所处环境条件		优先选用	可以使用	不得使用
环境条件	普通气候环境中的混凝土	普通水泥	矿渣水泥、火山灰水泥、粉煤灰水泥	
	干燥环境中的混凝土	普通水泥	矿渣水泥	火山灰水泥、粉煤灰水泥
	高湿度环境中或永远处在水下的混凝土	矿渣水泥	普通水泥、火山灰水泥、粉煤灰水泥	
	严寒地区的露天混凝土、寒冷地区的处在水位升降范围内的混凝土	普通水泥(强度等级不小于 32.5)	矿渣水泥(强度等级不小于 32.5)	火山灰水泥、粉煤灰水泥
	严寒地区处在水位升降范围内的混凝土	普通水泥(强度等级 42.5)		矿渣水泥、火山灰水泥、粉煤灰水泥
	受侵蚀性环境水或侵蚀性气体作用的混凝土	根据侵蚀性介质的种类、浓度等具体条件按专门(或设计)规定选用		
工程特点	厚大体积的混凝土	矿渣水泥、粉煤灰水泥	火山灰水泥、普通水泥	硅酸盐水泥、快硬硅酸盐水泥
	要求快硬的混凝土	硅酸盐水泥、快硬硅酸盐水泥	普通水泥	矿渣水泥、火山灰水泥、粉煤灰水泥
	高强(大于 C40)的混凝土	硅酸盐水泥	普通水泥、矿渣水泥	火山灰水泥、粉煤灰水泥
	有抗渗要求的混凝土	普通水泥、火山灰水泥		矿渣水泥
	有耐磨性要求的混凝土	硅酸盐水泥、普通水泥(强度等级不小于 32.5)		

注:蒸汽养护时用的水泥品种,宜根据具体条件,通过试验确定。

水泥强度等级的选择,应当与混凝土的设计强度等级相适应。原则上配制高强度等级的混凝土,选用高强度等级的水泥;配制低强度等级的混凝土,选用低强度等级的水泥。一般以水泥强度等级为混凝土强度等级的 1.5~2.0 倍为宜,对于高强度混凝土可取 0.9~1.5 倍。

若用高强度等级的水泥配制低强度等级的混凝土时,少量水泥即能满足强度要求,但为了满足混凝土拌和物的和易性和密实性,需增加水泥用量,这会造成水泥的浪费。若用低强度等级的水泥配制高强度等级的混凝土,会使水泥用量过多,不经济,而且会影响混凝土的其他技术性质,比如可能使所配制的新拌混凝土施工操作性能不良,甚至影响混凝土的耐久性。

二 建筑用砂

《建筑用砂》(GB/T 14684—2001)、《建筑用卵石、碎石》(GB/T 14685—2001)及《普通混凝土用砂、石质量及检验方法标准》(JGJ 52—2006),对砂、石提出了明确的技术质量要求,下面作一概括性介绍。

混凝土用骨料按粒径大小分为细骨料和粗骨料。粒径在150~4.75mm之间的岩石颗粒,称为细骨料;粒径大于4.75mm的颗粒称为粗骨料。骨料在混凝土中起骨架作用和稳定作用,而且其用量所占比例也最大,通常粗、细骨料的总体积要占混凝土总体积的70%~80%。因此,骨料质量的优劣对混凝土性能影响很大。

为保证混凝土的各项物理性能,骨料技术性能必须满足规定的要求。为获得合理的混凝土内部结构,通常要求所用骨料应具有合理的颗粒级配,其颗粒粗细程度应满足相应的要求;颗粒形状应近似圆形,且应具有较粗糙的表面以利于与水泥浆的黏结。还要求骨料中有害杂质含量较少,骨料的化学性能与物理状态应稳定,且就具有足够的力学强度以使混凝土获得坚固耐久的性能。

1.细骨料的种类及其特性

土木工程中常用的水泥混凝土细骨料主要有天然砂或人工砂。

天然砂是由天然岩石经长期风化、水流搬运和分选等自然条件作用而形成的岩石颗粒,但不包括软质岩、风化岩石的颗粒。按其产源不同可分为河砂、湖砂、海砂及山砂。对于河砂、湖砂和海砂,由于长期受水流的冲刷作用,颗粒多呈圆形,表面光滑、洁净,拌制混凝土和易性较好,能减少水泥用量;产源较广;但与水泥的胶结力较差。而海砂中常含有碎贝壳及可溶盐等有害杂质而不利于混凝土结构。山砂是岩体风化后在山涧堆积下来的岩石碎屑,其颗粒多具棱角,表面粗糙,砂中含泥量及有机杂质等有害杂质较多。与水泥胶结力强,但拌制混凝土的和易性较差。水泥用量较多,砂中含杂质也较多。在天然砂中河砂的综合性质最好,是工程中用量最多的细骨料。

根据制作方式的不同,人工砂可分为机制砂和混合砂两种。机制砂是将天然岩石用机械轧碎、筛分后制成的颗粒,其颗粒富有棱角,比较洁净,但砂中片状颗粒及细粉含量较多,且成本较高。混合砂是由机制砂和天然砂混合而成,其技术性能应满足人工砂的要求。当仅靠天然砂不能满足用量需求时,可采用混合砂。

质量状态不同的砂子适合于配制性能要求不同的水泥混凝土。依据《建筑用砂》(GB/T 14684—2001)的规定,根据混凝土用砂的质量状态不同,可分为Ⅰ类、Ⅱ类、Ⅲ类三种类别的砂。其中,Ⅰ类砂适合配制各种混凝土,包括强度为60MPa以上的高强度混凝土;Ⅱ类砂适合配制强度在60MPa以下的混凝土以及有抗冻、抗渗或其他耐久性要求的混凝土;Ⅲ类砂通常只适合配制强度低于30MPa的混凝土或建筑砂浆。

2.混凝土用砂的质量要求

(1)含泥量、石粉含量和泥块含量

砂中含泥量通常是指天然砂中粒径小于75μm的颗粒含量;石粉含量是指人工砂中粒径小于75μm的颗粒含量;泥块含量是指砂中所含粒径大于1.18mm,经水浸洗、手捏后粒径小于600μm的颗粒含量。

天然砂中的泥土颗粒极细,它们通常包覆于砂粒表面,从而在混凝土中妨碍了水泥浆与砂子的黏结。有的泥土还会降低混凝土的使用操作性能、强度及耐久性,并增大混凝土的干缩。因此,砂中的泥土对于混凝土不利,应严格控制其含量。通常,在配制高强度混凝土时,需将砂子冲洗干净。当砂中夹有黏土块时,会形成混凝土中的薄弱部分,这对混凝土质量影响更大,更应严格控制其含量。

在生产人工砂的过程中会产生一定量的石粉,并混入砂中。石粉的粒径虽小于$75\mu m$,但与天然砂中的泥土成分不同,粒径分布有所不同,它在混凝土中的表现也不同。一般认为人工砂中适量的石粉对混凝土质量是有益的,主要是可以改善新拌混凝土的施工操作性能。因为人工砂颗粒本身尖锐、多棱角,这对混凝土的某些性能不利,而适量的石粉存在,可对此有所改善。此外,由于石粉主要是由$40\sim75\mu m$的微粒组成,它能在细骨料间隙中嵌固填充,从而提高混凝土的密实性。

根据天然砂的含泥量和泥块含量及人工砂的石粉含量和泥块含量,不同类别的混凝土用砂应分别满足不同的要求(表3-2和表3-3)。

天然砂的含泥量和泥块含量要求(GB/T 14684—2001)　　　表3-2

项目	指标		
	Ⅰ类	Ⅱ类	Ⅲ类
含泥量(按质量计)(%)	<1.0	<3.0	<5.0
泥块含量(按质量计)(%)	0	<1.0	<2.0

人工砂中石粉含量和泥块含量的要求(GB/T 14684—2001)　　　表3-3

项目		指标		
		Ⅰ类	Ⅱ类	Ⅲ类
亚甲蓝试验	MB值<1.40或合格	石粉含量(按质量计)(%)	<3.0	<5.0	<7.0
		泥块含量(按质量计)(%)	0	<1.0	<2.0
	MB值≥1.40或不合格	石粉含量(按质量计)(%)	<1.0	<3.0	<5.0
		泥块含量(按质量计)(%)	0	<1.0	<2.0

注:根据使用地区或用途的不同,可在试验验证的基础上,由供需双方协商确定上述指标。

(2)有害物质含量

砂中的有害物质是指各种可能降低混凝土性能与质量的物质。通常,对不同类别的砂,应限制其中云母、轻物质、硫化物与硫酸盐、氯盐和有机物等有害物质的含量(表3-4),且砂中不得混有草根、树叶、树枝、塑料、煤块、煤渣等杂物。

砂中有害物质含量(GB/T 14684—2001)　　　表3-4

项目	指标		
	Ⅰ类	Ⅱ类	Ⅲ类
云母(按质量计)(%),<	1.0	2.0	2.0
轻物质(按质量计)(%),<	1.0	1.0	1.0
有机物(比色法)	合格	合格	合格
硫化物及硫酸盐(按SO_3质量计)(%),<	0.5	0.5	0.5
氯化物(按氯离子质量计)(%),<	0.01	0.02	0.06

注:轻物质是指表观密度小于$2000kg/m^3$的物质。

砂中云母为表面光滑的小薄片,它与水泥的黏结性很差,它的存在将会严重影响混凝土的强度及耐久性;硫化物及硫酸盐对水泥有侵蚀作用;有机物会影响水泥的凝结与硬化、强度与耐久性;而氯盐对钢筋混凝土中钢筋的锈蚀有显著的促进作用。当砂中有害物质过多时,应进行清洗与过筛处理,使其符合要求后方可使用。

对于有抗冻、抗渗要求的混凝土,如果发现砂中含有颗粒状的硫酸盐或硫化物杂质时,必须进行专门试验,只有确认其可以满足混凝土耐久性要求后方可采用。另外,当采用海砂配制钢筋混凝土时,海砂中的氯离子含量不应大于 0.06%(以干砂重的百分率计);而对于预应力钢筋混凝土,则不许采用海砂。

(3)碱活性骨料

当水泥或混凝土中含有较多的强碱(Na_2O、K_2O)物质时,可能与含有活性二氧化硅的骨料反应,这种反应称为碱—骨料反应,其结果可能导致混凝土内部产生局部体积膨胀,甚至使混凝土结构产生膨胀性破坏。因此,除了控制水泥的碱含量以外,还应严格控制混凝土中含有活性二氧化硅等物质的活性骨料。工程实际中,若怀疑所用砂有可能含有活性骨料时,应根据混凝土结构的使用条件与要求,按规定方法(CECS 48:93)进行骨料的碱活性试验,以确定其是否可以采用。对于重要工程中的混凝土用砂,通常应采用化学法或砂浆长度法对砂子进行碱活性检验。

(4)砂的粗细程度及颗粒级配

砂的粗细程度是指不同粒径的砂粒,混合在一起后的平均粗细状态。通常有粗砂、中砂与细砂之分。在相同砂用量的条件下,细砂的总表面积较大,而粗砂的总表面积较小。在混凝土中砂子的表面需要水泥包裹,赋予系统流动性和黏结强度,砂子的总表面积越大,则需要包裹砂粒表面的水泥浆就越多。一般用粗砂拌制的混凝土比用细砂所需的水泥浆省。

砂的颗粒级配,即表示不同大小颗粒和数量比例砂子的组合或搭配情况。在混凝土中砂粒之间的空隙是由水泥浆所填充的,为达到节约水泥和提高混凝土强度及密实性的目的,应使用较好级配的砂。

由图 3-3 可以看出,由于混凝土中砂子颗粒间的空隙需要由水泥浆来填充,若砂的颗粒级配不良时,其中的空隙率较大,则需要更多的水泥浆来填充。当砂的颗粒大小都接近时,不仅其空隙率大,而且其颗粒堆聚结构也不稳定,很容易产生分崩离析。显然,要获得稳定的颗粒堆聚结构,并需要较少的水泥浆时,砂的颗粒级配应该为多种粒径的颗粒相互合理搭配。较好的颗粒级配是在粗颗粒砂的空隙中由中颗粒砂填充,中颗粒砂的空隙再由细颗粒砂填充,这样逐级的填充,使砂形成最密集的堆积,空隙率达到最小值。

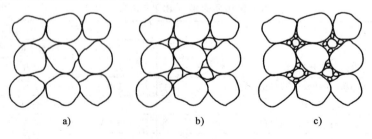

图 3-3 砂的颗粒级配示意图

砂的颗粒级配和粗细程度常用筛分析的方法进行测定。用级配区表示砂的颗粒级配,用细度模数 M_x 表示砂的粗细程度。筛分析的方法,是用一套孔径(净尺寸)为 4.75mm、2.36mm、1.18mm、0.60mm、0.30mm 及 0.15mm 的标准筛,将500g干砂试样(注:该试样选取时需先用9.50mm筛过筛,筛除大于9.50mm的颗粒,计算筛余百分率,并保证其数值为0)由粗到细依次过筛,然后称量余留在各个筛上的砂的质量,并计算出各筛上的分计筛余百分率 $α_1$、$α_2$、$α_3$、$α_4$、$α_5$、$α_6$(各筛上的筛余量占砂样总质量的百分率)及累计筛余百分率(各个筛和比该筛粗的所有分计筛余量百分率的和)。累计筛余量与分计筛余量的关系见表3-5。

累计筛余百分率与分计筛余百分率的关系　　　　　　　　　表3-5

筛孔尺寸	分计筛余(%)	累计筛余(%)
4.75mm	$α_1$	$A_1 = α_1$
2.36mm	$α_2$	$A_2 = α_1 + α_2$
1.18mm	$α_3$	$A_3 = α_1 + α_2 + α_3$
600μm	$α_4$	$A_4 = α_1 + α_2 + α_3 + α_4$
300μm	$α_5$	$A_5 = α_1 + α_2 + α_3 + α_4 + α_5$
150μm	$α_6$	$A_6 = α_1 + α_2 + α_3 + α_4 + α_5 + α_6$

根据下列公式计算砂的细度模数(M_x):

$$M_x = \frac{(A_2 + A_3 + A_4 + A_5 + A_6) - 5A_1}{100 - A_1}$$

细度模数(M_x)愈大,表示砂愈粗,建筑工程用砂的规格按细度模数划分,M_x 在 3.7~3.1 时为粗砂,M_x 在 3.0~2.3 时为中砂,M_x 在 2.2~1.6 时为细砂,M_x 在 1.5~0.7 时为特细砂。

在配合比相同的情况下,若砂子过粗,拌出的混凝土黏聚性差,容易产生分离、泌水现象;若砂子过细,虽然拌制的混凝土黏聚性较好,但流动性显著减小,为了满足流动性要求,需耗用较多的水泥,混凝土强度也较低。因此,混凝土用砂不宜过粗,也不宜过细,以中砂较为适宜。

砂的颗粒级配常用级配区来表示,它是根据筛分析实验的结果所确定的技术指标。对细度模数为 1.6~3.7 的普通混凝土用砂,根据600μm孔径筛筛孔的累计筛余百分率分成1区、2区及3区共三个级配区(表3-6)。

砂的颗粒级配区范围　　　　　　　　　表3-6

累计筛余(%)　级配区 方孔筛孔径	1 区	2 区	3 区
9.50mm	0	0	0
4.75mm	10~0	10~0	10~0
2.36mm	35~5	25~0	15~0
1.18mm	65~35	50~10	25~0
600μm	85~71	70~41	40~16
300μm	95~80	92~70	85~55
150μm	100~90	100~90	100~90

注:1. 砂的实际颗粒级配与表中所列数字相比,除4.75mm和600μm筛档外,可以略有超出,但超出总量应小于5%。
　　2. 1区人工砂中150μm筛孔的累计筛余可以放宽到100~85,2区人工砂中150μm筛孔的累计筛余可以放宽到100~80,3区人工砂中150μm筛孔的累计筛余可以放宽到100~75。

普通混凝土用砂的颗粒级配,应处于表中的任何一个级配区内,才符合级配要求,每个级配区对不同孔径的累计筛余量一般均要求在各自规定的范围内。根据每个级配区间的上下限在孔径与累计筛余坐标图上画出的曲线区间称为砂子的筛分曲线。

为了更直观地反映砂的级配情况,可按表3-6的规定画出级配区曲线图,如图3-4所示。当筛分曲线偏向右下方时,表示砂颗粒级配较粗,配制的混凝土拌和物和易性不易控制,且内摩擦大,不易浇捣成型;筛分曲线偏向左上方时,表示砂颗粒级配较细,配制的混凝土既要增加较多的水泥用量,而且强度会显著降低。

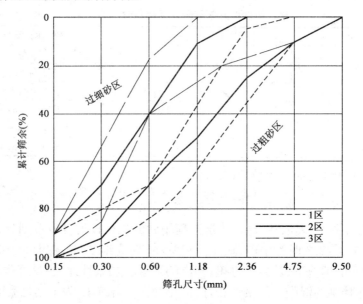

图 3-4 砂的筛分曲线

因此,配制混凝土时,宜优先选用2区砂。当采用1区砂时,应适当提高砂率,并保证足够的水泥用量以填满骨料间的空隙,满足混凝土的工作性能;当采用3区砂时,宜适当降低砂率以控制需要水泥浆包覆的细骨料总表面积,以保证混凝土的强度。可见,混凝土采用1区砂或3区砂都可能要比采用2区砂需要更多的水泥浆,而水泥浆的增多不仅会提高混凝土成本,而且还会影响其物理力学性能。

天然砂一般都具有较好的级配,故只要其细度模数适当,均可用于拌制一般强度等级的混凝土。若砂子用量很大,选用时应贯彻就地取材的原则。若有些地区的砂料过粗、过细或级配不良时,在可能的情况下,应将粗细两种砂掺配使用,以调节砂的细度,改善砂的级配。在只有细砂或特细砂的地方,可以考虑采用人工砂,或者采取一些措施以降低水泥用量,如掺入一些细石屑或掺用减水剂、引气剂等,也可获得粗细程度和颗粒级配良好的合格砂。

【例3-1】 用500g烘干砂进行筛分试验,各筛上筛余量见表3-7。分析此砂样属于哪种细度的砂,级配如何?

解:根据表3-7给定的各筛上的筛余量的克数,计算出筛上的分计筛余率及累计筛余量。

计算细度模数:

$$M_x = \frac{A_2 + A_3 + A_4 + A_5 + A_6 - 5A_1}{100 - A_1}$$

$$= \frac{14 + 24 + 64 + 84 + 98 - 5 \times 6}{100 - 6}$$

$$= 2.7$$

结果评定:由计算得到细度模数 $M_x = 2.7$,在 2.7~3.0 之间,故该砂样为中砂,并应符合表 3-6 或图 3-4 的 2 区规定的级配范围。将表 3-7 中累计筛余值(%),与表 3-6 相应的范围比较,发现各筛上的累计筛余率均在规定的范围之内。因此,该砂样级配良好(合格)。

500g 烘干砂样的各筛上筛余量   表 3-7

筛孔尺寸	分计筛余		累计筛余(%)
	g	%	
4.75mm	30	6	6
2.36mm	40	8	14
1.18mm	50	10	24
600μm	200	40	64
300μm	100	20	84
150μm	70	14	98

如果砂子的细度和级配不符合要求,可采用两种或两种以上掺配来改善,使其达到要求。

(5)砂的物理性质

①砂的表观密度、堆积密度及空隙率。

砂的表观密度大小,反映砂粒的密实程度。混凝土用砂的表观密度,一般要求大于 2500kg/m³。

砂的堆积密度与空隙有关。混凝土用砂的松散堆积密度,一般要求不小于 1350kg/m³,在自然状态下干砂的堆积密度约为 1400~1600kg/m³,振实后的堆积密度可达 1600~1700kg/m³。

砂子空隙率的大小,与颗粒形状及颗粒级配有关。混凝土用砂的空隙率,一般要求小于 47%。带有棱角的砂,特别是针片状颗粒较多的砂,其空隙率较大;球形颗粒的砂,其空隙率较小。级配良好的砂,空隙率较小。一般天然河砂的空隙率为 40%~45%;级配良好的河砂,其空隙率可小于 40%。

②砂的含水状态,如图 3-5 所示。砂子含水量的大小,可用含水率表示。

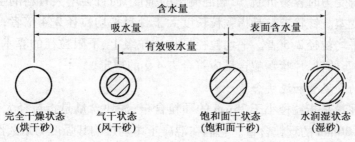

图 3-5 砂的含水状态

饱和面干砂既不从混凝土拌和物中吸取水分，也不往拌和物中带入水分。我国水工混凝土工程多按饱和面干状态的砂、石来设计混凝土的配合比。在工业及民用建筑工程中，习惯按干燥状态的砂（含水率小于0.5%）及石子（含水率小0.2%）来设计混凝土配合比。

③砂的坚固性。天然砂的坚固性用硫酸钠溶液法检验，人工砂的坚固性用压碎指标法法检验。应符合表3-8规定。

砂的坚固性指标（GB/T 14684—2001） 表3-8

项 目	指 标		
	Ⅰ类	Ⅱ类	Ⅲ类
（天然砂）5次循环后质量损失（%）	<8	<8	<10
（人工砂）单级最大压碎指标（%）	<20	<25	<30

三 粗骨料（卵石、碎石）

混凝土中的粗骨料是指粒径大于4.75mm的岩石颗粒，常用的有碎石和卵石。

1. 颗粒形状及表面特征

卵石又称砾石，它是由天然岩石经自然风化、水流搬运和分选、堆积形成的，按其产源可分为河卵石、海卵石及山卵石等几种，其中以河卵石应用较多。卵石中有机杂质含量较多，但与碎石比较，卵石表面光滑，棱角少，空隙率及面积小，拌制的混凝土水泥浆用量少，和易性较好，但与水泥石胶结力差。在相同条件下，卵石混凝土的强度较碎石混凝土低。碎石由天然岩石或卵石经破碎、筛分而成，表面粗糙，棱角多，较洁净，与水泥浆黏结比较牢固。故卵石与碎石各有特点，在实际工程中，应本着满足工程技术要求及经济的原则进行选用。

根据其粒径尺寸分布状况的不同，混凝土用粗骨料有连续粒级和单粒粒级两种，依据其技术要求（表3-9）不同，又可分为Ⅰ类、Ⅱ类、Ⅲ类三种类别。其中，Ⅰ类粗骨料适合配制各种混凝土，包括强度为60MPa以上的高强度混凝土；Ⅱ类粗骨料适合配制强度在60MPa以下的混凝土，以及有抗冻、抗渗或其他耐久性要求的混凝土；Ⅲ类粗骨料通常只适合配制强度低于30MPa的混凝土。

为提高混凝土强度和减小骨料空隙的角度，粗骨料比较理想的颗粒形状是三维长度相等或相近的球形或立方体形颗粒，而三维长度相差较大的针、片状颗粒粒形较差。粗骨料中针、片状颗粒不仅本身受力时容易折断，影响混凝土的强度，而且会增大骨料的空隙率，使混凝土拌和物的和易性变差。针状颗粒是指颗粒长度大于骨料平均粒径2.4倍者；片状颗粒是指颗粒厚度小于骨料平均粒径2/5者。平均粒径是指该粒级上、下限粒径的算术平均值。根据标准规定，卵石和碎石的针、片状颗粒含量应符合表4-9的规定。

2. 粗骨料中的含泥量和泥块含量

粗骨料的含泥量是指粒径小于75μm的颗粒含量；泥块含量是指粒径大于4.75mm，经水洗、手捏后小于2.36mm的颗粒含量。它们在混凝土中均影响其强度与耐久性，工程实际中应满足规定要求（表3-9）。

3. 粗骨料中的有害物质含量

混凝土用粗骨料中应严格控制有机物、硫化物及硫酸盐等有害物质的含量（表3-9），并且不得混有草根、树叶、树枝、塑料、煤块、炉渣等杂物。

当粗骨料中发现有颗粒状硫酸盐或硫化物杂质痕迹时，应进行专门试验，只有当确认其能够满足混凝土耐久性要求时方可使用。

混凝土粗骨料的有关指标要求（GB/T 14685—2001） 表3-9

项 目	指 标		
	I 类	II 类	III 类
含泥量（按质量计）（%）	<0.5	<1.0	<1.5
泥块含量（按质量计）（%）	0	<0.5	<0.7
有机物（比色法）	合格	合格	合格
硫化物及硫酸盐（按SO_3质量计）（%）	<0.5	<1.0	<1.0
碎石压碎指标（%）	<10	<20	<30
卵石压碎指标（%）	<12	<16	<16
经5次循环后质量损失（%）	<5	<8	<12
针、片状颗粒（按质量）（%）	<5	<15	<25

4. 粗骨料的最大粒径及颗粒级配

（1）最大粒径（D_M）

粗骨料公称粒径的上限值，称为骨料最大粒径。粗骨料最大粒径增大时，骨料的空隙率及表面积都减小，在水灰比及混凝土流动性相同的条件下，可使水泥用量减少，且有助于提高混凝土密实性、减少混凝土发热量及混凝土的收缩，这对大体积混凝土颇为有利。实践证明，当D_M在80～150mm以下变动时，D_M增大，水泥用量显著减小，节约水泥效果明显。当D_M超过150mm时，D_M增大，水泥用量不再显著减小。

对于水泥用量较少的中、低强度混凝土，D_M增大时，混凝土强度增大。对于水泥用量较多的高强度混凝土，D_M由20mm增至40mm时，混凝土强度最高，D_M>40mm并没有好处。骨料最大粒径大者对混凝土的抗冻性、抗渗性也有不良影响，尤其会显著降低混凝土的抗气蚀性。因此，适宜的骨料最大粒径与混凝土性能要求有关。在大体积混凝土中，如条件许可，在最大粒径为150mm范围内，应尽可能采用较大粒径。在高强混凝土及有抗气蚀性要求的外部混凝土中，骨料最大粒径应不超过40mm。港口工程混凝土的最大粒径不大于80mm。

骨料最大粒径的确定，还受到结构物断面、钢筋疏密及施工条件的限制。一般规定D_M不超过钢筋净距的2/3～3/4，构件断面最小尺寸的1/4。对于混凝土实心板，允许采用D_M为1/2板厚的骨料（但D_M≤50mm）。当混凝土搅拌机的容量小于0.8m³时，D_M不易超过80mm；当使用大容量搅拌机时，也不易超过150mm，否则容易打坏搅拌机叶片。

（2）颗粒级配

粗骨料的级配原理与细骨料基本相同，即将大小石子适当掺配，使粗骨料的空隙率及表面积都比较小，这样拌制的混凝土水泥用量少，质量也较好。

根据《普通混凝土用碎石或卵石质量标准及检验方法》(JGJ 52—2006)的规定,粗骨料颗粒级配应符合表3-10的要求。

混凝土用粗骨料的颗粒级配　　　　　表3-10

级配情况	公称粒数(mm)	累计筛余(按质量计,%) 筛孔尺寸(方孔筛,mm)										
		2.36	4.75	9.50	16.0	19.0	26.5	31.5	37.5	53.0	63.0	75.0	90.0
连续粒级	5~10	95~100	80~100	0~15	0	—	—	—	—	—	—	—	—
	5~16	95~100	85~100	30~60	0~10	0	—	—	—	—	—	—	—
	5~20	95~100	90~100	40~80	—	0~10	0	—	—	—	—	—	—
	5~25	95~100	90~100	—	30~70	—	0~5	0	—	—	—	—	—
	5~31.5	95~100	90~100	70~90	—	15~45	—	0~5	0	—	—	—	—
	5~40	—	95~100	70~90	—	30~65	—	—	0~5	0	—	—	—
单粒粒级	10~20	—	95~100	85~100	—	0~15	—	—	—	—	—	—	—
	16~31.5	—	95~100	—	85~100	—	—	0~10	0	—	—	—	—
	20~40	—	—	95~100	—	80~100	—	—	0~10	0	—	—	—
	31.5~63	—	—	—	95~100	—	—	75~100	45~75	—	0~10	0	—
	40~80	—	—	—	—	95~100	—	—	70~100	—	30~60	0~10	0

注:1. 公称粒级的上限为该粒的最大粒径,单粒级的一般用于组合成具有要求级配的连续粒级,它也可与连续粒级的碎石或卵石混合使用,以改善它们的级配或配成较大粒径的连续粒级。
2. 根据混凝土工程和资源的具体情况,进行综合技术分析后,在特殊情况下允许直接采用单粒级,但必须避免混凝土发生离析。

粗骨料级配有连续级配和间断级配两种。连续级配是从最大粒径开始,由大到小各粒径级相连,每一粒径都占有适当的比例。这种级配最大限度地发挥骨料的骨架作用与稳定作用,减少水泥用量,在工程中被广泛采用。间断级配是由单粒粒级组成的颗粒级配,它是用小颗粒的粒级直接和大颗粒的粒级相搭配组成的粗骨料,由于缺少中间粒级而为不连续的级配。如将5~20mm和40~80mm的两个粒级的石子相配,组成5~80mm的级配中缺少20~40mm的粒级,间断级配能减小骨料的空隙率,故能节约水泥。但是间断级配容易使混凝土拌和物产生离析现象,并要求称量更加准确,增加了施工中的困难;此外,间断级配往往与天然存在的骨料级配情况不相适应,所以工程中较少采用。

选择骨料级配时,应从实际出发,将试验所选的最优级配与料场中骨料的天然级配结合起来考虑,对各级骨料用量进行必要的调整与平衡,确定出实际使用的级配。这样做的目的是为了减少弃料,避免浪费。

施工现场分级堆放的石子中往往有超径与逊径现象存在。所谓超径,就是在某一级石子中混杂有超过这一级粒径的石子;所谓逊径,就是混杂有小于这一级粒径的石子。超逊径的出现将直接影响骨料的级配和混凝土性能,因此必须加强施工质量管理,并经常对各级石子的超逊径进行检验。一般规定,超径石子含量不得大于5%,逊径石子含量不得大于10%。如果超过规定数量,最好进行二次筛分,否则应调整骨料级配,以保证工程质量。

5. 物理力学性质

(1) 强度

为了保证混凝土的强度，要求粗骨料质地致密、具有足够的强度。粗骨料的强度可用岩石立方体强度或压碎指标两种方法进行检验。岩石立方体强度是将轧制碎石的岩石或卵石制成 50mm×50mm×50mm 的立方体（或直径与高度均为 50mm 的圆柱体）试件，在浸水饱和状态下测定其极限抗压强度。一般要求极限强度与混凝土强度之比不小于 1.5，且要求岩浆岩的极限抗压强度不宜低于 80MPa，变质岩不宜低于 60MPa，沉积岩不宜低于 30MPa。

压碎指标是取粒径为 9.5~19.0mm 的骨料装入规定的圆模内，在压力机上加荷载 200kN，其压碎的细粒（小于 2.36mm）占试样质量百分数，即为压碎指标。卵石或碎石骨料的压碎指标应满足规范要求（表3-9）。

(2) 坚固性

有抗冻、耐磨、抗冲击性能要求的混凝土所用粗骨料，要求测定其坚固性，即用硫酸钠溶液法检验。对于在严寒及寒冷地区室外使用并经常处于潮湿或干湿交替状态下的混凝土，粗骨料试样经五次循环后其质量损失应不大于 8%。其他条件下使用的混凝土，其粗骨料试样经五次循环后的质量损失应不大于 12%（表3-9）。

(3) 表观密度、堆积密度及空隙率

用作混凝土骨料的卵石或碎石，应密实坚固。故粗骨料的表观密度应较大、空隙率应较小。我国石子的表观密度平均为 $2.68g/cm^3$，最大的达 $3.15g/cm^3$，最小为 $2.5g/cm^3$，故一般要求粗骨料的表观密度不小于 $2.50g/cm^3$。粗骨料的堆积密度及空隙率与其颗粒形状、针片状颗粒含量以及粗骨料的颗粒级配有关。近于球形或立方体形状的颗粒且级配良好的粗骨料，其堆积密度较大，空隙率较小。经振实后的堆积密度（称为振实堆积密度）比松散堆积密度大，空隙率小。

(4) 吸水率

粗骨料的颗粒越坚实，孔隙率越小，其吸水率越小，品质也越好。吸水率大的石料，表明其内部孔隙多。粗骨料吸水率过大，将降低混凝土的软化系数，也降低混凝土的抗冻性。一般要求粗骨料的吸水率小于 1.0%。

四 混凝土拌和及养护用水

凡可饮用的水，均可用于拌制和养护混凝土。未经处理的工业废水、污水及沼泽水，不能使用。

天然矿化水中含盐量、氯离子及硫酸根离子含量以及 pH 值等化学成分能够满足《混凝土用水标准》（JGJ 63—2006）要求时，也可以用于拌制和养护混凝土（参见表3-11）。

混凝土拌和用水质量要求（JGJ 63—2006） 表3-11

项　目	素混凝土	钢筋混凝土	预应力混凝土
pH值，不小于	4.5	4.5	5.0
不溶物（mg/L），不大于	5000	2000	2000
可溶物（mg/L），不大于	10000	5000	2000

续上表

项　目	素混凝土	钢筋混凝土	预应力混凝土
氯化物(以 Cl^- 计),不大于	3500	1000	500
硫酸盐(以 SO_4^{2-} 计),不大于	2700	2000	600
碱含量,不大于	1500	1500	1500

注：碱含量按 $Na_2O+0.658K_2O$ 计算值来表示。采用非碱活性骨料时，可不检验碱含量。

对拌制和养护混凝土的水质有怀疑时，应进行砂浆强度对比试验。如用该水拌制的砂浆抗压强度低于用饮用水拌制的砂浆抗压强度的 90% 时，则这种水不宜用于拌制和养护混凝土。

在缺乏淡水地区，素混凝土允许用海水拌制，但应加强对混凝土的强度检验，以符合设计要求；对有抗冻要求的混凝土，水灰比应降低 0.05。由于海水对钢筋有锈蚀作用，故钢筋混凝土及预应力钢筋混凝土不得用海水拌制。

第 3 节　混凝土的主要技术性质

混凝土的主要技术性质包括混凝土拌和物的和易性、凝结特性、硬化混凝土的强度、变形及耐久性。

一　混凝土拌和物的和易性

1. 和易性的意义

将粗细骨料、水泥和水等组分按适当比例配合，并经搅拌均匀而成的塑性混凝土混合材料称为混凝土拌和物。

和易性是指混凝土拌和物在一定施工条件下，便于操作并能获得质量均匀而密实的性能。和易性良好的混凝土在施工操作过程中应具有流动性好、不易产生分层离析或泌水现象等性能，以使其容易获得质量均匀、成型密实的混凝土结构。和易性是一项综合性指标，包括流动性、黏聚性及保水性三个方面的含义。

流动性是指新拌混凝土在自重或机械振捣力的作用下，能产生流动并均匀密实地充满模板的性能。流动性的大小，在外观上表现为新拌混凝土的稀稠，直接影响其浇捣施工的难易和成型的质量。若新拌混凝土太干稠，则难以成型与捣实，且容易造成内部或表面孔洞等缺陷；若新拌混凝土过稀，经振捣后易出现水泥浆和水上浮而石子等颗粒下沉的分层离析现象，影响混凝土的质量均匀性。

黏聚性是混凝土拌和物中各种组成材料之间有较好的黏聚力，在运输和浇筑过程中，不致产生分层离析，使混凝土保持整体均匀的性能。黏聚性差的拌和物中水泥浆或砂浆与石子易分离，混凝土硬化后会出现蜂窝、麻面、空洞等不密实现象。严重影响混凝土的质量。

保水性是指混凝土拌和物保持水分，不易产生泌水的性能。保水性差的拌和物在浇筑的过程中，由于部分水分从混凝土内析出，形成渗水通道；浮在表面的水分，使上、下两混凝土浇筑层之间形成薄弱的夹层;部分水分还会停留在石子及钢筋的下面形成水隙,降低水泥浆与石子之间的胶结力。这些都将影响混凝土的密实性,从而降低混凝土的强度和耐久性。

2. 和易性的指标及测定方法

由于混凝土拌和物和易性的内涵比较复杂,目前尚无全面反映和易性的测定方法。根据《普通混凝土拌和物性能试验方法标准》(GB/T 50080—2002)规定,用坍落度和维勃稠度来定量地测定混凝土拌和物的流动性大小,并辅以直观经验来定性地判断或评定黏聚性和保水性。

坍落度的测定是将混凝土拌和物按规定的方法分3层装入坍落度筒(图3-6中1)中,每层插捣25次,抹平后将筒垂直提起,混凝土则在自重作用下坍落(图3-6中2),用尺量测(图3-6中3、4)筒高与坍落后混凝土试体最高点之间的高度差(以 mm 计),即为坍落度。坍落度越大,表示混凝土拌和物的流动性越大。坍落度大于10mm 的称为塑性混凝土,其中 10~30mm 的常称为低流动性混凝土。坍落度小于10mm 的称为干硬性混凝土。

在测定坍落度的同时,应检查混凝土的黏聚性及保水性。黏聚性的检查方法是用捣棒在已坍落的拌和物锥体一侧轻打,若轻打时锥体渐渐下沉,表示黏聚性良好;如果锥体突然倒塌、部分崩裂或发生石子离析,则表示黏聚性不好。保水性以混凝土拌和物中稀浆析出的程度评定。提起坍落度筒后,如有较多稀浆从低部析出,拌和物锥体因失浆而骨料外露,表示拌和物的保水性不好。如提起坍落筒后,无稀浆析出或仅有少量稀浆自底部析出,混凝土锥体含浆饱满,则表示混凝土拌和物保水性良好。

对于干硬性混凝土拌和物,采用维勃稠度(VB)作为和易性指标。将混凝土拌和物按标准方法装入 VB 仪容量桶(图3-7中1)的坍落度筒(图3-7中2)内;缓慢垂直提起坍落筒,将透明圆盘置于拌和物锥体顶面;启动振动台(图3-7中6),用秒表测出拌和物受振摊平、振实、透明圆盘的底面完全为水泥浆所布满所经历的时间(以 s 计),即为维勃稠度,也称工作度。维勃稠度代表拌和物振实所需的能量,时间越短,表明拌和物越易被振实。它能较好地反映混凝土拌和物在振动作用下便于施工的性能。

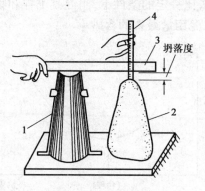

图3-6 坍落度示意图
1-坍落度筒;2-混凝土;3-直尺;4-标尺

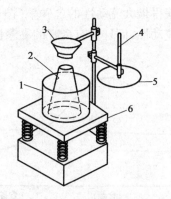

图3-7 维勃稠度仪
1-容量桶;2-坍落度筒;3-喂料斗;
4-测杆;5-透明圆盘;6-振动台

3. 影响混凝土拌和物和易性的因素

影响拌和物和易性的因素很多,主要有水泥浆含量、水泥浆的稀稠、含砂率的大小、原材料的种类以及外加剂等。

(1) 水泥浆含量的影响

在水泥浆稀稠不变,也即混凝土的水用量与水泥用量之比(水灰比)保持不变的条件下,单位体积混凝土内水泥浆含量越多,拌和物的流动性越大。拌和物中除必须有足够的水泥浆包裹骨料颗粒之外,还需要有足够的水泥浆以填充砂、石骨料的空隙并使骨料颗粒之间有足够厚度的润滑层,以减少骨料颗粒之间的摩阻力,使拌和物有一定流动性。但若水泥浆过多,骨料不能将水泥浆很好地保持在拌和物内,混凝土拌和物将会出现流浆、泌水现象,使拌和物的黏聚性及保水性变差。这不仅增加水泥用量,而且还会对混凝土强度及耐久性产生不利影响。因此,混凝土内水泥浆的含量,以使混凝土拌和物达到要求的流动性为准,不应任意加大。

在水灰比不变的条件下,水泥浆含量可用单位体积混凝土的加水量表示。因此,水泥浆含量对拌和物流动性的影响,实质上也是加水量的影响。当加水量增加时,拌和物流动性增大,反之则减小。在实际工程中,为增大拌和物的流动性而增加用水量时,必须保持水灰比不变,相应地增加水泥用量,否则将显著影响混凝土质量。

(2) 含砂率的影响

混凝土含砂率(简称砂率)是指砂的用量占砂、石总用量(按质量计)的百分数。混凝土中的砂浆应包裹石子颗粒并填满石子空隙。砂率过小,砂浆量不足,不能在石子周围形成足够的砂浆润滑层,将降低拌和物的流动性。更主要的是严重影响混凝土拌和物的黏聚性及保水性,使石子分离、水泥浆流失,甚至出现溃散现象。砂率过大,石子含量相对过少,骨料的空隙及总表面积都较大,在水灰比及水泥用量一定的条件下,混凝土拌和物显得干稠,流动性显著降低,如图 3-8 所示;在保持混凝土流动性不变的条件下,会使混凝土的水泥浆用量显著增大,如图 3-9 所示。因此,混凝土含砂率不能过小,也不能过大,应取合理砂率。

合理砂率是在水灰比及水泥用量一定的条件下,使混凝土拌和物保持良好的黏聚性和保水性并获得最大流动性的含砂率(图 3-8),也即在水灰比一定的条件下,当混凝土拌和物达到要求的流动性,而且具有良好的黏聚性及保水性时,水泥用量最省的含砂率。

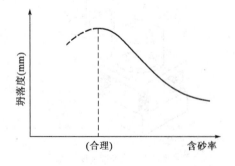

图 3-8 砂率与坍落度的关系曲线
(水与水泥用量一定)

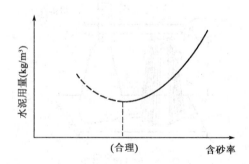

图 3-9 砂率与水泥用量的关系曲线
(达到相同的坍落度)

(3) 水泥浆稀稠的影响

在水泥品种一定的条件下,水泥浆的稀稠取决于水灰比的大小。当水灰比较小时,水泥浆较稠,拌和物的黏聚性较好,泌水较少,但流动性较小,相反,水灰比较大时,拌和物流动性较大但黏聚性较差,泌水较多。当水灰比小至某一极限值以下时,拌和物过于干稠,在一般施工方法下混凝土不能被浇筑密实。当水灰比大于某一极限值时,拌和物将产生严重的离析、泌水现象,影响混凝土质量。因此,为了使混凝土拌和物能够成型密实,所采用的水灰比值不能过小,为了保证混凝土拌和物具有良好的黏聚性,所采用的水灰比值又不能过大。普通混凝土常用水灰比一般在 0.40~0.75 范围内。在常用水灰比范围内,当混凝土中用水量一定时,水灰比在小的范围内变动对混凝土流动性的影响不大,这称为"需水量定则"或"恒定用水量定则"。其原因是,当水灰比较小时,虽然水泥浆较稠,混凝土流动性较小,但黏聚性较好,可采用较小的砂率值。这样,由于含砂率减小而增大的流动性可补偿由于水泥浆较稠而减少的流动性。当水灰比较大时,为了保证拌和物的黏聚性,需采用较大的砂率值。这样,水泥浆较稀所增大的流动性将被含砂率增大而减小的流动性所抵消。因此,当混凝土单位用水量一定时,水泥用量在 50~100kg/m³ 之间变动时,混凝土的流动性将基本不变。

(4) 其他因素的影响

除上述影响因素外,拌和物和易性还受水泥品种、掺合料品种及掺量、骨料种类、粒形及级配、混凝土外加剂以及混凝土搅拌工艺和环境温度等条件的影响。

水泥需水量大者,拌和物流动性较小,使用矿渣水泥时,混凝土保水性较差。使用火山灰水泥时,混凝土黏聚性较好,但流动性较小。

掺合料的品质及掺量对拌和物的和易性有很大影响,当掺入优质粉煤灰时,可改善拌和物的和易性。掺入质量较差的粉煤灰时,往往使拌和物流动性降低。

粗骨料的颗粒较大、粒形较圆、表面光滑、级配较好时,拌和物流动性较大。使用粗砂时,拌和物黏聚性及保水性较差;使用细砂及特细砂时,混凝土流动性较小。混凝土中掺入某些外加剂,可显著改善拌和物的和易性。

拌和物的流动性还受气温高低、搅拌工艺以及搅拌后拌和物停置时间的长短等施工条件影响。对于掺用外加剂及掺合料的混凝土,这些施工因素的影响更为显著。

4. 混凝土拌和物和易性的选择

工程中选择新拌混凝土和易性时,应根据施工方法、结构构件截面尺寸大小、配筋疏密等条件,并参考有关资料及经验等来确定。对截面尺寸较小、配筋复杂的构件,或采用人工插捣时,应选择较大的坍落度。反之,对无筋厚大结构、钢筋配置稀疏易于施工的结构,尽可能选用较小的坍落度。

正确选择新拌混凝土的坍落度,对于保证混凝土的施工质量及节约水泥具有重要意义。在选择坍落度时,原则上应在不妨碍施工操作并能保证振捣密实的条件下,尽可能采用较小的坍落度,以节约水泥并获得质量较好的混凝土。

二 混凝土的强度

混凝土的强度包括抗压强度、抗拉强度、抗弯强度和抗剪强度等,其中抗压强度最大,故混凝土主要用来承受压力。

1. 混凝土的抗压强度

(1)混凝土的立方体抗压强度与强度等级

按照国家标准《普通混凝土力学性能试验方法标准》(GB/T 50081—2002),制作边长为150mm的立方体试件,在标准养护(温度20℃±2℃、相对湿度95%以上)条件下,养护至28d龄期,用标准试验方法测得的极限抗压强度,称为混凝土标准立方体抗压强度,以f_{cu}表示。

按《混凝土结构设计规程》(GB 50010—2002)的规定,在立方体极限抗压强度总体分布中,具有95%强度保证率的立方体试件抗压强度,称为混凝土立方体抗压强度标准值(以MPa即N/mm²计),以$f_{cu,k}$表示。立方体抗压强度标准值是按数据统计处理方法达到规定保证率的某一数值,它不同于立方体试件抗压强度。

混凝土强度等级是按混凝土立方体抗压强度标准值来划分的,采用符号C和立方体抗压强度标准值表示,可划分为C7.5、C10、C15、C20、C25、C30、C35、C40、C45、C50、C55、C60、C65、C70、C75、C80十六个等级。例如,强度等级为C25的混凝土,是指25MPa≤$f_{cu,k}$<30MPa的混凝土。钢筋混凝土结构、预定力混凝土结构的混凝土强度等级分别不小于C25和C30。

测定混凝土立方体试件抗压强度,也可以按粗骨料最大粒径的尺寸选用不同的试件尺寸。但在计算其抗压强度时,应乘以换算系数,以得到相当于标准试件的试验结果。选用边长为100mm的立方体试件,换算系数为0.95,边长为200mm的立方体试件,换算系数为1.05。

采用标准试验方法在标准条件下测定混凝土的强度是为了使不同地区不同时间的混凝土具有可比性。在实际的混凝土工程中,为了说明某一工程中混凝土实际达到的强度,常把试块放在与该工程相同的环境养护(简称同条件养护)按需要的龄期进行测试,作为现场混凝土质量控制的依据。

(2)混凝土棱柱体抗压强度

按棱柱体抗压强度的标准试验方法,制成边长为150mm×150mm×300mm的标准试件,在标准条件养护28d,测其抗压强度,即为棱柱体的抗压强度(f_{ck}),通过试验分析,$f_{ck}≈0.67f_{cu,k}$。

(3)影响混凝土抗压强度的因素

影响混凝土抗压强度的因素很多,包括原材料的质量(只要是水泥强度等级和骨料品种)、材料之间的比例关系(水灰比、灰水比、骨料级配)、施工方法(拌和、运输、浇筑、养护)以及试验条件(龄期、试件形状与尺寸、试验方法、湿度及温度)等。

①水泥强度等级和水灰比。水泥是混凝土中的活性组分,其强度的大小直接影响着混凝土强度的高低。在配合比相同的条件下,所用的水泥强度等级越高,配制的混凝土强度也越高,当用同一种水泥(品种及强度等级相同)时,混凝土的强度主要取决于水灰比,水灰比愈大,混凝土的强度愈低。这是因为水泥水化时所需的化学结合水,一般只占水泥质量的23%左右,但在实际拌制混凝土时,为了获得必要的流动性,常需要加入较多的水(占水泥质量的40%~70%)。多余的水分残留在混凝土中形成水泡,蒸发后形成气孔,使混凝土

密实度降低,强度下降。水灰比大,则水泥浆稀,硬化后的水泥石与骨料黏结力差,混凝土的强度也愈低。但是,如果水灰比过小,拌和物过于干硬,在一定的捣实成型条件下,无法保证浇筑质量,混凝土中将出现较多的蜂窝、孔洞,强度也将下降,试验证明,混凝土强度随水灰比的增大而降低,呈曲线关系,混凝土强度和灰水比的关系,则呈直线关系(图3-10)。

应用数理统计方法,水泥的强度、水灰比、混凝土强度之间的线性关系也可用以下经验公式(强度公式)表示:

$$f_{cu} = a_a \cdot f_{ce}(C/W - a_b)$$

式中:f_{cu}——28d 混凝土立方体抗压强度,MPa;

f_{ce}——28d 水泥抗压强度实测值,MPa;

a_a、a_b——回归系数,与骨料品种、水泥品种等因素有关;

C/W——灰水比。

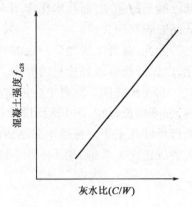

图3-10 混凝土强度与灰水比的关系

一般水泥厂为了保证水泥的出厂强度等级,其实际强度往往比其强度等级要高。当无法取得水泥 28d 抗强度测值时,可用下式估算:

$$f_{ce} = \gamma_c \cdot f_{ce,g}$$

式中:$f_{ce,g}$——水泥强度等级值,MPa;

γ_c——水泥强度等级值的富余系数,可按实际统计资料确定,无资料时取 1.13。

f_{ce}值也可根据 3d 强度或快测强度推定 28d 强度关系式推定得出。

强度公式适用于流动性混凝土和低流动性混凝土,不适用于干硬性混凝土。对流动性混凝土而言,只有在原材料相同、工艺措施相同的条件下 a_a、a_b 才可视为常数。因此,必须结合工地的具体条件,如施工方法及材料的质量等,进行不同水灰比的混凝土强度试验,求出符合当地实际情况的 a_a、a_b,这样既能保证混凝土的质量,又能取得较好的经济效果。若无试验条件,可按《普通混凝土配合设计规程》(JGJ 55—2000)提供的经验数值:采用碎石时,a_a = 0.46,a_b = 0.07;采用卵石时,a_a = 0.48,a_b = 0.33。

强度公式可解决两个问题:一是混凝土配合比设计时,估算应采用的 W/C 值;二是混凝土质量控制过程中,估算混凝土 28d 可以达到的抗压强度。

②骨料的种类与级配。骨料中有害杂质过多且品质低劣时,将降低混凝土的强度。骨料表面粗糙,则与水泥石黏结力较大,混凝土强度高。骨料级配良好、砂率适当,能组成密实的骨架,混凝土强度也较高。

③混凝土外加剂与掺和料。在混凝土中掺入早强剂可提高混凝土早期强度;掺入减水剂可提高混凝土强度;掺入一些掺和料可配制高强度混凝土。详细内容见混凝土外加剂。

④养护温度和温度。混凝土浇筑成型后,所处的环境温度,对混凝土的强度影响很大。混凝土的硬化,在于水泥的水化作用,周围温度升高,水泥水化速度加快,混凝土强度发展也就加快。反之,温度降低时,水泥水化速度降低,混凝土强度发展将相应迟缓。当温度降至冰点以下时,混凝土的强度停止发展,并且由于孔隙内水分结冰而引起膨胀,使混凝土的内部结构遭

受破坏。混凝土早期强度低,更容易冻坏。湿度适当时,水泥水化能顺利进行,混凝土强度得到充分发展。如果湿度不够,会影响水泥水化作用的正常进行,甚至停止水化。这不仅严重降低混凝土的强度,而且水化作用未能完成,使混凝土结构疏松,渗水性增大,或形成干缩裂缝,从而影响其耐久性。

因此,混凝土成型后一定时间内必须保持周围环境有一定的温度和湿度,使水泥充分水化,以保证获得较好质量的混凝土。

⑤硬化龄期。混凝土在正常养护条件下,其强度将随着龄期的增长而增长。最初7~14d内,强度增长较快,28d达到设计强度。以后增长缓慢,但若保持足够的温度和湿度,强度的增长将延续几十年。普通水泥制成的混凝土,在标准条件下,混凝土强度的发展大致与其龄期的对数成正比关系(龄期不小于3d),如下式所示:

$$f_n = f_{28} \frac{\lg n}{\lg 28}$$

式中:f_n——$n(n \geqslant 3)$天龄期混凝土的抗压强度,MPa;
f_{28}——28d龄期混凝土的抗压强度,MPa;
$\lg n$、$\lg 28$——n和28的常用对数。

根据上述经验公式可由已知龄期的混凝土强度,估算其他龄期的强度。

⑥施工工艺。混凝土的施工工艺包括配料、拌和、运输、浇筑、养护等工序,每一道工序对其质量都有影响。若配料不准确,误差过大;搅拌不均匀;拌和物运输过程中产生离析;振捣不密实;养护不充分等均会降低混凝土强度。因此,在施工过程中,一定要严格遵守施工规范,确保混凝土的强度。

2. 混凝土的抗拉强度

混凝土在直接受拉时,很小的变形就会开裂,它在断裂前没有残余变形,是一种脆性破坏。混凝土的抗拉强度一般为抗压强度的1/10~1/20。我国采用立方体(国际上多用圆柱体)的劈裂抗拉试验来测定混凝土的抗拉强度,称为劈裂抗拉强度$f_{st}^{劈}$,劈裂抗拉强度$f_{st}^{劈}$可近似地用下式表示(精确至0.01MPa):

$$f_{st}^{劈} = \frac{2P}{\pi A} = 0.637 \frac{P}{A}$$

式中:P——试件破坏荷载,N;
A——试件劈裂面面积,mm^2。

抗拉强度对于开裂现象有重要意义,在结构设计中抗拉强度是确定混凝土抗裂度的重要指标。对于某些工程(如混凝土路面、水槽、拱坝),在对混凝土提出抗压强度要求的同时,还应提出抗拉强度要求。

三 混凝土的抗裂性

1. 混凝土的裂缝

混凝土的开裂主要是由于混凝土中拉应力超过了抗拉强度,或者说是由于拉伸应变达到或超过了极限拉伸值而引起的。

混凝土的干缩、降温冷缩及自身体积收缩等收缩变形,受到基础及周围环境的约束时(称此收缩为限制收缩),在混凝土内引起拉应力,并可能引起混凝土的裂缝。例如配筋较多的大尺寸板梁结构、与基础嵌固很牢的路面或建筑物底板、在老混凝土间填充的新混凝土等。混凝土内部温度升高或因膨胀剂作用,使混凝土产生膨胀变形。当膨胀变形受外界约束时(称此变形为自由膨胀),也会引起混凝土裂缝。

大体积混凝土发生裂缝的原因有干缩性和温度应力两方面,其中温度应力是最主要的因素。在混凝土浇筑初期,水泥水化放热,使混凝土内部温度升高,产生内表温差,在混凝土表面产生拉应力,导致表面裂缝,当气温骤降时,这种裂缝更易发生。在硬化后期,混凝土温度逐渐降低而发生收缩,此时混凝土若受到基础环境的约束,会产生深层裂缝。

此外,结构物受荷过大或施工方法欠合理以及结构物基础不均匀沉陷等都可能导致混凝土开裂。

为防止混凝土结构的裂缝,除应选择合理的结构型式及施工方法,以减小或消除引起裂缝的应力或应变外,还采用抗裂性较好的混凝土。采用补偿收缩混凝土,以抵消有害的收缩变形,也是防止裂缝的重要途径。

2. 混凝土抗裂性指标

混凝土为脆性材料,抗裂能力较低。评定混凝土抗裂强度有多种,现仅对常用的几种作简单介绍。

(1)混凝土极限拉伸(ε_p):混凝土轴心拉伸时,断裂前最大伸长应变称为极限拉伸。在其他条件相同时,混凝土极限拉伸值越大,抗裂性越强。对于大坝内部混凝土,常要求 $\varepsilon_p \geq 0.7 \times 10^{-4}$;对于外部混凝土,一般要求 $\varepsilon_p \geq 0.85 \times 10^{-4}$。进行钢筋混凝土轴心受拉构件抗裂验算时,常取 $\varepsilon_p = 1.0 \times 10^{-4}$。

(2)抗裂度(D):极限拉伸与混凝土温度变形系数之比(℃),也即以温度(℃)量度的极限拉伸。

抗裂度越大,混凝土抗裂性越强。

(3)热强比(H/R):某龄期单位体积混凝土发热量与抗拉强度之比[$J/(m^3 \cdot MPa)$]。混凝土发热量是产生温度应力的主要原因,发热量小,温度应力小。抗拉强度是防止开裂的主要原因。因此,混凝土热强度较小,抗裂性较强。

(4)抗裂性系数(CR):以止裂作用的极限拉伸与起裂作用的热变形值之比作为抗裂性系数(CR)。CR 值越大,抗裂性越好。

混凝土抗裂度、热强比及抗裂性系数等指标,都是比较混凝土抗裂性能优劣的相对指标。在研究和选择混凝土原材料及配合比时,可起一定参考作用。

3. 提高混凝土抗裂性的主要措施

(1)选择适当的水泥品种。火山灰水泥干缩率大,对混凝土抗裂不利。粉煤灰水泥水化热低、干缩较小、抗裂性较好。选用 C_3S 及 C_3A 含量较低、C_2S 及 C_4AF 含量较高或早期强度稍低后期强度增长率高的硅酸盐水泥或普通水泥时,混凝土的弹性模量较低、极限拉伸值较大,有利于提高混凝土抗裂性。

(2)选择适当的水灰比。水灰比过大的混凝土,强度等级较低,极限拉伸值过小,抗裂性较差;水灰比过小,水泥用量过多,混凝土发热量过大,干缩率增大,抗裂性也会降低。因此,对

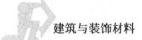

于大体积混凝土,应取适当强度等级且发热量低的混凝土。对于钢筋混凝土结构,提高混凝土极限拉伸值可以增大结构抗裂度,故混凝土强度等级不应过低。

(3)可用多棱角的石灰岩碎石及人工砂作混凝土骨料。采用碎石骨料与采用天然河卵石骨料相比,可使混凝土极限拉伸值显著提高。

(4)掺入适当优质粉煤灰或硅粉。混凝土中采用超量取代办法掺入适量粉煤灰时,水灰比随之减小,混凝土极限拉伸可提高,有利于提高混凝土抗裂性。在水灰比不变的条件下,采用等量取代法掺入适量优质粉煤灰时,混凝土的极限拉伸值虽然有一些下降,但其发热量显著减少。试验证明,当掺量适当时,混凝土的抗裂性也会提高。

混凝土中掺入适量硅粉,可显著提高混凝土抗拉强度及极限拉伸值,且混凝土发热量基本不变,故可显著提高混凝土抗裂性。

(5)掺入减水剂及引气剂。在混凝土强度不变的条件下,掺入减水剂及引气剂,可减少混凝土水泥用量,并可改善混凝土的结构,从而显著提高混凝土极限拉伸值。

(6)加强质量控制,提高混凝土均匀性。调查研究发现,混凝土均质性越差,建筑物裂缝发生率越高。故加强质量管理,减少混凝土离差系数,可提高抗裂性。

(7)加强养护。充分保温或水中养护混凝土可减缓混凝土干缩,并可提高极限拉伸,故可提高混凝土抗裂性。对于掺有粉煤灰的混凝土以及早期强度增长较慢的混凝土,更应加强养护。对于大体积混凝土,用保温材料对混凝土进行表面保护,可有效地防止混凝土浇筑初期发生的表面裂缝。

(四) 混凝土的耐久性

硬化后的混凝土除了具有设计要求的强度外,还应具有与所处环境相适应的耐久性,混凝土的耐久性是指混凝土抵抗环境条件的长期作用,并保持其稳定良好的使用性能和外观完整性,从而维持混凝土结构安全、正常使用的能力。

因为结构的强度牵涉到安全性,所以,在混凝土结构设计中十分重视混凝土的强度,而往往忽视环境对结构耐久性的影响。然而现实却为我们敲响了警钟,从以往混凝土结构物破坏来看,有许多在尚未达到预计使用寿命之前就出现了严重的性能劣化而影响了正常使用,从而需要付出巨额代价来维护或维修,或提前拆除报废。因此,近年来混凝土结构的耐久性及耐久性设计受到普遍关注。

混凝土结构耐久性设计的目标就是保证混凝土结构在规定的使用年限内,在常规的维修条件下,不出现混凝土劣化、钢筋锈蚀等影响结构正常使用和外观的损坏。它涉及混凝土工程的造价、维护费用和使用年限等问题。因此,在设计混凝土结构时,强度与耐久性必须同时予以关注。耐久性良好的混凝土,对延长结构使用寿命、减少维修保养工作量、提高经济效益和社会效益等具有十分重要的意义。

混凝土的耐久性是一个综合性概念,包括抗渗、抗冻、抗侵蚀、抗碳化、抗磨性、抗碱—骨料反应等性能。

1. 混凝土的抗渗性

抗渗性是指混凝土抵抗压力水、油等液体渗透的性能。混凝土的抗渗性主要与其密实及内部孔隙的大小和构造有关。

混凝土的抗渗性用抗渗等级（P）表示，即以28d龄期的标准试件，按标准试验方法进行试验时所能承受的最大水压力（MPa）来确定。混凝土的抗渗等级可划分为P2、P4、P6、P8、P10、P12六个等级，相应表示混凝土抗渗试验时一组六个试件中四个试件未出现渗水时的最大水压力分别为0.2MPa、0.4MPa、0.6MPa、0.8MPa、1.0MPa、1.2MPa。

提高混凝土抗渗性能的措施：提高混凝土的密实度，改善孔隙构造，减少渗水通道；减小水灰比；掺加引气剂；选用适当品种的水泥；注意振捣密实、养护充分等。

水工混凝土的抗渗等级，应根据结构所承受的水压力大小和结构类型及运用条件按《水工混凝土结构设计规范》（DL/T 5057—1996）选用，见表3-12。

混凝土抗渗等级最小允许值（DL/T 5057—1996） 表3-12

结构类型及运用条件		抗 渗 等 级
大体积混凝土结构的下游面外部或建筑物内部		P2
大体积混凝土结构的挡水面外部	$H < 30m$	P4
	$H = 30 \sim 70m$	P6
	$H = 70 \sim 150m$	P8
	$H > 150m$	P10
素混凝土及钢筋混凝土结构构件（其背面能自由渗水者）	$i < 10$	P4
	$i = 10 \sim 30$	P6
	$i = 30 \sim 50$	P8
	$i > 50$	P10

注：1. 表中H为水头，i为最大水力梯度。水力梯度是指水头与该处结构厚度的比值。
2. 当建筑物的表层设有专门可靠的防水层时，表中规定的抗渗等级可适当降低。
3. 承受侵蚀作用的建筑物，其抗渗等级不得低于P4。
4. 埋置在地基中的混凝土及钢筋混凝土结构构件（如基础防渗墙等），可根据防渗要求参照表中第三项的规定选择其抗渗等级。
5. 对背水面能自由渗水的混凝土及钢筋混凝土结构构件，当水头小于10m时，其抗渗等级可根据表中第三项降低一级。
6. 对严寒、寒冷地区且水力梯度较大的结构，其抗渗等级应按表中的规定提高1个等级。

2. 混凝土的抗冻性

混凝土的抗冻性是指混凝土在水饱和状态下能经受多次冻融循环而不破坏，同时强度也不严重降低的性能。混凝土受冻后，混凝土中水分受冻结冰，体积膨胀，当膨胀力超过其抗拉强度时，混凝土将产生微细裂缝，反复冻融使裂缝不断扩展，混凝土强度降低甚至破坏，影响建筑物的安全。

混凝土的抗冻性以抗冻等级（F）表示。抗冻等级按28d龄期的试件用快冻试验方法测定，分为F50、F100、F150、F200、F300、F400六个等级，相应表示混凝土抗冻性试验能经受50次、100次、150次、200次、300次、400次的冻融循环。

影响混凝土抗冻性能的因素主要有水泥品种、强度等级、水灰比、骨料的品质等。提高混

凝土抗冻性的最主要的措施:提高混凝土密实度;减小水灰比;掺加外加剂;严格控制施工质量,注意捣实,加强养护等。

混凝土抗冻等级应根据工程所处环境及工作条件,按《水工混凝土结构设计规范》(DL/T 5057—1996)选择,见表3-13。

混凝土抗冻等级(DL/T 5057—1996)　　　表3-13

气 候 分 析	严寒		寒冷		温和
年冻融循环次数(次)	≥100	<100	≥100	<100	
受冻后果严重且难于检修的部位 (1)水电站尾水部位、蓄能电站进出口的冬季水位变化区,闸门槽二期混凝土,轨道基础 (2)冬季通航或受电站尾水影响的不通航船闸的水位变化区 (3)流速大于25m/s、过冰、多沙或多推移质的溢洪道,或其他输水部位的过水面及二期混凝土 (4)冬季有水的露天钢筋混凝土压力水管、渡槽、薄壁闸门井	F300	F300	F300	F200	F100
受冻后果严重但有检修条件的部位 (1)大体积混凝土结构上游面冬季水位变化区 (2)水电站或船闸的尾水渠及引航道的挡墙、护坡 (3)流速小于25m/s的溢洪道、输水洞、引水系统的过水面 (4)易积雪、结霜或饱和的路面、平台栏杆、挑檐及竖井薄壁等构件	F300	F200	F200	F150	F50
受冻较重部位 (1)大体积混凝土结构外露的阴面部位 (2)冬季有水或易长期积雪结冰的渠系建筑物	F200	F200	F150	F150	F50
受冻较轻部位 (1)大体积混凝土结构外露的阳面部位 (2)冬季无水干燥的渠系建筑物 (3)水下薄壁构件 (4)流速大于25m/s的水下过水面	F200	F150	F100	F100	F50
水下、土中及大体积内部的混凝土	F50	F50			

注:1.气候分区划分标准,严寒:最冷月平均气温低于-10℃;寒冷:最冷月平均气温高于-10℃,但低于-3℃;温和:最冷月平均气温高于-3℃。
2.冬季水位变化区是指运行期可能遇到的冬季最低水位以下0.5~1m至冬季最高水位以上1m(阳面)、2m(阴面)、4m(水电站尾水区)的部位。
3.阳面指冬季大多为晴天。平均每天有4h阳光照射,不受山体或建筑物遮挡的表面,否则均按阴面考虑。
4.最冷月平均气温低于-25℃地区的混凝土抗冻等级应根据情况研究确定。
5.在无抗冻要求的地区,混凝土抗冻等级也不宜低于F50。

3. 混凝土的抗侵蚀性

混凝土在外界侵蚀性介质(软水,含酸、盐水等)作用下,结构受到破坏、强度降低的现象称为混凝土的侵蚀。混凝土侵蚀的原因主要是外界侵蚀性介质对水泥石中的某些成分(氢氧化钙、水化铝酸钙等)产生破坏作用所致。详见本书第二章无机胶凝材料中有关内容。

4. 混凝土的抗磨性及抗气蚀性

磨损冲击与气蚀破坏,是水工建筑物常见的病害之一。当高速水流中挟带砂、石等磨损介质时,这种现象更为严重。采取掺入适量的硅粉和高效减水剂以及适量的钢纤维、采用强度等级 C50 以上的混凝土、改善建筑物的体型、控制和处理建筑物表面的不平整度等措施可提高混凝土的抗磨性。

5. 混凝土的碳化

混凝土的碳化作用是空气中二氧化碳与水泥石中的氢氧化钙作用,生成碳酸钙和水。碳化过程是二氧化碳由表及里向混凝土内部逐渐扩散的过程。在硬化混凝土的孔隙中,充满了饱和氢氧化钙溶液,使钢筋表面产生一层难溶的三氧化二铁和四氧化三铁薄膜,它能防止钢筋锈蚀。碳化引起水泥石化学组成发生变化,使混凝土碱度降低,减弱了对钢筋的保护作用导致钢筋锈蚀;碳化还将显著增加混凝土的收缩,降低混凝土抗拉、抗弯强度。但碳化可使混凝土的抗压强度增大。其原因是碳化放出的水分有助于水泥的水化作用,而且碳酸钙减少了水泥石内部的孔隙。

提高混凝土抗碳化能力的措施:减小水灰比,掺入减水剂或引气剂,保证混凝土保护层的厚度及质量,充分湿养护等。

6. 混凝土的碱—骨料反应

混凝土的碱—骨料反应,是指水泥中的碱(Na_2O 和 K_2O)与骨料中的活性 SiO_2 发生反应,使混凝土发生不均匀膨胀,造成裂缝、强度下降等不良现象,从而威胁建筑物安全。常见的有碱—氧化硅化硅反应、碱—硅酸盐反应、碱—碳酸盐反应三种类型。

防止碱—骨料反应的措施:采用低碱水泥(Na_2O 含量小于 0.6%)并限制混凝土总碱量不超过 $2.0\sim3.0kg/m^3$;掺入活性混合料;掺用引气剂和不用含二氧化硅活性的骨料;保证混凝土密实性和重视建筑物排水,避免混凝土表面积水和接缝存水。

7. 提高混凝土耐久性的主要措施

(1)严格控制水灰比。水灰比的大小是影剧混凝土密实性的主要因素,为保证混凝土耐久性,必须严格控制水灰比。有关规范根据工程条件,规定了"水灰比最大允许值"或"最小水泥用量"(表3-14),施工中就切实执行。

(2)混凝土所用材料的品质,应符合规范的要求。

(3)合理选择骨料级配。可使混凝土在保证和易性要求的条件下,减少水泥用量,并有较好的密实性。这样不仅有利于混凝土耐久性而且也较经济。

(4)掺用减水剂及引气剂。可减少混凝土用水量及水泥用量,改善混凝土孔隙构造。这是提高混凝土抗冻性及抗渗性的有力措施。

(5)保证混凝土施工质量。在混凝土施工中,应做到搅拌透彻、浇筑均匀、振捣密实、加强养护,以保证混凝土耐久性。

混凝土的最大水灰比及最小水泥用量（JGJ 55—2000）　　　表 3-14

环境条件		结构物类别	最大水灰比			最小水泥用量（kg/m³）		
			素混凝土	钢筋混凝土	预应力混凝土	素混凝土	钢筋混凝土	预应力混凝土
干燥环境		正常的居住或办公用房屋内部件	不作规定	0.65	0.60	200	260	300
潮湿环境	无冻害	（1）高湿度的室内部件 （2）室外部件 （3）在非侵蚀性土和（或）水中的部件	0.70	0.60	0.60	225	280	300
	有冻害	（1）经受冻害的室外部件 （2）在非侵蚀性土和（或）水中且经受冻的部件 （3）高湿度且经受冻害的室内部件	0.55	0.55	0.55	250	280	300
有冻害和除冰剂的潮湿环境		经受冻害和除冰剂作用的室内和室外部件	0.50	0.50	0.50	300	300	300

注：1. 当活性掺和料取代部分水泥时，表中的最大水灰比及最小水泥量即为代替前的水灰比和水泥用量。
　　2. 配制 C15 级及其以下等级的混凝土，可不受本表限制。

第 4 节　混凝土外加剂

在拌制混凝土过程中掺入的不超过水泥质量的 5%（特殊情况除外），且能使混凝土按需要改变性质的物质，称为混凝土外加剂。

混凝土外加剂的种类很多，根据国家标准，混凝土外加剂按主要功能来命名，如普通减水剂、早强剂、引气剂、缓凝剂、高效减水剂、引气减水剂、缓凝减水剂、速凝剂、防水剂、阻锈剂、膨胀剂、防冻剂等。本节着重介绍工程中常用的各种减水剂、引气剂、早强剂、缓凝剂及速凝剂。

混凝土外加剂按其主要作用可分为如下四类：

(1) 改善混凝土拌和物流变性能的外加剂，包括各种减水剂、引气剂及泵送剂。
(2) 调节混凝土凝结硬化性能的外加剂，包括缓凝剂、早强剂及速凝剂等。
(3) 改善混凝土耐久性的外加剂，包括引气剂、防水剂、阻锈剂等。
(4) 改善混凝土其他特殊性能的外加剂，包括加气剂、膨胀剂、黏结剂、着色剂、防冻剂等。

一、减水剂

减水剂是指在混凝土坍落度基本相同的条件下，能减少拌和用水量的外加剂。按减水能力及其兼有的功能有普通减水剂、高效减水剂、早强减水剂及引气减水剂等。减水剂多为亲水性表面活性剂。

1. 减水剂的作用机理及使用效果

水泥加水拌和后,会形成絮凝结构,流动性很低。掺有减水剂时,减水剂分子吸附在水泥颗粒表面,其亲水基团携带大量水分子,在水泥颗粒周围形成一定厚度的吸附水层,增大了水泥颗粒间的滑动性。当减水剂为离子型表面活性剂时,还能使水泥颗粒表面带上同性电荷,在电性斥力作用下,水泥粒子相互分散。上述作用使水泥浆体呈溶胶结构,在常规搅拌的混凝土拌和物中,有相当多的水泥颗粒呈絮凝结构(当水灰比较小时,絮凝结构更多),加入减水剂后,水泥浆体呈溶胶结构,混凝土流动性可显著增大。这就是减水剂对水泥粒子的分散作用。

减水剂还使溶液的表面张力降低,在机械搅拌作用下使浆体内引入部分气泡。这些微细气泡有利于水泥浆流动性的提高。此外,减水剂对水泥颗粒的润湿作用,可使水泥颗粒的早期水化作用比较充分。

总之,减水剂在混凝土中改变了水泥浆体流变性能,进而改变了水泥混凝土结构,起到了改善混凝土性能的作用。

根据使用条件的不同,混凝土掺用减水剂后可以产生以下三方面的效果。

(1)在配合比不变的条件下,可增大混凝土拌和物的流动性,且不致降低混凝土的强度。

(2)在保持流动性及水灰比不变的条件下,可以减少用水量及水泥用量,以节约水泥。

(3)在保持流动性及水泥用量不变的条件下,可以减少用水量,从而降低水灰比,使混凝土的强度与耐久性得到提高。

2. 常用减水剂

减水剂是使用最广泛和效果最显著的一种外加剂。其种类繁多,常用减水剂有木质素系、萘磺酸盐系(简称萘系)、松脂系、糖蜜系及腐植酸系等,这些常用减水剂的性能见表3-15。此外还有脂肪族类、氨基苯磺酸类、丙烯酸类减水剂。

常用减水剂品种及性能　　　　　表3-15

种　类	木质素系	萘　系	树　脂　系	糖蜜系	腐植酸系
减水效果类别	普通型	高效型	高效型	普通型	普通型
主要品种	木质素磺酸钙(木钙粉、M剂、木钠、木镁)	NNO、NF、UNF、FDN、JN、MF、建1、NHJ、DH等	SM、CRS等	3FG、TF、ST	腐植酸
主要成分	木质素磺酸钙、木质素磺酸钠、木质素磺酸镁	芳香族磺酸盐甲醛缩合物	三聚氰胺树脂磺酸钠(SM)、古玛隆—茚树脂磺酸钠(CRS)	糖渣、废蜜经石灰水中和而成	磺化胡敏酸
适宜掺量(占水泥质量百分比)	0.2~0.3	0.2~1.0	0.5~2.0	0.2~0.3	0.3
减水率(%)	10左右	15~25	20~30	6~10	8~10
早强效果	—	明显	显著	—	有早强型,缓凝型两种

续上表

种 类	木质素系	萘 系	树脂系	糖密系	腐植酸系
缓凝效果	1~3h	—	—	3h以上	
引气效果	1%~2%	一般为非引气型,部分品种引气小于2%	<2%	—	—

3. 减水剂的使用

混凝土减水剂的掺加方法,有"同掺法"、"后掺法"及"滞水掺入法"等。所谓同掺法,即是将减水剂溶解于拌和用水,并与拌和用水一起加入到混凝土拌和物中。所谓后掺法,就是在混凝土拌和物运到浇筑地点后,再掺入减水剂或再补充掺入部分减水剂,并再次搅拌后进行浇筑。所谓滞水掺入法,是在混凝土拌和物已经加入搅拌1~3min后,再加入减水剂,并继续搅拌到规定的拌和时间。

混凝土拌和物的流动性一般随停放时间的延长而降低,这种现象称为坍落度损失。掺有减水剂的混凝土坍落度损失往往更为突出。采用后掺法或滞水掺入法,可减小坍落度损失,也可减少外加剂掺用量,提高经济效益。

二 速凝剂

掺入混凝土中能促进混凝土迅速凝结硬化的外加剂称为速凝剂。通常,速凝剂的主要成分为铝酸钠或碳酸钠等盐类。当混凝土中加入速凝剂后,其中的铝酸钠、碳酸钠等盐类在碱性溶液中迅速与水泥中的石膏反应生成硫酸钠,并使石膏丧失原有的缓凝作用,导致水泥中C_3A的迅速水化,促进溶液中水化物晶体的快速析出,从而使混凝土中水泥浆迅速凝固。

目前工程中较常用的速凝剂主要是这些无机盐类,其主要品种有"红星一型"和"711型"。其中,红星一型是由铝氧熟料、碳酸钠、生石灰等按一定比例配制而成的一种粉状物;711型速凝剂是由铝氧熟料与无水石膏按3:1的质量比配合粉磨而成的混合物,它们在矿山、隧道、地铁等工程的喷射混凝土施工中最为常用。

三 早强剂

早强剂是能显著加速混凝土早期强度发展且对后期强度无显著影响的外加剂。按其化学成分分为氯盐类、硫酸盐类、有机胺类及其复合早强剂四类。其常用品种及性能见表3-16。

常用早强剂品种及性能　　　　　表3-16

类　别	氯盐类	硫酸盐类	有机胺类	复 合 类
常用品种	氯化钙	硫酸钠(元明粉)	三乙醇胺	①三乙醇胺(A)+氯化钠(B); ②三乙醇胺(A)+氯化钠(B)+亚硝酸钠(C); ③三乙醇胺(A)+亚硝酸钠(C)+二水石膏(D); ④硫酸盐复合早强剂(NC)

续上表

类 别	氯盐类	硫酸盐类	有机胺类	复合类
适宜掺量（占水泥质量百分比）	0.5~1.0	0.5~2.0	0.02~0.05,一般不单独使用,常与其他早强剂复合使用	①(A)0.05+(B)0.5 ②(A)0.05+(B)0.5+(C)0.5 ③(A)0.05+(C)1.0+(D)2.0 ④(NC)2.0~4.0
早强效果	显著 3d强度可提高50%~100%； 7d强度可提高20%~40%	显著 掺量为1.5%时达到混凝土设计强度70%的时间可缩短一半	显著 早期强度可提高50%左右,28d强度不变或稍有提高	显著 3d强度可提高70% 28d强度可提高20%

四 引气剂

引气剂是在混凝土搅拌过程中能引入大量独立的、均匀分布、稳定而封闭小气泡的外加剂。按其化学成分分为松香树脂类、烷基苯磺酸类及脂肪醇磺酸盐类等三大类,其中以松树脂类应用最广,主要有松香热聚物和松香皂两种。

松香热聚物是由松香、硫酸、苯酚(石炭酸)在较高温度下进行聚合反应,再经氢氧化钠中和而成的物质。松香皂是将松香加入煮沸的氢氧化钠溶液中经搅拌、溶解、皂化而成,其主要成分为松香酸钠。目前,松香热聚物是工程中最常使用和效果最好的引气剂品种之一。

引气剂属于憎水性表面活性剂,其活性作用主要发生在水—气界面上。溶于水中的引气剂掺入新拌混凝土后,能显著降低水的表面张力,使水在搅拌作用下,容易引入空气形成许多微小的气泡。由于引气剂分子定向在气泡表面排列而形成了一层保护膜,且因该膜能够较牢固地吸附着某些水泥水化物而增加了膜层的厚度和强度,使气泡膜壁不易破裂。

掺入引气剂,混凝土中产生的气泡大小均匀,直径在 20~1000μm 之间,大多在 200μm 以下。气泡形成的数量与加入引气剂的品种、性能和掺量有关。大量微细气泡的存在,对混凝土性能产生很大影响,主要体现在以下几个方面：

(1)有效改善新拌混凝土的和易性

在新拌混凝土中引入的大量微小气泡,相对增加了水泥浆体积,而气泡本身起到了轴承滚珠的作用,使颗粒间摩擦阻力减小,从而提高了新拌混凝土的流动性。同时,由于某种原因水分被均匀地吸附在气泡表面,使其自由流动或聚集趋势受到阻碍,从而使新拌混凝土的泌水率显著降低,黏聚性和保水性明显改善。

(2)显著提高混凝土的抗渗性和抗冻性

混凝土中大量微小气泡的存在,不仅可堵塞或隔断混凝土中的毛细管渗水通道,而且由于保水性的提高,也减少了混凝土内水分聚集造成的水囊孔隙,因此,可显著提高混凝土的抗渗性。此外,由于大量均匀分布的气泡具有较高的弹性变形能力,它可有效地缓冲孔隙中水分结冰时产生的膨胀应力,从而显著提高混凝土的抗冻性。

(3)变形能力增大,但强度及耐磨性有所降低掺入引气剂后，混凝土中大量气泡的存在，可使其弹性模量略有降低，弹性变形能力有所增大，这对提高其抗裂性是有利的。但是，也会使其变形有所增加。

由于混凝土中大量气泡的存在，使其孔隙率增大和有效面积减小，使其强度及耐磨性有所降低。通常，混凝土中含气量每增加1%，其抗压强度可降低4%~6%，抗折强度可降低2%~3%。为防止混凝土强度的显著下降，应严格控制引气剂的掺量，以保证混凝土的含气量不致过大。

五 缓凝剂及缓凝减水剂

能延缓混凝土凝结时间，并对混凝土后期强度发展无不利影响的外加剂，称为缓凝剂，兼有缓凝和减水作用的外加剂称为缓凝减水剂。

我国使用最多的缓凝剂是糖钙、木钙，它具有缓凝及减水作用。其次有羟基羧酸及其盐类，有柠檬酸、酒石酸钾钠等。无机盐类有锌盐、硼酸盐。此外，海有胺盐及其衍生物、纤维素醚等。

缓凝剂适用于要求延缓时间的施工中，如在气温高、运距长的情况下，可防止混凝土拌和物发生过早坍落度损失。又如分层浇筑的混凝土，为防止出现冷缝，也常加入缓凝剂。另外，在大体积混凝土中为了延长放热时间，也可掺入缓凝剂。

六 防冻剂

防冻剂是掺加入混凝土后，能使其在负温下正常水化硬化，并在规定时间内硬化到一定程度，且不会产生冻害的外加剂。

利用不同成分的综合作用可以获得更好的混凝土抗冻性，因此，工程中常用的混凝土防冻剂往往采用多组分复合而成的防冻剂。其中防冻组分为氯盐类（如 $CaCl_2$、$NaCl$ 等）、氯盐阻锈类（氯盐与亚硝酸钠、铬酸盐、磷酸盐等阻锈剂复合而成）、无氯盐类（硝酸盐、亚硝酸盐、碳酸盐、尿素、乙酸等）。减水、引气、早强等组分则分别采用与减水剂、引气剂和早强剂相近的成分。

值得指出的是，防冻剂的作用效果主要体现在对混凝土早期抗冻性的改善，其使用应慎重，特别应确保其对混凝土后期性能不会产生显著的不利影响。

七 膨胀剂

掺加入混凝土中后能使其产生补偿收缩或膨胀的外加剂称为膨胀剂。

普通水泥混凝土硬化过程中的特点之一就是体积收缩，这种收缩会使其物理力学性能受到明显的影响，因此，通过化学的方法使其本身在硬化过程中产生体积膨胀，可以弥补其收缩的影响，从而改善混凝土的综合性能。

工程建设中常用的膨胀剂种类有硫铝酸钙类（如明矾石、UEA 膨胀剂等）、氧化钙类及氧化硫铝钙类等。

硫铝酸钙类膨胀剂加入混凝土中以后，其中的无水硫铝酸钙可产生水化并能与水泥水化产物反应，生成三硫型水化硫铝酸钙（钙矾石），使水泥石结构固相体积明显增加而导致宏观体积膨胀。氧化钙类膨胀剂的膨胀作用,主要是利用 CaO 水化生成 $Ca(OH)_2$ 晶体过程中体积增大的效果,而使混凝土产生结构密实或产生宏观体积膨胀。

八 外加剂的使用要求

为了保证外加剂的使用效果,确保混凝土工程的质量,在使用外加剂时还应注意以下几个方面的问题:

(1)掺量确定

外加剂品种选定后,需要慎重确定其掺量。掺量过小,往往达不到预期效果。掺量过大,可能会影响混凝土的其他性能,甚至造成严重的质量事故,在没有可靠资料供参考时,其最佳掺量应通过现场试验来确定。

(2)掺入方法选择

外加剂的掺入方法往往对其作用效果具有较大的影响,因此,必须根据外加剂的特点及施工现场的具体情况来选择适宜的掺入方法。若将颗粒状态外加剂与其他固体物料直接投入搅拌机内的分散效果,一般不如混入或溶解于拌和水中的外加剂更容易分散。

(3)施工工序质量控制

对掺有外加剂的混凝土应做好各施工工序的质量控制,尤其是对计量、搅拌、运输、浇筑等工序,必须严格加以要求。

(4)材料保管

外加剂应按不同品种、规格、型号分别存放和严格管理,并有明显标志。尤其是对外观易与其他物质相混淆的 无机物盐类外加剂(如 $CaCl_2$、Na_2SO_4、$NaNO_3$ 等)必须妥善保管,以免误食误用,造成中毒或不必要的经济损失。已经结块或沉淀的外加剂在使用前应进行必要的试验以确定其效果,并应进行适当的处理使其恢复均匀分散状态。

第5节 混凝土配合比设计

混凝土配合比是指混凝土中各组成材料(水泥、水、砂、石)用量之间的比例关系。常用的表示方法有两种:①以每立方米混凝土中各项材料的质量表示,如水泥 300kg、水 180kg、砂 720kg、石子 1200kg;②以水泥质量为 1 的各项材料相互间的质量比及水灰比来表示。将上例换算成质量比为水泥:砂:石 =1:2.4:4,水灰比 =0.60。

一 混凝土配合比设计的基本要求

设计混凝土配合比的任务,就是要根据原材料的技术性能及施工条件,确定出能满足工程所要求的各项技术指标并符合经济原则的各项组成材料的用量。混凝土配合比设计的基本要求是:

(1)满足混凝土结构设计所要求的强度等级。

(2)满足施工所要求的混凝土拌和物的和易性。

(3)满足混凝土的耐久性(如抗冻等级、抗渗等级和抗侵蚀性等)。

(4)在满足各项技术性质的前提下,使各组成材料经济合理,尽量做到节约水泥和降低混凝土成本。

二 混凝土配合比设计的三个参数及确定原则

1. 水灰比(W/C)

水灰比是混凝土中水与水泥质量的比值,是影响混凝土强度和耐久性的主要因素。其确定原则是在满足强度和耐久性的前提下,尽量选择较大值,以节约水泥。

2. 砂率(β_s)

砂率是指砂子质量占砂石总质量的百分率。砂率是影响混凝土拌和物和易性的重要指标。砂率的确定原则是在保证混凝土拌和物黏聚性和保水性要求的前提下,尽量取小值。

3. 单位用水量

单位用水量是指 $1m^3$ 混凝土的用水量,反映混凝土中水泥浆与骨料之间的比例关系。在混凝土拌和物中,水泥浆的多少显著影响混凝土的和易性,同时也影响其强度和耐久性。其确定原则是在达到流动性要求的前提下取较小值。

水灰比、砂率、单位用水量是混凝土配合比设计的三个重要参数。

三 混凝土配合比设计的方法步骤

1. 配合比设计的基本资料

(1)明确设计所要求的技术指标,如强度、和易性、耐久性等。

(2)合理选择原材料,并预先检验,明确所用原材料的品质及技术性能指标,如水泥品种及强度等级、密度等,砂的细度模数及级配,石子种类、最大粒径及级配,是否掺用外加剂及掺和料等。

2. 配合比的计算

(1)确定混凝土配制强度($f_{cu,0}$)

在正常施工条件下,由于人、材、机、工艺、环境等的影响,混凝土的质量总是会产生波动,经验证明,这种波动符合正态分布。为使混凝土的强度保证率能满足规定的要求,在设计混凝土配合比时,必须使混凝土的配制强度 $f_{cu,0}$ 不小于设计强度等级 $f_{cu,k}$,可按下式估计:

$$f_{cu,0} \geq f_{cu,k} - t\sigma$$

式中:$f_{cu,0}$——混凝土的配制强度,MPa;

$f_{cu,k}$——设计要求的混凝土强度等级,MPa;

σ——施工单位的混凝土强度标准差的历史统计水平,MPa,若无统计资料时,可参考表3-17 取值;

t——与混凝土要求的保证率所对应的概率度,见表3-18。

混凝土强度标准差 σ 值   表3-17

混凝土强度等级	低于C20	C20~C35	高于C35
σ	4.0	5.0	6.0

注:采用本表时,施工单位可根据实际情况,对 σ 值作适当调整。

不同 t 值的保证率 P　　　　表 3-18

t	0.00	-0.50	-0.80	-0.84	-1.00	-1.04	-1.20	-1.28	-1.40	-1.50	-1.60
$P(\%)$	50.0	69.2	78.8	80.0	84.1	85.1	88.5	90.0	91.9	93.3	94.5
t	-1.645	-1.70	-1.75	-1.81	-1.88	-1.96	-2.00	-2.05	-2.33	-2.50	-3.00
$P(\%)$	95.0	95.5	96.0	96.5	97.0	97.5	97.7	98.0	99.0	99.4	99.9

根据《普通混凝土配合比设计规程》(JGJ 55—2000)的规定,$f_{cu,k}$ 为具有 95% 保证率时的抗压强度值,此时 $t = -1.645$。

(2)确定水灰比(W/C)

①满足强度要求的水灰比。根据已测定的水泥实际强度 f_{ce}(或选用的水泥强度等级 $f_{ce,g}$)、粗骨料种类及所要求的混凝土配制强度 $f_{cu,0}$,按混凝土强度经验公式计算水灰比,则有:

$$f_{cu,0} = a_a f_{ce}\left(\frac{C}{W} - a_b\right)$$

即

$$\frac{W}{C} = \frac{a_a f_{ce}}{f_{cu,0} + a_a a_b f_{ce}}$$

②满足耐久性要求的水灰比。根据表 3-19、表 3-20 分别查出满足抗渗性、抗冻性要求的水灰比值,与表 3-14 对照,取三者中的小值作为满足耐久性要求的水灰比。

同时满足强度、耐久性要求的水灰比,取以上两种方法求得的水灰比中的较小值。

抗渗等级允许的最大水灰比　　表 3-19

28d 抗渗等级	水 灰 比
P2	<0.75
P4	0.60~0.65
P6	0.55~0.60
P8	0.50~0.55

抗冻等级允许的最大水灰比　　表 3-20

28d 抗冻等级	普通混凝土	引气混凝土
F50		0.65
F100	0.60	0.60
F150	0.55	0.55
F200		0.50

(3)确定单位用水量(m_{w0})

①干硬性和塑性混凝土用水量的确定。

a. $W/C = 0.40 \sim 0.80$ 时,根据施工要求的坍落度值和已知的粗骨料种类及最大粒径,可由表 3-21 中的规定值选取单位用水量。

混凝土单位用水量选用(JGJ 55—2000)(单位:kg/m³)　　表 3-21

项目	指标	卵石最大粒径(mm)				碎石最大粒径(mm)			
		10	20	31.5	40	16	20	31.5	40
坍落度 (mm)	10~30	190	170	160	150	200	185	175	165
	35~50	200	180	170	160	210	195	185	175
	55~70	210	190	180	170	220	205	195	185
	75~90	215	195	185	175	230	215	205	195

续上表

项目	指标	卵石最大粒径(mm)				碎石最大粒径(mm)			
		10	20	31.5	40	16	20	31.5	40
维勃稠度(s)	16~20	175	160		145	180	170		155
	11~15	180	165		150	185	175	—	160
	5~10	185	170		155	190	180		165

注:1. 本表用水量是采用中砂时的平均取值,采用细砂时,1m³ 混凝土用水量可增加 5~10kg,采用粗砂则可减少 5~10kg。
2. 掺用各种外加剂或掺和料时,用水量应相应调整。
3. 本表不适用于水灰比小于 0.4 或大于 0.8 的混凝土以及采用特殊成型工艺的混凝土。

b. W/C 小于 0.4 或大于 0.8 的混凝土及采用特殊成型工艺的混凝土,用水量通过试验确定。

②流动性、大流动性混凝土用水量的确定。

a. 以表 3-21 中坍落度 90mm 的用水量为基础,按坍落度每增大 20mm 用水量增加 5kg/m³,计算出未掺外加剂的混凝土用水量。

b. 掺外加剂时混凝土用水量按下式计算:

$$m_{wa} = m_{w0}(1-\beta)$$

式中:m_{wa}——掺外加剂混凝土的单位用水量,kg/m³;
 m_{w0}——未掺外加剂混凝土的单位用水量,kg/m³;
 β——外加剂的减水率,%,经试验确定。

(4)计算混凝土的单位水泥用量(m_{c0})

根据已选定的单位用水量(m_{c0})和已确定的水灰比(W/C)值,可由下式求出水泥用量:

$$m_{c0} = \frac{m_{w0}}{W/C}$$

工业与民用建筑还要根据结构使用环境条件和耐久性要求,查表 3-14 中规定的 1m³ 混凝土最小的水泥用量,最后取两值中大者作为 1m³ 混凝土的水泥用量。

(5)确定砂率(β_s)

①计算法。测得混凝土所用砂、石的表观密度和堆积密度,求出石子的空隙率,按以下原理计算砂率:砂子填充石子空隙并略有富余。即:

$$\beta_s = \frac{m_{s0}}{m_{s0}+m_{g0}} \times 100\% = \frac{k\rho'_{s0}P}{k\rho'_{s0}+\rho'_{g0}} \times 100\%$$

式中:β_s——砂率(%);
 m_{s0}、m_{g0}——砂、石用量,kg;
 ρ'_{s0}、ρ'_{g0}——砂、石的堆积密度,kg/m³;
 P——石子的空隙率;
 k——拨开系数,$k=1.1~1.4$,用碎石及粗砂时取大值。

②查实践资料法。根据本单位对所用材料的使用经验选用砂率。如无使用经验,按骨料种类规格及混凝土的水灰比查表 3-22 选取。

混凝土砂率选用（JGJ 55—2000）（单位：%）   表 3-22

水灰比	卵石最大粒径（mm）			碎石最大粒径（mm）		
	10	20	40	16	20	40
0.40	26~32	25~31	24~30	30~35	29~34	27~32
0.50	30~35	29~34	28~33	33~38	32~37	30~35
0.60	33~38	32~37	31~36	36~41	35~40	33~38
0.70	36~41	35~40	34~39	39~44	38~43	36~41

注：1. 本表数值是中砂的选用砂率，对细砂或粗砂，可相应地减小或增大砂率。
2. 本表适用于坍落度 10~60mm 的混凝土。对坍落度大于 60mm 的混凝土，应在本表的基础上，按坍落度每增大 20mm，砂率增大 1% 的幅度予以调整。
3. 只用一个单粒级粗骨料配制混凝土时，砂率应适当增大。
4. 对薄壁构件砂率取偏大值。

(6) 计算 1m³ 混凝土的砂、石用量（m_{s0}、m_{g0}）

砂、石用量可用质量法或体积法求得，实际工程中常以质量法为准。

①质量法。根据经验，如果原材料情况比较稳定，所配制的混凝土拌和物的体积密度将接近一个固定值，可先假设（即估计）每立方米混凝土拌和物的质量为 ρ_{cp}（kg/m³），按下列公式计算 m_{s0}、m_{g0}：

$$m_{c0} + m_{s0} + m_{g0} + m_{w0} = \rho_{cp}$$

$$\frac{m_{s0}}{m_{s0} + m_{g0}} \times 100\% = \beta_s$$

式中：ρ_{cp}——混凝土拌和物的假定体积密度，kg/m³，可根据粗骨料的种类和最大粒径参考表 3-23 选取；

m_{c0}——每立方米混凝土的水泥质量，kg；

m_{s0}——每立方米混凝土的砂的质量，kg；

m_{g0}——每立方米混凝土的石子的质量，kg；

m_{w0}——每立方米混凝土的水的质量，kg；

β_s——砂率，%。

混凝土拌和物湿体积密度参考值   表 3-23

集粒最大粒径（mm）	20	40	80	150
碎石混凝土（kg/m³）	2380	2400	2420	2450
卵石混凝土（kg/m³）	2400	2420	2450	2480

②体积法。假定混凝土拌和物的体积等于各组成材料绝对体积及拌和物中所含空气的体积之和用下式计算 1m³ 混凝土拌和物的各材料用量：

$$\frac{m_{s0}}{m_{s0} + m_{g0}} \times 100\% = \beta_s$$

$$\frac{m_{c0}}{\rho_c} + \frac{m_{w0}}{\rho_w} + \frac{m_{g0}}{\rho'_g} + \frac{m_{s0}}{\rho'_s} + 0.01a = 1$$

式中：ρ_c、ρ_w——水泥、水的密度，kg/m³；

ρ'_s、ρ'_g——砂、石的表观密度,kg/m³;

a——混凝土含气量百分数,在不使用引气型外加剂时,可选取 $a=1$。

解以上联式,即可求出 m_{s0}、m_{g0}。

至此,可得到初步配合比。但以上各项计算是利用经验公式或经验资料获得的,由此配成的混凝土有可能不符合实际要求,所以须对配合比进行试配、调整。

3. 试配、调整,确定基准配合比

采用工程中实际采用的原材料及搅拌方法,按初步配合比计算出配制 15~30L 混凝土的材料用量,拌制成混凝土拌和物。首先通过试验测定坍落度,同时观察黏聚性和保水性。若不符合要求,应进行调整。调整原则如下:若流动性太大,可在砂率不变的条件下,适当增加砂、石用量;若流动性太小,应在保持水灰比不变的条件下,增加适量的水和水泥;黏聚性和保水性不良时,实质上是混凝土拌和物中砂浆不足或砂浆过多,可适当增大砂率或适当降低砂率,调整到和易性满足要求时为止。其调整量可参考表 3-24。当试拌调整工作完成后,应测出混凝土拌和物的体积密度(ρ_{cp}),重新计算出每立方米混凝土的各项材料用量,即为供混凝土强度试验用的基准配合比。

条件变动时材料用量调整参考值 表 3-24

条件变化情况	大致的调整值		条件变化情况	大致的调整值	
	加水量	砂率		加水量	砂率
坍落度增减 10mm	±2%~±4%		砂率增减 1%	±2kg/m³	
含气量增减 1%	±3%	±0.5%	砂细度模数增减 0.1		±0.5%

设调整和易性后试配 15~30L 混凝土的材料用量为水 m_{wb}、水泥 m_{cb}、砂 m_{sb}、石子 m_{gb},则基准配合比为:

$$m_{wJ} = \frac{\rho_{cp}}{m_{wb}+m_{cb}+m_{sb}+m_{gb}} m_{wb}$$

$$m_{cJ} = \frac{\rho_{cp}}{m_{wb}+m_{cb}+m_{sb}+m_{gb}} m_{cb}$$

$$m_{sJ} = \frac{\rho_{cp}}{m_{wb}+m_{cb}+m_{sb}+m_{gb}} m_{sb}$$

$$m_{gJ} = \frac{\rho_{cp}}{m_{wb}+m_{cb}+m_{sb}+m_{gb}} m_{gb}$$

式中:m_{wJ}、m_{cJ}、m_{sJ}、m_{gJ}——基准配合比混凝土每立方米的用水量、水泥用量、细骨料用量和粗骨料用量,kg;

ρ_{cp}——混凝土拌和物体积密度实测值,kg/m³。

经过和易性调整试验得出的混凝土基准配合比,满足了和易性的要求,但其水灰比不一定选用恰当,混凝土的强度不一定符合要求,故应对混凝土强度进行复核。

4. 强度复核,确定实验室配合比

采用三个不同水灰比的配合比,其中一个是基准配合比,另两个配合比的水灰比则分别比基准配合比增加及减少 0.05,其用水量与基准配合比相同,砂率值可分别增加或减少 1%。每种配合比至少制作一组(三块)试件,每一组都应检验相应配合比拌和物的和易性及测定表观密度,其结果代表这一配合比的混凝土拌和物的性能,将试件标准养护至 28d 时试压,得出相应的强度。

由试验所测得混凝土强度与相应的灰水比作图或计算,求出与混凝土配制强度($f_{cu,o}$)相对应的灰水比。最后按以下原则确定 $1m^3$ 混凝土拌和物的各材料用量,即为实验室配合比。

(1)用水量

取基准配合比中用水量,并根据制作强度试件时测得的坍落度或维勃稠度值,进行调整确定。

(2)水泥用量

以用水量乘以通过试验确定的与配制强度相对应的灰水比值。

(3)砂、石用量

取基准配合比中的砂、石用量,并按定出的水灰比作适当调整。

(4)强度复核之后的配合比

应根据实测的混凝土拌和物的体积密度(ρ_{cp})作校正,以确定 $1m^3$ 混凝土的各材料用量。其步骤如下:

①计算出混凝土拌和物的计算体积密度 $\rho_{c,c}$:

$$\rho_{c,c} = m_c + m_w + m_s + m_g$$

②计算出校正系数 δ:

$$\delta = \frac{\rho_{cp}}{\rho_{c,c}}$$

按下式计算出实验室配合比(每 $1m^3$ 混凝土各材料用量):

$$m_{c,sh} = m_c \delta$$

$$m_{w,sh} = m_w \delta$$

$$m_{s,sh} = m_s \delta$$

$$m_{g,sh} = m_g \delta$$

5. 混凝土施工配合比的确定

混凝土的实验室配合比所用砂、石是以干燥状态为标准计量的,且不含有超逊径。但施工时,实际工地上存放的砂、石都含有一定的水分,并常存在一定数量的超逊径。所以,在施工现场,应根据骨料的实际情况进行调整,将实验室配合比换算为施工配合比。

(1)骨料含水率的调整

依据现场实测砂、石含水率(砂、石以干燥状态为基准),在配料时,从加水量中扣除骨料含水量,并相应增加砂、石用量。假定工地测出砂的含水率为 $a\%$,石子的含水率为 $b\%$,设施工配合比 $1m^3$ 混凝土各材料用量(kg)为 m'_c、m'_s、m'_g、m'_w,则:

$$m'_c = m_{c,sh}$$

$$m'_s = m_{s,sh}(1 + a\%)$$

$$m'_g = m_{g,sh}(1 + b\%)$$

$$m'_w = m_{w,sh} - m_{s,sh} \cdot a\% - m_{g,sh} \cdot b\%$$

(2) 骨料超逊径调整

根据施工现场实测某级骨料超逊径颗粒含量,将该级骨料中超径含量计入上一级骨料、逊径含量计入下一级骨料中,则该级骨料调整量为:

调整量 =(该级超径量 + 该级逊径量)-(下级超径量 + 上级逊径量)

四 混凝土配合比设计实例

【例3-2】 某工程现浇室内钢筋混凝土梁,混凝土设计强度等级为C30,施工采用机械拌和和振捣,坍落度为30~50mm。所用原材料如下:

水泥:普通水泥42.5MPa, $\rho_c = 3100 kg/m^3$;砂:中砂,级配2区合格, $\rho'_s = 2650 kg/m^3$;石子:卵石5~40mm, $\rho'_g = 2650 kg/m^3$;水:自来水(未掺外加剂), $\rho_w = 1000 kg/m^3$ (取水泥的强度富余系数为 $\gamma_c = 1.13$)。

采用体积法计算该混凝土的初步配合比。

解:(1)计算混凝土的施工配制强度 $f_{cu,0}$:

根据题意可得: $f_{cu,k} = 30.0 MPa$,查表3-17取 $\sigma = 5.0 MPa$,则:

$$f_{cu,0} = f_{cu,k} + 1.645\sigma$$
$$= 30.0 + 1.645 \times 5.0 = 38.2 MPa$$

(2)确定混凝土水灰比 m_w/m_c

①按强度要求计算混凝土水灰比 m_w/m_c 。根据题意可得: $f_{ce} = 1.13 \times 42.5 MPa$, $\alpha_a = 0.48$, $\alpha_b = 0.33$ 。则混凝土水灰比为:

$$\frac{m_w}{m_c} = \frac{\alpha_a \cdot f_{ce}}{f_{cu,0} + \alpha_a \cdot \alpha_b \cdot f_{ce}}$$
$$= \frac{0.48 \times 1.13 \times 42.5}{38.2 + 0.48 \times 0.33 \times 1.13 \times 42.5} = 0.50$$

②按耐久性要求复核。由于是室内钢筋混凝土梁,属于正常的居住或办公用房屋内,查表3-14知混凝土的最大水灰比值为0.65,计算出的水灰比0.50未超过规定的最大水灰比值,因此0.50能够满足混凝土耐久性要求。

(3)确定用水量 m_{w0}

根据题意,骨料为中砂、卵石,最大粒径为40mm,查表3-21取 $m_{w0} = 160 kg$ 。

(4)计算水泥用量 m_{c0}

①计算:
$$m_{c0} = \frac{m_{w0}}{m_w/m_c} = \frac{160}{0.50} = 320 kg$$

②复核耐久性。由于是室内钢筋混凝土梁,属于正常的居住或办公用房屋内,查表3-14知每立方米混凝土的最小水泥用量为260kg,计算出的水泥用量320kg不低于最小水泥用量,因此混凝土耐久性合格。

(5)确定砂率 β_s

根据题意,混凝土采用中砂、卵石(最大粒径40mm)、水灰比0.50,查表3-28可得 $\beta_s = 28\% \sim 33\%$,取 $\beta_s = 30\%$ 。

(6) 计算砂、石子用量 m_{s0}、m_{g0}

将已知数据和已确定的数据代入体积法的计算公式,取 $\alpha = 0.01$,可得:

$$\frac{m_{s0}}{2650} + \frac{m_{g0}}{2650} = 1 - \frac{320}{3100} - \frac{160}{1000} - 0.01$$

$$\frac{m_{s0}}{m_{s0} + m_{g0}} \times 100\% = 30\%$$

解方程组,可得 $m_{s0} = 578\text{kg}$,$m_{g0} = 1348\text{kg}$。

(7) 计算初步配合比

$m_{c0} : m_{s0} : m_{g0} = 320 : 578 : 1348 = 1 : 1.81 : 4.21$,$m_w/m_c = 0.50$。

【例3-3】 某混凝土试配调整后,各材料的用量分别为水泥 3.1kg、砂 6.5kg、卵石 12.5kg、水 1.8kg。测得拌和物的体积密度为 2400kg/m^3。计算 1m^3 混凝土各材料的用量。

解: 每 1m^3 混凝土各组成材料的用量为

水泥用量:$m_c = \dfrac{3.1}{3.1 + 6.5 + 12.5 + 1.8} \times 2400 = 311\text{kg}$

砂的用量:$m_s = \dfrac{6.5}{3.1 + 6.5 + 12.5 + 1.8} \times 2400 = 653\text{kg}$

石子用量:$m_g = \dfrac{12.5}{3.1 + 6.5 + 12.5 + 1.8} \times 2400 = 1255\text{kg}$

水的用量:$m_w = \dfrac{1.8}{3.1 + 6.5 + 12.5 + 1.8} \times 2400 = 181\text{kg}$

第6节 混凝土的质量控制

质量合格的混凝土,应能满足设计要求的技术设计,具有较好均匀性,且达到规定的保证率。但由于受多种因素的影响,混凝土的质量是不均匀的、波动的。

一 混凝土的质量检查及波动分析

1. 混凝土的质量检查

混凝土的质量检查是对混凝土的质量的均匀性进行有目的抽样测试及评价,包括对原材料、混凝土拌和物和硬化后混凝土的质量检查。

混凝土拌和物的质量检查主要是对拌和物的和易性、水灰比和含气量的检查。硬化后混凝土的质量检查,是在施工现场按规范规定的方法抽取有代表性的试样,将试样养护规定龄期进行强度和耐久性检测。

2. 混凝土质量的波动原因

造成混凝土质量波动的原因有原材料质量(如水泥的强度、骨料的级配及含水率等)的波动,施工工艺(如配料、拌和、运输、浇筑及养护等)的不稳定性,施工条件和气温的变化,实验方法及操作所造成的实验误差,施工人员的素质等。在正常施工条件下,这些影响因素都是随机的,因此,混凝土的质量也是随机变化的。

混凝土质量控制的目的就是分析掌握质量波动规律,控制正常波动因素,发现并排除异常波动因素,使混凝土质量波动控制在规定范围内,以达到既保证混凝土质量又节约用料的目的。

二 混凝土的质量评定

1. 混凝土强度数理统计量

(1) 强度平均值 $\bar{f}_{cu}$

混凝土强度平均值 $\bar{f}_{cu}$ 可用下式计算:

$$\bar{f}_{cu} = \frac{1}{n}\sum_{i=1}^{n} f_{cu,i}$$

式中:n——试验组数($n \geq 25$);

$f_{cu,i}$——第 i 组试件的立方体强度值,MPa。

(2) 强度标准差(均方差)σ

σ 是评定混凝土质量均匀性的主要指标,可用下式计算:

$$\sigma = \sqrt{\frac{\sum_{i=1}^{n}(f_{cu,i} - \bar{f}_{cu})^2}{n-1}}$$

(3) 变异系数(离差系数)C_v

$$C_v = \frac{\sigma}{\bar{f}_{cu}}$$

2. 混凝土强度的波动规律——正态分布

试验表明,混凝土强度的波动规律是符合正态分布的。即在施工条件相同的情况下,对同一种混凝土进行系统取样,测定其强度,以强度为横坐标,以某一强度出现的概率为纵坐标,可绘出强度概率正态分布曲线,如图 3-11 所示。正态分布的特点为:以强度平均值为对称轴,左右两面边的曲线是对称的,距离对称轴愈远的值,出现的概率愈小,并逐渐趋近于零;曲线和横坐标之间的面积为概率的总和,等于 100%;对称轴两边,出现的概率相等;在对称轴两侧的曲线上各有一个拐点,拐点距强度平均值的距离即为标准差。

3. 混凝土强度的保证率(P)

强度保证率是指混凝土强度总体中,大于或等于设计强度所占的概率,以正态分布曲线上的阴影部分面积表示,如图 3-11 所示。其计算方法如下:

先根据混凝土设计要求的强度等级($f_{cu,k}$)、混凝土的强度平均值($\bar{f}_{cu}$)、标准差(σ)或变异系数(C_v),计算出概率度 t:

$$t = \frac{f_{cu,k} - \bar{f}_{cu}}{\sigma}$$

$$t = \frac{f_{cu,k} - \bar{f}_{cu}}{C_v \bar{f}_{cu}}$$

再根据 t 值,由表 3-18 查得保证率 $P(\%)$。

我国《混凝土强度检验评定标准》(GBJ 107—2010)及《混凝土结构设计规范》(GB 50010—2002)的规定,同批试件的统计强度保证率不得小于95%。

4. 混凝土质量均匀性的评定

在混凝土强度的平均值、强度标准差、离差系数三个数理统计量中,强度平均值是强度概率曲线最高点的横坐标,代表混凝土强度总体的平均值,并不说明其强度的波动情况。强度标准差是强度概率曲线上拐点离强度平均

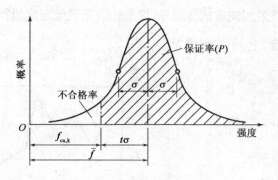

图3-11 混凝土的正态分布曲线

值的距离,它反映了强度的离散性,其值越大,正态分布曲线愈矮而宽,表示强度数据的离散程度愈小,混凝土的均匀性愈差,混凝土强度质量也愈不稳定,施工控制水平愈差;反之,σ愈小分布曲线愈高而窄,表示强度测定值的分布集中,波动较小,混凝土的均匀性好,施工控制水平愈高。根据《混凝土强度检验评定标准》(GB/T 50107—2010)规定,混凝土强度评定可分为统计方法及非统计方法两种,前者适用于预拌混凝土厂、预制混凝土构件厂和采用现场集中搅拌混凝土的施工单位;后者适用于零星生产的预制构件厂或现场搅拌批量不大的混凝土。

三 混凝土质量控制

1. 原材料质量检验

原材料是决定混凝土性能的主要因素,材料的变化将导致混凝土性能的波动。因此,施工现场必须对所用材料及时检验。检验的内容主要有水泥的强度等级、凝结时间、体积安定性等,骨料的含泥量、含水率、颗粒级配,砂的细度模数,石子的超逊径等。

2. 施工配合比换算

由于施工现场条件和实验室配合比条件的不一致性,所以混凝土实验室配合比不能直接用于施工,在施工现场要根据骨料的含水率和超、逊径含量把实验室配合比换算为施工配合比。其换算方法见混凝土配合比设计部分。

3. 混凝土施工配制强度($f_{cu,0}$)

从混凝土强度的正态分布图中可以看出,若按结构设计强度配制混凝土,则实际施工中将有一半达不到设计强度,即混凝土强度保证率只有50%。因此,在混凝土配合比设计时,配制强度必须高于设计强度等级。令混凝土的配制强度等于平均强度,即$f_{cu,0} = \bar{f}_{cu}$,则根据相应的关系可得:$f_{cu,0} \geq f_{cu,k} - t\sigma$,根据强度保证率的要求及施工控制水平,确定出$t$值,即可算出混凝土的配制强度。

4. 混凝土质量控制图

为了掌握分析混凝土质量波动情况,及时分析出现的问题,将水泥强度、混凝土坍落度、混凝土强度等检验结果绘制成质量控制图。

质量控制图的横坐标为按时间测得的质量指标子样编号,纵坐标为质量指标的特征值,中间一条横线为中心控制线,上、下两条线为控制界线,如图3-12所示。图中横坐标表示混凝土

浇筑时间或试件编号,纵坐标表示强度测定值,各点表示连续测得的强度,中心线表示平均强度,上、下控制线为 $f_{cu} \pm 3\sigma$。

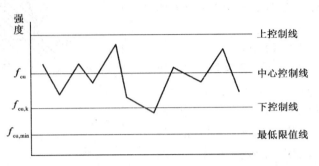

图 3-12 混凝土的质量控制图

从质量控制图的变动趋势,可以判断施工是否正常。如果测得的各点在中心线附近的较多,即为施工正常。如果各点显著偏离中心线或分布在一侧,尤其是有些点超出上下控制线,说明混凝土质量均匀性已下降,应立即查明原因,加以解决。

第7节 其他品种混凝土

一 高性能混凝土

高性能混凝土是指具有好的工作性、早期强度高而后期强度不倒缩、韧性好、体积稳定性好、在恶劣的使用环境条件下寿命长和匀质性好的混凝土。

高性能混凝土一般既是高强混凝土(C60~C100),也是流态混凝土(坍落度大于 200mm)。因为高强混凝土强度高、耐久性好、变形小;流态混凝土具有大的流动性、混凝土拌和物不离析、施工方便。高性能混凝土也可以是满足某些特殊性能要求的匀质性混凝土。

要求混凝土高强,就必须胶凝材料本身高强;胶凝材料结石与骨料结合力强;骨料本身强度高、级配好、最大粒径适当。因此,配制高性能混凝土的水泥一般选用 R 型硅酸盐水泥或普通硅酸盐水泥,强度等级不低于 42.5MPa。混凝土中掺入超细矿物质材料(如硅粉、超细矿渣或优质粉煤灰等)以增强水泥石与骨料界面的结合力。配制高性能混凝土的细骨料宜采用颗粒级配良好、细度模数大于 2.6 的中砂。砂中含泥量不应大于 1.0%,且不含泥块。粗骨料应为清洁、质地坚硬、强度高,最大粒径不大于 31.5mm 的碎石或卵石。其颗粒形状应尽量接近立方体形或圆形。使用前应进行仔细清洗以排除泥土及有害杂质。

为达到混凝土拌和物流动性要求,必须在混凝土拌和物中掺高效减水剂(或称超塑化剂、流化剂)。常用的高效减水剂有三聚氰胺硫酸盐甲醛缩合物、萘磺酸盐甲醛缩合物和改性木质素磺酸盐等。高效减水剂的品种及掺量的选择,除与要求的减水率大小有关外,还与减水剂和胶凝材料的适应性有关。高效减水剂的选择及掺入技术是决定高性能混凝土各项性能关键之一,需经试验研究确定。

高性能混凝土中也可以掺入某些纤维材料以提高其韧性。

高性能混凝土是水泥混凝土的发展方向之一。它将广泛地被用于桥梁工程、高层建筑、工业厂房结构、港口及海洋工程、水工结构等工程中。

二 水下浇筑(灌注)混凝土

在陆上拌制而在水下浇筑(灌注)和凝结硬化的混凝土,称为水下浇筑混凝土。水下浇筑混凝土分为普通水下浇筑混凝土和水下不分散混凝土两种。水下浇筑混凝土主要依靠混凝土自身质量流动摊平,靠混凝土自身质量及水压密实,并逐渐硬化,具有强度。因此,水下浇筑混凝土具有较大的坍落度,较好的黏聚性,以便于施工并防止骨料分离。水下浇筑混凝土的强度一般为陆上正常浇筑混凝土强度的50%~90%。

根据工程的不同,水下浇筑混凝土可用开底容器法、倾注法、装袋叠层法、导管法、泵压法等施工方法进行水下浇筑施工。开底容器法适用于混凝土量少的零星工程。倾注法适用于水深小于2m的浅水区。装袋叠层法适用于整体性要求较低的抢险堵漏工程。导管(包括刚性导管和柔性导管)法和泵压法使用较为普遍,适用于不同深度的静水区及大规模水下工程浇筑。

用导管法浇筑的混凝土,其粗骨料最大粒径小于导管直径的1/4,拌和物坍落度宜达到150~200mm;用泵压法施工的混凝土,其粗骨料最大粒径宜小于管径的1/3,拌和物坍落度应达120~150mm。为了使拌和物具有较好的黏聚性,防止骨料分离,水下浇筑混凝土的砂率宜较大,一般为40%~47%。为了保证混凝土拌和物的黏聚性和其在水下的不分散性,掺用某些高分子水溶性酯类外加剂,可配制出水下不分散混凝土。

水下浇筑混凝土拌和物进入浇筑地点后及浇筑过程中,应尽量减少与水接触。用导管法施工时应将导管插入已浇筑混凝土30cm以上,并随着混凝土浇筑面的上升逐渐提升导管。浇筑过程宜连续进行,直至高出水面或达到所需高度为止。

三 碾压混凝土

碾压混凝土是20世纪70年代末发展起来的一种混凝土,由于使用碾压方式施工而得名。近20年来,碾压混凝土筑坝由于可加快工程建设速度和具有巨大经济效益而得到迅速发展。碾压混凝土材料也在研究和应用过程中得到不断改善。

以适宜干稠的混凝土拌和物,薄层铺筑,用振动碾碾压密实的混凝土,称为碾压混凝土。筑坝用碾压混凝土有三种主要的类型:

(1)超贫碾压混凝土(也称水泥固结砂、石碾压混凝土)。这类碾压混凝土中,胶凝材料总量不大于110kg/m^3,其中粉煤灰或其他掺合料用量大多不超过胶凝材料总量的30%。

此类混凝土胶凝材料用量少,水胶比大(一般达到0.90~1.50),混凝土孔隙率大,强度低,多用于建筑物的基础或坝体的内部,而坝体的防渗则由其他混凝土或防渗材料承担。

(2)干贫碾压混凝土。该类混凝土中胶凝材料用量120~130kg/m^3,其中掺合料占胶凝材料总量的25%~30%,水胶比一般为0.70~0.90。

(3)高掺合料碾压混凝土。这类碾压混凝土中胶凝材料用量140~250kg/m^3,其中掺合料占胶凝材料质量的50%~75%。这类混凝土具有较好的密实性及较高抗压强度和抗渗性,水胶比为 0.45~0.70。

筑坝用碾压混凝土的配合比参数是水胶比、掺合料比例、砂率及浆砂比。配合比设计时，除应考虑混凝土的强度、耐久性、可碾性及经济性外，还应使混凝土拌和物具有较好的抗粗骨料分离的能力以及使混凝土具有较低的发热量。碾压混凝土中一般应掺缓凝减水剂，必要时还掺入引气剂。实验室碾压混凝土配合比一般需经过现场试碾压，经调整后才用于正式施工。

碾压混凝土是由水泥、掺合料、水、砂、石子及外加剂等六种材料组成。

近十几年来，我国已建成数十座碾压混凝土土坝，取得了良好的技术经济和社会效益。另外，碾压混凝土材料还用于交通、市政、港口码头、堤坝加固与改造工程。

四 抗渗混凝土

抗渗等级≥P6级的混凝土称为抗渗混凝土。

抗渗混凝土所用的原材料应满足下列要求：粗骨料宜采用连续级配，其最大粒径不宜大于40mm，含泥量不得大于1.0%，泥块含量不得大于0.5%；细骨料的含泥量不得大于3.0%，泥块含量不得大于1.0%；外加剂宜采用防水剂、膨胀剂、引气剂、减水剂或引气减水剂；宜掺用矿物掺和料。

抗渗混凝土配合比设计应符合以下规定：每立方米混凝土中水泥和矿物掺和料总量不宜小于320kg，砂率宜为35%~45%，供试配用的最大水灰比应符合表3-25的规定。

抗渗混凝土最大水灰比　　　　表3-25

抗渗等级	最大水灰比	
	C20~C30	C30以上
P6	0.60	0.55
P8~P12	0.55	0.50
>P12	0.50	0.45

掺用引气剂的抗渗混凝土，其含气量宜控制在3%~5%。

进行抗渗混凝土配合比设计时，应增加抗渗性能试验，试配要求的抗渗水压值应比设计值提高0.2MPa。试配时应采用水灰比最大的配合比做抗渗试验，其试验结果应符合下式要求：

$$P_t \geq \frac{P}{10} + 0.2$$

式中：P_t——6个试件中4个未出现渗水时的最大水压值，MPa；

P——设计要求的抗渗等级，如P6级，则取$P=6$。

五 抗冻混凝土

抗冻等级≥F50级的混凝土简称抗冻混凝土。

抗冻混凝土所用原材料应符合下列要求：水泥应优先选用强度等级不小于42.5MPa的硅酸盐水泥或普通水泥，不宜使用火山灰质硅酸盐水泥；宜选用连续级配的粗骨料，其含泥量不得大于 1.0%,泥块含量不得大于 0.5%;细骨料含泥量不得大于 3.0%,泥块含量不得大于 1.0%;抗冻等级 F100 及以上的混凝土所用的粗细骨料均应进行坚固性试验,试验结果应符合国家现行标准规定。抗冻混凝土宜采用减水剂,对抗冻等级 F100 及以上的混凝土应掺引气剂,掺用后混凝土的含气量应符合国家规范规定。

六 泵送混凝土

混凝土拌和物的坍落度不低于 100mm,并在泵压作用下,经管道实行垂直及水平输送的混凝土,称为泵送混凝土。

泵送混凝土所采用的原材料应符合下列要求:可选用硅酸盐水泥、普通水泥、矿渣水泥、粉煤灰水泥,不宜采用火山灰水泥。粗骨料的最大粒径与输送管径之比,当泵送高度在 50m 以下时,对碎石不宜大于 1:3,对卵石不宜大于 1:2.5;泵送高度在 50~100m 时,对碎石不宜大于 1:4,对卵石不宜大于 1:3;泵送高度在 100m 以上时,对碎石不宜大于 1:5,对卵石不宜大于 1:4。粗骨料应采用连续级配,且针片状颗粒含量不宜大于 10%。宜采用中砂,其通过 0.315mm 筛孔的颗粒含量不应小于 15%。泵送混凝土应掺用泵送剂或减水剂,并宜掺用优质粉煤灰或其他活性矿物掺和料。

泵送混凝土的用水量与水泥及矿物掺和料的总量之比不宜大于 0.60,水泥和矿物掺和料的总量不宜小于 $300kg/m^3$,砂率宜为 35%~45%,掺用引气型外加剂时,其混凝土含气量不宜大于 4%。

泵送混凝土适用于需要采用泵送工艺混凝土的高层建筑,超缓凝泵送剂用于大体积混凝土,含防冻组分的泵送剂适用于冬季施工混凝土。

七 喷混凝土

喷混凝土是用压缩空气喷射施工的混凝土。喷射方法有干式喷射法、湿式喷射法、半湿喷射法及水泥裹砂喷射法等。

喷混凝土施工时,将水泥、砂、石子及速凝剂按比例加入喷射机中,经喷射机拌匀,以一定压力送至喷嘴处加水后喷至受喷射部位形成混凝土。

在喷射过程中,水泥与骨料被剧烈搅拌,在高压下被反复冲击和击实,所采用的水灰比又较小(常为 0.40~0.45),因此混凝土较密实,强度也较高。同时,混凝土与岩石、砖、钢材及老混凝土等具有很高的黏结强度,可以在黏结面上传递一定的拉应力和剪应力,使与被加固材料一起承担荷载。

喷混凝土所用水泥要求快凝、早强、保水性好,不得有受潮结块现象。多采用强度等级 32.5MPa 以上的新鲜普通水泥,并需加入速凝剂。也可再加入减水剂,以改善混凝土性能。

所用骨料要求质地坚硬。石子最大粒径一般不大于 20mm。砂子宜采用中、粗砂,并含有适量的粉细颗粒。

喷混凝土的配合比,装入喷射机时一般采用水泥:砂:石子 = 1:(2.0~2.5):(2.0~2.5);经过回弹脱落后,混凝土实际配合比接近于 1:1.9:1.5。喷射砂浆时灰砂比可采用 1:(3~4);经回弹脱落后,所得砂浆实际灰砂比接近于 1:(2~3)。干式喷射法的混凝土加水量,由操作人员凭经验进行控制,喷射正常时,水灰比常在0.4~0.5范围内波动。

喷射混凝土强度及密实性均较高。一般28d抗压强度均在20MPa以上,抗拉强度在1.5MPa以上,抗渗等级在W8以上。

将适量钢纤维加入喷混凝土内,即为钢纤维喷射凝土。它引入了纤维混凝土的优点,进一步改善了混凝土的性能。

喷混凝土广泛应用于薄壁结构、地下工程、边坡及基坑的加固、结构物维修、耐热工程、防护工程等。在高空或施工场所狭小的工程中,喷混凝土更有明显的优越性。

八 纤维增强混凝土(纤维混凝土)

纤维混凝土是以混凝土为基材,外掺各种纤维材料而成的水泥基复合材料。纤维一般可分为两类:一类为高弹性模量的纤维,包括玻璃纤维、钢纤维和碳纤维等;另一类为低弹性模量的纤维,如尼龙、聚丙烯、人造丝以及植物纤维等。目前,实际工程中使用的纤维混凝土有钢纤维混凝土、玻璃纤维混凝土、聚丙烯纤维混凝土及石棉水泥制品等。本节仅对钢纤维混凝土、玻璃纤维混凝土及石棉水泥制品作简单介绍。

1. 钢纤维混凝土

普通钢纤维混凝土,主要用纸碳钢钢纤维;耐热钢纤维混凝土等则用不锈钢钢纤维。

钢纤维的外形有长直圆截面、扁平截面两端带弯钩、两端断面较大的哑铃形及方截面螺旋形等多种。长直形圆截面钢纤维的直径一般为0.25~0.75mm,长度为20~60mm。扁平截面两端有钩的钢纤维,厚为0.15~0.40mm,宽0.5~0.9mm,长度也是20~60mm。钢纤维掺量以体积率表示,一般为0.5%~2.0%。

钢纤维混凝土物理力学性能显著优于素混凝土。如适当纤维掺量的钢纤维混凝土抗压强度可提高15%~25%,抗拉强度可提高30%~50%,抗弯强度可提高50%~100%,韧性可提高10~50倍,抗冲击强度可提高2~9倍。耐磨性、耐疲劳性等也有明显增加。

钢纤维混凝土广泛应用于道路工程、机场地平及跑道、防爆及防振结构,以及要求抗裂、抗冲刷和抗气蚀的水利工程、地下洞室的衬砌、建筑物的维修等。施工方法除普通的浇筑法外,还可用泵送灌注法、喷射法及作预制构件。

2. 聚丙烯纤维混凝土及碳纤维增强混凝土

聚丙烯纤维(也称丙纶纤维),可单丝或以捻丝形状掺于水泥混凝土中,纤维长度10~100mm者较好,通常掺入量为0.40%~0.45%(体积比)。聚丙烯纤维的价格便宜,但其弹性模量仅为普通混凝土的1/4,对混凝土增强效果并不显著,但可显著提高混凝土的抗冲击能力和疲劳强度。

碳纤维是由石油沥青或合成高分子材料经氧化、碳化等工艺生产出的。碳纤维属高强度、高弹性模量的纤维,作为一种新材料广泛应用于国防、航天、造船、机械工业等尖端工程。碳纤维增强水泥混凝土具有高强、高抗裂、高抗冲击韧性、高耐磨等多种优越性能。

在飞机场跑道等工程中应用获得了很好的效果。然而碳纤维成本高,推广应用受到限制。

3. 玻璃纤维混凝土

普通玻璃纤维易受水泥中碱性物质的腐蚀,不能用于配制玻璃纤维混凝土。因此,玻璃纤维混凝土是采用抗碱玻璃纤维和低碱水泥配制而成的。

抗碱玻璃纤维是由含一定量氧化铝的玻璃制成的。国产抗碱玻璃纤维有无捻粗纱和网格布两种型式。无捻粗纱可切割成任意长度的短纤维单丝，其直径为 0.012～0.014mm，掺入纤维体积率为 2%～5%。把它与水泥浆等拌和后可浇筑成混凝土构件，也可用喷射法成型；网格布可用铺网喷浆法施工，纤维体积率为 2%～3%。

水泥应采用碱度低、水泥石结构致密的硫铝酸盐水泥。

玻璃纤维混凝土的抗冲击性、耐热性、抗裂性等都十分优越。但长期耐久性有待进一步考查。故现阶段主要用于非承重结构或次要承重结构，如屋面瓦、天花板、下水道管、渡槽、粮仓等。

4. 石棉水泥制品

石棉水泥材料是以温石棉加入水泥浆中，经辊碾加压成型、蒸汽养护硬化后制成的人造石材。

石棉具有纤维结构，耐碱性强，耐酸性弱，抗拉强度高。石棉在制品中起类似钢筋的加固作用，提高了制品的抗拉和抗弯强度。硬化后的水泥制品具有较高的弹性、较小的透水性，以及耐热性好、抗腐蚀性好、导热系数小及导电性小等优点。主要缺点是性脆、抗冲击性能较差。

主要制品有屋面制品（各种石棉瓦）、墙壁制品（加压平板、大型波板）、管材（压力管、通风管等）及电气绝缘板等。

九 防辐射混凝土

随着原子能工业的发展，在国防和国民经济各部门，对射线的防护问题已成了一个重要课题。

防辐射混凝土也称为防护混凝土、屏蔽混凝土或重混凝土。它能屏蔽 α、β、γ、X 射线和中子流的辐射，是常用的防护材料。各种射线的穿透能力不同，α、β 射线和质子穿透能力弱，在很多场合下利用铅板即可屏蔽。γ 射线和中子流有很强的穿透力，防护问题比较复杂。对于 γ 射线，物质的密度越大，屏蔽性能越好。防护中子流，以含有轻质原子的材料，特别是含有氢原子的水为最有效。而中子与水作用又产生强烈的 γ 射线，又需要密度大的物质来防护。因此，防护中子流的材料要求更为严格，不仅要有大量轻质原子，而且还要有较高的密度。

混凝土是一种很好的防护材料，选择密度大的骨料和胶凝材料，可以提高混凝土的密度。加入某些特殊材料又可提高氢原子或轻质原子的含量，可同时防护丁射线及中子辐射。

配制防辐射混凝土所用的胶凝材料，以采用胶凝性好、水化热低、水化结合水量高的水泥为宜，一般可用硅酸盐水泥，最好用高铝水泥或其他特种水泥（如钡水泥）。所用骨料应采用密度大的重骨料，并应注意其结合水含量。常用的重骨料有重晶石、赤铁矿、磁铁矿及金属碎块（圆钢、扁钢及铸铁块等）。加入附加剂以增加含氢化合物的成分（即含水物质）或原子量较轻元素的成分，如硼、硼盐等。

防辐射混凝土要求表观密度大、结合水多、质量均匀、收缩小，不允许存在空间、裂缝等缺陷,同时要有一定结构强度及耐久性。

十 耐热混凝土（耐火混凝土）

耐热混凝土是在长期高温下能保持所需物理力学性能的特种混凝土。它是由适当的胶凝材料、耐热粗细骨料和水按一定比例配制而成的。水泥石中的氢氧化钙及骨料中的石灰岩在长期高温作用下会分解,石英晶体受高温后体积膨胀,它们是使混凝土不耐热的根源。因此,耐热混凝土的骨料可采用重矿渣、红砖及耐火砖碎块、安山岩、玄武岩、烧结镁砂、铬铁矿等。根据所用胶凝材料的不同,耐热混凝土可划分如下：

（1）黏土耐热混凝土。胶凝材料为软质黏土。最高使用温度为1300～1450℃,强度较低。

（2）硅酸盐水泥耐热混凝土。以硅酸盐水泥或矿渣水泥为胶凝材料,为结合其$Ca(OH)_2$,需掺入磨细黏土熟料、粉煤灰及硅藻土等掺合料。最高使用温度为1200℃。

（3）铝酸盐水泥耐热混凝土。以矾土水泥或纯铝酸钙水泥等为胶凝材料。最高使用温度1300～1650℃。

（4）水玻璃耐热混凝土。以水玻璃为胶凝材料,并以氟硅酸钠为促硬剂。最高使用温度为1000℃。

（5）磷酸盐耐热混凝土。以工业磷酸或磷酸铝为胶凝材料,并采用高耐热性的骨料及掺合料。最高使用温度可达1450～1600℃。

耐热混凝土多用于冶金、化工、建材、发电等工业窑炉及热工设备。

十一 耐酸混凝土

耐酸混凝土是由水玻璃作胶凝材料,硅氟酸钠为固化剂,与耐酸骨料及掺料按一定比例配制而成的。它能抵抗各种酸（如硫酸、盐酸、硝酸、醋酸、蚁酸及草酸等）和大部分侵蚀气体（Cl_2、SO_2、H_2S等）,但不耐氢氟酸、300℃以上的热磷酸、高级脂肪酸和油酸。

常用的水玻璃有钾水玻璃和钠水玻璃。耐酸骨料和掺料有石英砂粉、瓷粉、辉绿岩铸石骨料及铸石粉、安山岩骨料及石粉等。

水玻璃耐酸混凝土一般要在温暖（10℃以上）和干燥环境中硬化（禁止浇水）。其3d抗压强度约为11～12MPa,28d抗压强度不小于15MPa。

十二 大体积混凝土

混凝土结构物实体最小尺寸大于或等于1m,或预计会因水泥水化热引起混凝土内外温差过大而导致裂缝的混凝土,称为大体积混凝土。

大体积混凝土所用原材料应符合下列要求：水泥应选用水化热低、凝结时间长的水泥,如低热矿渣水泥、中热水泥、矿渣水泥、火山灰水泥、粉煤灰水泥;当采用硅酸盐水泥或普通水泥时,应采取相应措施延缓水化热的释放;粗骨料宜采用连续级配,细骨料宜采用中砂;宜掺用缓凝剂、减水剂和减少水泥水化热的掺和料。

大体积混凝土在保证强度及和易性的前提下,应提高掺和料及骨料的含量,以降低每立方米混凝土的水泥用量,满足低热性要求。

十三 粉煤灰混凝土

粉煤灰混凝土是在水泥混凝土中掺入一定量粉煤灰,部分、等量或超量代替水泥所配制的混凝土。水泥混凝土掺入适量粉煤灰后,不但节约了水泥,而且可大大改善混凝土的抗化学侵蚀能力和降低水化热,提高混凝土密实度、抗渗性及强度。由于粉煤灰中的活性氧化硅和活性氧化铝与水泥水化所产生的氢氧化钙发生二次反应,消耗了一部分氢氧化钙,使混凝土的碱度降低,影响混凝土的抗碳化性能。

粉煤灰混凝土的应用范围与结构设计时的力学指标取值,与普通混凝土相同。

粉煤灰混凝土不但有优良的技术性能和显著的经济效益,而且粉煤灰的大量利用还可解决工业废渣对环境的污染。因此,它是一种有发展前途的建筑材料。

十四 轻混凝土

轻混凝土是指干密度小于 $1950kg/m^3$ 的混凝土,有轻骨料混凝土、多孔混凝土和大孔混凝土。轻骨料混凝土采用浮石、陶粒、煤渣、膨胀珍珠岩等轻骨料制成。多孔混凝土是一种内部均匀分布细小气孔而无骨料的混凝土,是以水泥、混合材料、水及适量的发泡剂(铝粉等)或泡沫剂为原料配制而成的。大孔混凝土是以粒径相近的粗骨料、水泥、水,有时加入外加剂配制而成的。

轻混凝土的特点是表观密度小、自重轻、强度较高,具有保温、耐火、抗震、耐化学侵蚀等多种性能。主要用于非承重的墙体及保温、隔音材料。轻骨料混凝土还可用于承重结构,以达到减轻自重的目的。如房屋建筑,各种要求质量较轻的混凝土预制构件等。

十五 聚合物混凝土

凡在混凝土组成材料中掺入聚合物的混凝土,统称为聚合物混凝土。

聚合物混凝土一般可分为聚合物水泥混凝土、聚合物胶结混凝土、聚合物浸渍混凝土三种。聚合物水泥混凝土是以水溶性聚合物(如天然或合成橡胶乳液、热塑性树脂乳液等)和水泥共同为胶凝材料,并掺入砂或其他骨料而制成的。聚合物胶结混凝土又称树脂混凝土,是以合成树脂为胶结材料,以砂石为骨料的一种聚合物混凝土。聚合物浸渍混凝土是以混凝土为基材(被浸渍的材料),而将有机单体掺入混凝土中,然后再用加热或放射线照射的方法使其聚合,使混凝土与聚合物形成一个整体。

聚合物混凝土强度高、抗渗、耐磨、耐侵蚀,多用于有这些特殊要求的混凝土工程。

十六 耐酸混凝土

耐酸混凝土是由水玻璃作胶凝材料,硅氟酸钠作促凝剂,耐酸粉料和耐酸骨料按一定比例配合而成的。它能抵抗各种酸和大部分腐蚀性气体的侵蚀,可用于输油管、储酸槽、酸洗槽、耐酸地坪及耐酸器材。

十七 干硬性混凝土

　　干硬性混凝土在强有力振实的施工条件下制成,其密实度大,硬化快,强度高,养护时间短,具有较高的抗渗性及抗冻性。但抗拉强度较低,极限拉伸值较小,脆性较大。适用于配制快硬、高强混凝土,混凝土浇筑后即可脱模,施工速度快,在预制构件中被广泛应用。

十八 补偿收缩混凝土

　　普通水泥混凝土在硬化过程中特别是在干燥过程中产生体积收缩,一般砂浆收缩率为 0.1%~0.2%,混凝土收缩率为 0.04%~0.06%。收缩使混凝土产生裂缝,降低强度及耐久性。补偿收缩混凝土由膨胀水泥(或低热微膨胀水泥)和砂、石料及水组成,或由普通水泥、砂、石、水及膨胀剂组成。其特性是体积不收缩,或有适当的膨胀量。可用于防水结构、抗裂结构或其他需要大面积浇筑且不能设收缩缝的结构。

◆ 本 章 小 结 ◆

　　本章是全书的重点之一,主要讲述了混凝土的种类、特点;普通混凝土组成材料的品种、技术性能要求;普通混凝土拌和物和易性的概念、测定指标、影响因素及改善措施;普通混凝土立方体抗压强度、抗压强度标准值、强度等级、轴心抗压强度、抗拉强度,决定混凝土强度的因素,混凝土强度公式强度、提高混凝土强度的措施;混凝土耐久性的概念,提高耐久性措施;混凝土外加剂的分类、作用机理、技术经济效果及应用;普通混凝土配合比设计的任务、设计方法、配合比的调整与确定;其他品种混凝土简介。

习　题

　　3-1　名词解释:(1)混凝土;(2)普通混凝土;(3)轻骨料混凝土;(4)防水混凝土;(5)颗粒级配;(6)碱骨料反应;(7)和易性;(8)合理砂率;(9)立方体抗压强度标准值;(10)混凝土强度保证率;(11)碳化;(12)干缩变形。

　　3-2　普通混凝土是由哪些材料组成的?它们在硬化前后各起什么作用?

　　3-3　为什么要限制粗、细骨料中泥、泥块及有害物质(硫化物、硫酸盐、有机物、云母等)的含量?

　　3-4　混凝土拌和物和易性的含义是什么?如何评定?影响和易性的因素有哪些?

　　3-5　混凝土配合比设计的方法有哪两种?这两种方法的主要区别何在(写出基本计算式)?

　　3-6　提高混凝土强度的主要措施有哪些?

　　3-7　说明混凝土抗冻性和抗渗性的表示方法及其影响因素。

　　3-8　试述混凝土配合比的三个参数与混凝土各项性能之间的关系。

第4章 砂 浆

【职业能力目标】

通过本章的学习,可根据砂浆的组成和技术性质来制作砂浆试块,判断分析砂浆主要技术性质以及影响因素,按照规定的步骤进行砂浆配合比设计计算并试配调整。

【学习目标】

通过本章的学习,应对砂浆有一个整体把握,并掌握如下知识:
1. 砂浆各组成材料的技术要求及检验方法;
2. 砂浆的主要技术性质;
3. 建筑砂浆配合比设计;
4. 其他砂浆的性质。

第1节 砂浆的组成材料

砂浆是由胶凝材料、细骨料、掺和料和水按适当的比例配制成的混合物。砂浆中常用的胶凝材料有水泥、石灰等。细骨料常采用天然砂。砂浆广泛用来砌筑砖石砌体,修饰、防护建筑物的表面。

砂浆按其所用胶凝材料的不同分为水泥砂浆、石灰砂浆及混合砂浆等。砂浆按其用途分为砌筑砂浆、装饰砂浆、抹面砂浆及特殊砂浆等。

一 胶凝材料

砌筑砂浆常用的胶凝材料有水泥、石灰、石膏等,在选用时应根据使用环境、用途等合理选择。配制砂浆用的水泥强度等级应根据设计要求选择,配制水泥砂浆时,其强度等级不宜大于32.5级,配制水泥混合砂浆时,其强度等级不宜大于42.5级,一般取砂浆强度的4~5倍为宜。

二、掺合料及外加剂

为了改善砂浆的和易性，节约水泥用量，在砂浆中常掺入适量的掺合料或外加剂。常用的掺合料有石灰膏、黏土膏、电石膏和粉煤灰等，常用的外加剂有皂化松香、微沫剂、纸浆废液等。

石灰、黏土均应制成稠度为 120mm±5mm 膏状体，并通过 3mm×3mm 的网过滤后掺入沙浆中。生石灰熟化成熟石灰膏时，熟化时间不得少于 7d；磨细生石灰的熟化时间不得少于 2d；消石灰粉不得直接用于砌筑砂浆中。黏土以选颗粒细、黏性好、砂及有机物含量少的为宜。

三、砂子

砂浆用砂应符合普通混凝土用砂的技术要求。因砂浆砌缝较薄，故应对其最大粒径有所限制。石料砌体所用砂浆宜用中砂，其最大粒径应不超过灰缝厚度的 1/4～1/5，一般取为 5.0mm；砖砌体以用中砂为宜，最大粒径一般为 2.5mm，对于光滑的抹面及勾缝砂浆则应采用细砂。毛石砌体常配制小石子砂浆，其使用砂子为在普通砂中掺入 20%～30% 粒径 5～10mm 或 5～20mm 的小石子。

为了保证砂浆的质量，应选用洁净的砂（尤其在配制高强度砂浆时更要注意）。对 M5 以上的砂浆，砂中含泥量不应大于 5%；M5 以下的水泥混合砂浆，砂中含泥量不应超过 10%。当采用人工砂、山砂、炉渣等作为骨料时，应根据经验或试配来确定其技术指标。

四、增塑材料

为了改善砂浆的和易性，可采用增塑剂及保水剂。常用的增塑剂有木质素磺酸钙及松脂皂等。其中，砂浆微沫剂既有减水作用又有引气效果，是良好的增塑材料。常用的保水剂有甲基纤维素、硅藻水等。

五、水

砂浆拌和水的技术要求与普通混凝土拌和水相同。

第 2 节　砂浆的主要技术性质

一、新拌砂浆的和易性

新拌砂浆的和易性是指砂浆是否便于施工并保证质量的性质。和易性好的砂浆，便于施工操作，灰缝填筑饱满密实，与砖石黏结牢固，所得砌体的强度和整体性较高。和易性不良的砂浆施工操作困难，灰缝难以填实，水分易被砖石吸收使抹面砂浆很快变得干稠，与砖石材料也难以紧密黏结。和易性良好的抹面砂浆，容易抹成均匀平整的薄层。新拌砂浆的和易性，包括砂浆的流动性和保水性两个方面。

1. 流动性

砂浆的流动性又称稠度，是指在自重或外力作用下可流动的性能。

砂浆稠度一般可由施工操作经验来把握。砂浆稠度用沉入度表示,即标准圆锥体自砂浆表面贯入的深度(mm)(图4-1)。

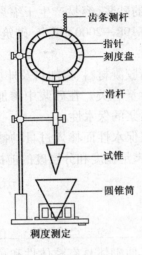

图4-1 沉入度测定示意图

砂浆的流动性受水泥品种用量、骨料粒径和级配、用水量以及砂浆的搅拌时间等因素影响。砂浆的流动性应根据砌体种类、气候条件等选用(参考表4-1)。当天气炎热干燥时应采用较大值。当天气寒冷潮湿时应采用较小值。

砌筑砂浆的稠度选择　　　　　　　　　　　　　　　表4-1

砌体种类	砂浆稠度(mm)
烧结普通黏土土砖	70~90
轻骨料混凝土小型空心砌块砌体	60~90
烧结多孔砖,空心砖砌体	60~80
烧结普通砖平拱式过梁,空斗墙,筒拱;普通混凝土小型空心砌块砌体,加气混凝土砌块砌体	50~70
石砌体	30~50

2. 保水性

砂浆的保水性是指砂浆保持水分的能力。保水性不好的砂浆,在存放与运输过程中容易离析,砌筑时水分容易被砖石吸收,影响砂浆强度发展,并严重降低与砖石的黏结强度。砂浆的保水性主要取决于骨料粒径和细微颗粒含量。如所用砂较粗,水泥及掺和料用量较少,材料的总表面积小,保水性差。实践证明,砂浆中必须有一定数量的细微颗粒才能具有所需的保水性。这些细微颗粒包括水泥及各种掺合料。砂浆中掺入适量的增塑材料能显著改善砂浆的保水性和流动性。

砂浆的保水性可根据泌水率的大小或用分层度来评定。泌水率是指砂浆中泌出的水分占拌和水的百分率。分层度测定是将搅拌均匀的砂浆先测出其沉入度,在装入分层度筒(图4-2),静置30min后,去掉(200mm厚)砂浆,再测出下部剩余砂浆的沉入度,两次沉入度之差

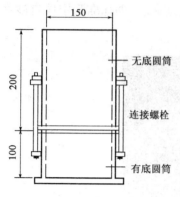

图4-2 砂浆分层度筒(尺寸单位:mm)

即为分层度。建筑砂浆的分层度一般在 10～20mm 之间为宜。分层度大于 30mm 的砂浆,保水性不良,容易产生离析,不便于施工;分层度接近零的砂浆,容易产生干缩裂纹。《砌筑砂浆配合比设计规程》(JGJ 198—2000)规定,砌筑砂浆的分层度不应大于 30mm。

砂浆的保水性与胶凝材料、掺加料及外加剂的品种及用量、骨料粒径和细颗粒含量有关。在砂浆中掺加入石灰、引气剂和微沫剂可有效提高砂浆的保水性。

但为了改善砂浆保水性而掺入过量的掺合料,也会使砂浆强度降低。因此,在满足稠度和分层度的前提下,宜减少掺合料的用量。

二 硬化砂浆的技术性质

砂浆硬化后与砖石黏结,传递和承受各种外力,使砌体具有整体性和耐久性。因此,砂浆应具有一定的抗压强度、黏结强度、耐久性以及工程所需求的其他技术性质。砂浆与砖石的黏结强度受多种因素影响,如砂浆强度、砖石表面粗糙及洁净程度、砖石经充分润湿与否、灰缝填筑饱满程度等。耐久性主要取决于砂浆水灰比。试验证明,黏结强度、耐久性均与抗压强度有一定的关系,抗压强度高,黏结强度和耐久性也高。抗压强度试验简单准确,故工程中常以抗压强度作为砂浆的主要技术指标。

1. 砂浆抗压强度与强度等级

砂浆抗压采用的边长为 70.7mm 的立方体试件,在规定条件下养护 28d 后测定。砂浆按 28d 抗压强度(MPa)划分为 M2.5、M5、M7.5、M10、M15、M20 六个等级。工程中常用的砂浆强度等级为 M2.5、M5、M7.5 等,对特别重要的砌体或有较高耐久性要求的工程,宜采用 M10 以上的砂浆。

2. 砂浆抗压强度的影响因素

砂浆不含粗骨料,是一种细骨料混凝土,因此有关混凝土强度的规律,原则上亦适用于砂浆。在实际工程中,多根据具体的组成材料,采用试配的办法来确定抗压强度。对于用普通水泥配置的砂浆有下列两种情况:

(1)砌筑致密石料(用于不吸水底面)的砂浆:砂浆抗压强度的影响因素与混凝土相似,主要取决于水泥强度和水灰比。强度公式表示如下:

$$f_{m,0} = A f_{ce}(C/W - B)$$

式中:$f_{m,0}$——砂浆 28d 抗压强度(试件用无底试模成型),MPa;

f_{ce}——水泥 28d 实测抗压强度,MPa;

C/W——灰水比;

A、B——经验系数,可取 $A = 0.29$,$B = 0.4$。

(2)砌筑普通砖等多孔材料的砂浆(用于吸水底面):当原材料及灰砂比相同时,即使砂浆拌和用水量有不同,经过底面吸水后,砂浆中最终能够保存的水量也大体相同。在此情况下,

砂浆强度主要取决于水泥强度和水泥用量,而砌筑前砂浆中水灰比的影响很小。砂浆强度可用下式表示:

$$f_{m,0} = Af_{ce}Q_c/1000 + B$$

式中:$f_{m,0}$——砂浆 28d 抗压强度(试件用无底试模成型),MPa;

f_{ce}——水泥 28d 实测抗压强度,MPa;

Q_c——每立方米砂浆中水泥用量,kg;

A、B——经验系数,$A = 3.03$,$B = -15.09$。

三 黏结力

砌筑砂浆必须具有足够的黏结力,才可使块状材料胶结为一个整体。其黏结力的大小,将影响砌体的抗剪强度、耐久性、稳定性及抗震能力等,因此对砂浆的黏结力也有一定的要求。

砂浆的黏结力与砂浆强度有关。通常,砂浆的强度越高,其黏结力越大;低强度砂浆因加入的掺合料过多,其内部易收缩,使砂浆与底层材料的黏结力减弱。

砂浆的黏结力还与砂浆本身的抗拉强度、砌筑底面的潮湿程度、砖石表面的清洁程度及施工养护条件等因素有关。所以施工中注意砌砖前浇水湿润,保持砖表面不沾泥土,可以提高砂浆与砌筑材料之间的黏结力,保证砌体的质量。

四 砂浆的抗渗性与抗冻性

关于(水工)砂浆抗渗性和抗冻性的问题,从技术上来说,只要控制水灰比便可以达到要求。但砂浆的用水量大,水灰比降低时将会使水泥用量大量增加,而且仅用高抗渗等级的砂浆并不一定能保证砌体的抗渗性能。因此砌石坝工程中,对坝体采取其他防渗措施,而对其砂浆只按强度要求配制,这样具有更好的技术经济效果。但对那些直接受水和冰冻作用的砌体,仍应考虑砂浆的抗渗和抗冻要求。在其配制中除应控制水灰比外,还经常加入外加剂来改善其抗渗性与抗冻性。另外,在施工工艺上应按照工程需要提出要求,例如用防水砂浆作刚性防水层时,应采用多层做法,并做好层间结合。

具有冻融循环次数要求的砌筑砂浆,经冻融试验后,其质量损失率不得大于 5%,抗压强度损失率不得大于 25%。

第3节 建筑砂浆配合比设计

根据《砌筑砂浆配合比设计规程》(JGJ 98—2000)规定,建筑砂浆要根据工程类别及砌体部位的设计要求选择砂浆的强度等级,再按砂浆的强度等级确定其配合比。砂浆配合比的确定,应按下列步骤进行:

(1)计算砂浆试配强度 $f_{m,0}$(MPa)。

(2)针对不同被砌筑材料按吸水底面强度公式计算出每立方米砂浆中的水泥用量 Q_c(kg/m³)或按不吸水底面公式计算出灰水比 C/W。

(3)按水泥用量 Q_c 计算掺合料用量 Q_d(kg/m³)。

(4) 确定砂用量 Q_s (kg/m³)。
(5) 按砂浆稠度选择用水量 Q_w (kg/m³)。
(6) 进行砂浆试配及抗压强度试验。
(7) 确定配合比。

一、砂浆配合比计算

确定砂浆强度等级后，一般情况下，可查阅有关手册来选择砂浆配合比。并按此进行试配、调整。如需计算水泥、石灰膏和砂的用量，然后再加入适量的水进行试拌，使之达到施工需要的稠度。计算步骤如下：

1. 确定砂浆配制强度

(1) 配制强度计算公式：

$$f_{m,0} = f_2 + 0.645\sigma$$

式中：$f_{m,0}$——砂浆的试配强度，精确至 0.1MPa；
f_2——砂浆设计强强度等级（即砂浆抗压强度平均值），MPa；
σ——砂浆现场强度标准差，精确至 0.01MPa。

(2) 砂浆强度等级的选择。一般按工程设计要求确定砂浆的强度等级，也可根据经验确定砂浆强度等级。例如，办公楼、教学楼及多层商店多采用 M2.5～M10 砂浆；平房宿舍、商店多采用 M2.5～M5 砂浆；食堂、仓库、锅炉房、变电站、地下室、工业厂房及烟囱等多用 M2.5～M10 砂浆；检查井、雨水井、化粪池等可用 M5 砂浆。对于特别重要的砌体或有较高耐久性要求的土建、水利工程可采用 M10～M20 的砂浆。

(3) 砂浆现场强度标准差确定。砂浆现场强度标准差（σ），应根据工程近期同品种砂浆强度试验资料（组数≥25），按数理统计方法算得。

砌筑砂浆现场强度标准差应按下面的公式确定：

$$\sigma = \sqrt{\frac{\sum_{i=1}^{n} f_{m,i}^2 - n\mu_{fm}^2}{n-1}}$$

式中：$f_{m,i}$——统计周期内同一品种砂浆第 i 组试件的强度，MPa；
μ_{fm}——统计周期内同一品种砂浆 n 组试件强度的平均值，MPa；
n——统计周期内同一品种砂浆试件的总组数，$n \geq 25$。

当不具有近期统计资料时，其砂浆现场强度等级标准差 σ 可按表 4-2 取用。

砂浆强度标准差 σ 选用值（单位：MPa）　　　　表 4-2

施工水平 \ 强度等级	M2.5	M5.0	M7.5	M10	M15	M20
优良	0.5	1.00	1.50	2.00	3.00	4.00
一般	0.62	1.25	1.88	2.50	3.75	5.00
较差	0.75	1.50	2.25	3.00	4.50	6.00

2. 确定水泥用量

(1) 不吸水底面的砂浆。根据砂浆配制强度及所用水泥强度,确定水泥用量。求得所需的灰水比(C/W),再根据砂浆稠度要求确定每立方砂浆的用水量值 Q_w(参考表4-2),然后按下式计算水泥用量:$Q_c = Q_w(C/W)$。

(2) 多孔吸水底面的砂浆。按下式计算水泥用量:

$$Q_c = \frac{1000(f_{m,0} - B)}{Af_{ce}}$$

当水泥的实测强度未知时,可按下式计算 f_{ce}:

$$f_{ce} = \gamma_c f_{ce,k}$$

式中:$f_{ce,k}$——水泥商品强度等级对应的强度值,MPa;

γ_c——水泥强度值的富余系数,该值应按实际统计资料确定,无资料时取 $\gamma_c = 1.0$。

3. 确定掺合料用量

水泥混合砂浆中掺合料用量按下式计算:

$$Q_d = Q_a - Q_c$$

式中:Q_d——每立方米砂浆中的掺合料用量(以沉入度为120mm的膏体为准),kg/m³;

Q_c——每立方米砂浆中的水泥用量,kg/m³;

Q_a——每立方米砂浆中的胶结料(水泥与掺合料之和)总量,kg/m³。

Q_a 一般在 300~350kg/m³ 之间,若砂较细,含泥较多,可用较小值,反之应选用较大值。石灰膏的稠度不同时,其用量应乘以如表4-3所示的换算系数。

石灰膏不同稠度的换算系数　　　　　　　　　　表4-3

石灰膏稠度(mm)	120	110	100	90	80	70	60	50	40	30
换算系数	1.00	0.99	0.97	0.95	0.93	0.92	0.90	0.88	0.87	0.86

4. 确定砂用量

试验表明,用 1m³ 松散堆积的砂可拌制 1m³ 砂浆。故每立方米砂浆中的砂子用量应为

$$Q_s = \gamma_{s干}$$

式中:Q_s——每立方米砂浆中的用量,kg/m³;

$\gamma_{s干}$——砂在干燥状态(或含水率小于0.5%)的松散堆积密度,kg/m³。

5. 确定水用量 Q_w

每立方米砂浆的用水量(表4-4),根据砂浆稠度等要求可选用 240~310kg。混合砂浆的用水量,不包括掺和料中的水量;气候炎热或干燥季节施工,用水量应酌增。

当采用细砂时,用水量取上限;采用粗砂或稠度小于70mm的砂浆,用水量取下限。

每立方米砂浆中用水量的选用值　　　　　　　　　表4-4

砂浆品种	混合砂浆	水泥砂浆
用水量(kg/m³)	260~300	270~330

水泥砂浆配合比也可参考表4-5选用,作为砂浆的初选配合比。

水泥砂浆材料参考用量(单位:kg)　　　　　　　　　　　表4-5

强度等级	每立方米砂浆水泥用量	每立方米砂子用量	每立方米砂浆用水量
M2.5～M5	200～230		
M7.5～M10	220～280	$1m^3$ 砂子的堆积密度值	270～330
M15	280～340		
M20	340～400		

二 配合比试配、调整与确定

无论是由计算得到的配合比还是查手册得到的配合比,都要经过试拌调整,求出强度满足要求而且水泥用量最省的配合比。

(1)试配时应采用工程实际使用的材料与搅拌方法。

(2)按计算配合比进行试拌,测定其拌和物的稠度和分层度,若不能满足要求,则应调整用水量或掺合料用量,直到符合要求为止,即为基准配合比。

(3)强度试验时至少应采用三个不同的配合比,其中一个为基准配合比,另外两个配合比的水泥用量较基准配合比分别增加及减少10%,为保证稠度及分层度合格,可将用水量或掺合料用量作适当调整。

(4)用上述三个不同的配合比,按规定方法成型试件,测定砂浆强度;并确定符合要求且水泥用量较少的配合比。

(5)当原材料有变更时,对以确定的配合比应重新进行试验确定。

三 砂浆配合比表示方法

砂浆配合比可用质量比或体积比表示。

(1)质量配合比:

$$水泥:石灰膏:砂:水 = Q_c:Q_d:Q_s:Q_w = 1:\frac{Q_d}{Q_c}:\frac{Q_s}{Q_c}:\frac{Q_w}{Q_c}$$

(2)体积配合比:

$$水泥:石灰膏:砂:水 = \frac{Q_c}{\rho'_c}:\frac{Q_d}{\rho'_d}:1:\frac{Q_w}{\rho_w} = 1:\frac{Q_d \rho'_c}{Q_c \rho'_d}:\frac{\rho'_c}{Q_c}:\frac{Q_w \rho'_c}{Q_c \rho_w}$$

式中:ρ'_c、ρ'_d、ρ_w——水泥、掺和料的堆积密度和水的密度,g/m^3。

砌筑砂浆用质量配合比表示,不易采用体积配合比。

四 砂浆配合比计算实例

【例4-1】 配制用于砌筑空心黏土砖,强度等级为M7.5的水泥砂浆。采用32.5MPa强度等级的普通硅酸盐水泥(实测28d抗压强度为35MPa),水泥松散堆积密度为1250kg/m^3;中砂含水率为2.0%,其干燥松散堆积密度为1500kg/m^3;该单位施工质量一般,试计算其配合比。

解:(1)计算砂浆试配强度

$$f_{m,0} = f_2 + 0.645\sigma$$

式中,$f_2 = 7.5\text{MPa}$,$\sigma = 1.88$(自表 4-2 查得),则得

$$f_{m,0} = 7.5 + 1.88 \times 0.645 = 8.71\text{MPa}$$

(2)计算水泥用量

$$Q_c = \frac{1000(f_{m,0} - B)}{Af_{ce}}$$

式中,$A = 3.03$,$B = -15.09$,则得

$$Q_c = \frac{1000 \times (8.71 + 15.09)}{3.03 \times 35.0} = 224.42\text{kg}$$

(3)计算砂子用量

$$Q_s = 1500 \times (1 + 2.0\%) = 1530\text{kg}$$

(4)选择用水量

查表 3-29 得

$$Q_w = 300\text{kg/m}^3$$

(5)砂浆试配使各材料得用量比例

水泥:砂:水 $= 224.42 : 1530 : 300 = 1 : 6.82 : 1.34$(质量比)

水泥:砂:水 $= \dfrac{224.42}{1250} : \dfrac{1530}{1500} : \dfrac{300}{1000} = 1 : 5.68 : 1.67$(体积比)

【例 4-2】 要求设计用于砌筑砖墙 M5.0 强度等级、稠度 70~90mm 的水泥石灰混合砂浆配合比。已知:水泥为 32.5MPa 强度等级普通硅酸盐水泥;砂为中砂,松散堆积密度 1250kg/m³,含水率为 3.5%;石灰膏稠度 100mm;施工水平一般。

解:(1)计算砂浆试配强度 $f_{m,0}$

$$f_{m,0} = f_2 + 0.645\sigma$$

式中,$f_2 = 5.0\text{MPa}$,$\sigma = 1.25$(自表 3-27 查得),代入上式得

$$f_{m,0} = 5.0 + 0.645 \times 1.25 = 5.81\text{MPa}$$

(2)计算水泥用量

$$Q_c = \frac{1000(f_{m,0} - B)}{Af_{ce}}$$

式中,$A = 3.03$,$B = -15.09$,$f_{ce} = \gamma_c \cdot f_{ce,k} = 1.0 \times 32.5 = 32.5\text{MPa}$,代入上式得

$$Q_c = \frac{1000 \times (5.81 + 15.09)}{3.03 \times 32.5} = 21.23\text{kg/m}^3 < 200\text{kg/m}^3$$

(3)计算石灰膏用量 Q_d

$$Q_d = Q_a - Q_c$$

式中,取 $Q_a = 320\text{kg/m}^3$,则稠度为 120mm 石灰膏用量为

$$Q_d = 320 - 212.24 = 107.76 \text{kg/m}^3$$

稠度100mm石灰膏用量(由表4-3换算得)为

$$Q_d = 100 \times 0.97 = 104.53 \text{kg/m}^3$$

(4)计算砂用量

$$Q_s = 1500 \times (1 + 0.035) = 1549.5 \text{kg/m}^3$$

(5)选择用水量

查表4-4得 $Q_w = 300 \text{kg/m}^3$

(6)砂浆试配时各材料得用量比例(质量比)

水泥∶石灰膏∶砂∶水 = 212.24∶104.53∶1549.5∶300 = 1∶0.49∶7.3∶1.41

五、砌筑砂浆的检验与应用

1. 砌筑砂浆的检验

(1)组成材料必须符合要求,应有出厂证明和试验结果,并且及时发现质量的波动。

(2)严格控制砂浆的配合比,必须有经过试验确定的配合比通知单,并准确地折算出施工配合比。要检验称量是否准确,注意组成材料可能发生的变化。

(3)检验砂浆拌和物的均匀性、稠度及分层度是否合格。拌和时间、运输方式和使用时间等,是否合理。

(4)抽取试块,检验强度。每一楼层(基础砌体可按一个楼层计)或250m³砌体中的各种强度等级的砂浆,每台搅拌机至少应检查一次,每次至少应制作一组试块。如砂浆的强度等级或配合比变更时,还应加制试块。

(5)对同一验收批的试块强度,应进行评定。按同一验收批中,取各组试块的立方体抗压强度平均值和最小值,其平均值≥砂浆的设计强度等级值,同时其最小值≥3/4砂浆的设计强度等级值,即评为合格。

2. 砌筑砂浆的应用

水泥砂浆和水泥混合砂浆宜用于砌筑潮湿环境以及强度要求较高的砌体,但对于湿土中的砖石基础一般采用水泥砂浆。石灰砂浆宜用于砌筑干燥环境中的砌体。多层房屋的墙一般采用强度等级为M5或M2.5水泥混合砂浆,砖柱、砖拱、钢筋砖过梁等一般采用强度等级为M5或M10水泥砂浆,砖基础一般采用强度等级为M2.5或M5水泥砂浆,低层房屋或平房可采用石灰砂浆,料石砌体一般采用强度等级为M2.5或M5水泥砂浆或水泥混合砂浆,简易的房屋可用石灰黏土砂浆。

第4节 其他砂浆

一、抹面砂浆

抹面砂浆是以薄层涂抹建筑物的表面,既能提高建筑物防风、雨及潮气侵蚀的能力,又使建筑物表面平整、光滑、清洁和美观。抹面砂浆一般用于粗糙和多孔的底面,其水分被底面吸收,因此要有很好的保水性。抹面砂浆对强度的要求不高,而主要是能与底面很好地黏结。从以上两个方面考虑,抹面砂浆的胶凝材料用量要比砌筑砂浆多一些。

为了保证抹灰质量及表面平整,避免裂缝、脱落,常分底层、中层、面层3层涂抹。

底层砂浆主要起与材料底层的黏结作用,一般多采用水泥砂浆,但对于砖墙,则多用混合砂浆。中层砂浆主要起找平作用,多用混合砂浆。面层主要起装饰作用,多采用细砂配制的混合砂浆、麻刀石灰砂浆或纸筋石灰浆。在容易碰撞或潮湿的地方应采用水泥砂浆。

二 装饰抹面砂浆

装饰抹面砂浆是用于室内外装饰,以增加建筑物美感为主要目的的砂浆,应具有特殊的表面形式及不同的色彩和质感。

装饰抹面砂浆常以白水泥、石灰、石膏、普通水泥等为胶结材料,以白色、浅色或彩色的天然砂、大理岩及花岗岩的石屑或特制的塑料色粒为骨料。为进一步满足人们对建筑艺术的需求,还可利用矿物颜料调制成多种彩色,但所加入的颜料应具有耐碱、耐光、不溶等性质。

装饰砂浆的表面可进行各种艺术处理,以形成不同形式的风格,达到不同的建筑艺术效果,如制成水磨石、水刷石、斩假石、麻点、干黏石、黏花拉毛、拉条及人造大理石等。

(1) 水磨石:是以大理石石渣、水泥和水,按比例拌和,经养护硬化后,在淋水的同时,用磨石机磨平、抛光而成。水泥和石渣的比例,一般为1∶2.5。水泥可用普通颜色的,或白水泥,都可以加入矿物颜料着色。石渣一般用大八厘,有多种颜色供选择,但应与料浆的基色搭配合理。这种现制的水磨石,其色调、露石率、分格线、磨平度等,均应由设计指定。目前广泛生产的,是各种预制的水磨石制品。

(2) 水刷石:是用较小的大理石石渣、水泥和水拌和,抹在事先做好并硬化的底层上,压实、赶平,待水泥接近凝结前,用毛刷沾水或喷雾器喷水,使表面石渣外露而形成的饰面。石渣可采用单色或花色普通石渣,也有的用各种美术石渣。水泥一般用普通颜色的,也有用白水泥或加入矿物颜料的。水泥与石渣的比例,当采用小八厘石渣时为1∶1.5,中八厘石渣为1∶1.25。用类似水刷石的做法,可制成水刷小豆石、水刷砂等。

(3) 干黏石:是对水刷石做法的改进,一般采用小八厘石渣略掺石屑,在刚抹好的水泥砂浆面层上,用手工甩抛并及时拍入,而得到的石渣类饰面。为了提高效率,用喷涂机代替手工作业,每小时可喷出石渣 $12\sim15m^3$,即所谓喷黏石。

(4) 斩假石:又称剁斧石,多采用细石渣内掺3%的石屑,加水拌和后抹在已做好的底层上,压实、赶平,养护硬化后用石斧斩毛,而得到的仿石料的表面。

(5) 拉毛与拉条:拉毛是在抹面表层砂浆的同时,用抹刀黏拉起凹凸状表面;拉条则是用特制的模具拉乱成各种立体的线条。拉毛与拉条的做法,一般用于内墙面,多采用水泥石灰混合砂浆,做好后可喷色浆罩面,或用过滤的细纸筋灰膏甩浆罩面。

上述传统的做法,均有一定的缺点,如多层次湿作业、效率低、劳动强度大等。后来广为发展的喷涂、滚涂、弹涂等新工艺,使传统做法得到很大的改进。特别是喷涂工艺,可得到波面喷涂、粒状喷涂、花点套色喷涂的各种饰面,产生效率高,装饰效果好。用于外墙喷涂砂浆的配合比,见表4-6。

外墙喷涂砂浆配合比（质量比） 表 4-6

饰面做法	水泥	颜料	细骨料	木质素磺酸钙	聚乙烯醇缩甲醛胶	石灰膏	砂浆稠度（cm）
波面	100	适量	200	0.3	10~15	—	13~14
波面	100	适量	400	0.3	20	100	13~14
粒状	100	适量	200	0.3	10	—	10~11
粒状	100	适量	400	0.3	20	100	10~11

注：1. 根据气温情况，加水量可适当调整。
  2. 普通硅酸盐水泥的强度等级不低于 32.5MPa。
  3. 聚乙烯醇缩甲醛胶的含固量为 10%~12%，密度为 1.05g/cm²，pH 值为 6~7，黏度为 3.5~4.0Pa·s，应能与水泥浆均匀混合。

三 防水砂浆

用于防水层的砂浆，称为防水砂浆。防水砂浆适用于堤坝、隧洞、水池、沟渠等具有一定刚度的混凝土或砖石砌体工程。对于变形较大或可能发生不均匀沉陷的建筑物防水层不宜采用。

为了提高砂浆的防水性能，可掺入防水剂。常用的防水剂有氯化铁、金属皂类防水剂等。近年来采用的引气剂、减水剂、三乙醇按等作为砂浆的防水剂，也取得了良好的防水效果。防水砂浆的水泥用量较多，砂灰比一般为 2.5~3.0，水灰比为 0.50~0.55；水泥应选用 42.5 级以上的火山灰水泥、硅酸盐水泥或普通水泥；采用级配良好的中砂。防水砂浆要分多层涂抹，逐层压实，最后一层要压光，并且要注意养护，以提高防水效果。

四 勾缝砂浆

在砌体表面进行勾缝，既能提高灰缝的耐久性，又能增加建筑物的美观。勾缝采用 M10 或 M10 以上的水泥砂浆，并用细砂配制。勾缝砂浆的流动性必须调配适当，砂浆过稀灰缝容易变形走样，过稠则灰缝表面粗糙。火山灰水泥的干缩性大，灰缝易开裂，故不宜用来配制勾缝砂浆。

五 接缝砂浆

在建筑基础或老混凝土上浇筑混凝土时，为了避免混凝土中的石子与基础或老混凝土接触，影响结合面胶结强度，应先铺一层砂浆，此种砂浆称为接缝砂浆。接缝砂浆的水灰比应与混凝土得水灰比相同，或稍小一些。灰砂比应比混凝土的灰砂比稍高一些，以达到适宜的稠度为准。

六 钢丝网水泥砂浆

钢丝网水泥砂浆，简称钢丝网水泥。它是由几层重叠的钢丝网，经浇捣 30~50MPa 的高强度水泥砂浆所构成。一般厚度为 30~40mm。由于在水泥砂浆中分散配置细而密的钢丝网,因而较钢筋混凝土有更好的弹性、抗拉强度和抗渗性,并能承受冲击荷载的作用。在水利工程中,钢丝网水泥砂浆主要用于制作压力管道、渡槽及闸门等薄壁结构物。

七 小石子砂浆

在水泥砂浆中掺入适量的小石子,称为小石子砂浆(亦称小石子混凝土)。这种砂浆主要用于毛石砌筑工程,既节约水泥用量,又能提高砌体强度。

小石子砂浆所用的石子粒径为 10～20mm。石子的掺量为集料总量的 20%～30%。粒径过大或用量过多,砂浆不易捣实。

八 微沫砂浆

微沫砂浆是一种在砂浆中掺入微沫剂(松香热聚物等)配制成的砂浆。微沫剂掺量一般占水泥质量的 0.005%～0.01%。由于砂浆在搅拌过程中能产生大量封闭微小的气泡,从而提高新拌砂浆的和易性,增强了砂浆的保水、抗冻、抗渗等性能。同时也大幅度地节约石灰膏用量。如将微沫剂与氯盐复合使用,还能提高砂浆低温施工的效果。

◀本章小结▶

本章主要讲述砂浆的组成材料、砂浆的技术性质及砌筑砂浆配合比设计等。建筑砂浆是由胶凝材料、细骨料、掺合料、外加剂和水按适当比例配合、拌制并经硬化而成的材料,又称为细骨料混凝土。它在工业与民用建筑中应用极其广泛,主要用作砌筑、抹灰、灌缝和粘贴饰面的材料,起粘贴、衬垫及传递应力的作用。

习 题

4-1 新拌砂浆的和易性包括哪两方面含义? 如何测定?

4-2 砂浆和易性对工程应用有何影响? 怎样才能提高砂浆的和易性?

4-3 影响砂浆强度的基本因素是什么? 写出其强度公式。

4-4 某砂做筛分试验,分别称取各筛,两次筛余量的平均值如表 4-7 所示。计算各号筛的分计筛余率、累计筛余率、细度模数,并评定该砂的颗粒级配和粗细程度。

表 4-7

方孔筛径	9.5mm	4.75mm	2.36mm	1.18mm	600μm	300μm	150μm	底筛	合计
筛余量(g)	0	32.5	48.5	40.0	187.5	118.0	65.0	8.5	500

4-5 某混凝土的试验室配合比为 1:2.0:4.1(水泥:砂:石子),$W/C = 0.57$。已知水泥密度为 $3.1g/cm^3$,砂、石子的表观密度分别为 $2.6g/cm^3$ 及 $2.65g/cm^3$。试计算 $1m^3$ 混凝土中各项材料用量。

4-6 混凝土拌和物经试拌调整后,和易性满足要求,试拌材料用量为:水泥 4.7kg,水

2.8kg,砂 8.9kg,碎石 18.5kg。实测混凝土拌和物体积密度为 2380kg/m³。

(1)试计算 1m³ 混凝土各项材料用量为多少?

(2)假定上述配合比可以作为试验室配合比,如施工现场砂的含水率为 4%,石子含水率为 1%,求施工配合比。

(3)如果不进行配合比换算,直接把试验室配合比在现场施工使用,则实际的配合比如何? 对混凝土强度将产生什么影响?

第 5 章 建 筑 钢 材

【职业能力目标】

钢材在建筑工程中占有十分重要的地位,通过学习建筑钢材的分类、技术性能及标准、常用钢材的种类和钢材的防护措施等知识,学生能够在建筑或水利工程施工中从事钢筋工、混凝土工、资料管理等岗位。

【学习目标】

1. 了解钢材的冶炼方法和分类;
2. 掌握钢材的力学性能、工艺性能以及钢材的化学成分对钢材性能的影响;
3. 掌握碳素结构钢和低合金高强度结构钢的牌号表示方法、性能及应用;
4. 了解钢筋混凝土用钢材和钢结构用钢材的类型,掌握钢材的防锈和防火措施。

第 1 节　钢的冶炼和分类

一　钢材的冶炼及其对质量的影响

钢材属于黑色金属材料,钢和铁的主要成分是铁和碳。钢和铁的区别主要在于含碳量的多少,含碳量小于2%的铁碳合金称为钢,含碳量大于2%时则为铁。

钢由生铁冶炼而成。生铁是铁矿石、石灰石、焦炭以及少量的锰矿石在炼铁炉内,经高温冶炼,铁矿石内氧化铁还原成生铁,此时生铁中碳的含量约为2.06%~6.67%,磷、硫、氮等杂质的含量较高,生铁硬而脆,塑性差,应用上受到很大的限制。按断口颜色生铁可分为白口铁和灰口铁,灰口铁即为铸铁,可以用来浇铸成铸铁件,如用于铸造承受静荷载的管材、机座等次要构件;白口铁一般用于炼钢。

炼钢的原理是以生铁作为主要原料,将生铁在熔融状态下进行氧化,使生铁中的含碳量降低到2%以下,同时使磷、硫、氮等其他杂质也减少到规定数值内,最后加入脱氧剂进行脱氧。钢的含碳量一般限制在2%以下,且其他有害杂质含量较少。我国常用的炼钢方法有转炉炼钢法、平炉炼钢法和电炉炼钢法三种。

钢在熔炼过程中不可避免地产生部分氧化铁,并残留在钢水中,降低了钢的质量。因此,在铸锭过程中要进行脱氧处理,使氧化铁还原为金属铁。脱氧程度不同,铁的内部状态和性能也不同。

钢水脱氧后浇铸成钢锭,钢锭在冷却过程中,因钢内某些元素在铁的液相中的溶解度高,这些元素向凝固较迟的钢锭中心集中,导致化学成分在钢锭截面上分布不均匀,这种现象称为化学偏析。其中以磷、硫等的偏析最为严重。偏析现象对钢的质量影响很大。

二 钢材的分类

钢材的品种繁多,应用中常有以下几种分类方法。

(一)按化学成分分类

钢材分为碳素钢和合金钢。

1. 碳素钢

碳素钢按含碳量分为低碳钢(含碳量<0.25%)、中碳钢(含碳量0.25%~0.60%)和高碳钢(含碳量>0.60%)。

2. 合金钢

合金钢按合金的含量分为低合金钢(合金元素总量<5%)、中合金钢(合金元素总量5%~10%)和高合金钢(合金元素总量>10%)。

建筑工程中常用主要钢种是普通碳素钢中的低碳钢和合金钢中的低合金高强度结构钢。

(二)按品质分类

钢材分为普通碳素钢(含硫量≤0.045%~0.050%,含磷量≤0.045%)、优质碳素钢(含硫量≤0.035%,含磷量≤0.035%)、高级优质钢(含硫量≤0.025%,含磷量≤0.025%)和特级优质钢(含硫量≤0.015%,含磷量≤0.025%)。

(三)按用途分类

钢材分为结构钢、工具钢和特殊钢。

1. 结构钢

主要用作工程结构构件及机械零件的钢。

2. 工具钢

主要用作各种量具、刀具及模具的钢。

3. 特殊钢

具有特殊物理、化学或机械性能的钢,如不锈钢、耐酸钢和耐热钢等。

建筑上常用的是结构钢。

4. 按脱氧程度分类

根据脱氧程度不同,浇铸的钢锭可分为沸腾钢、镇静钢、半镇静钢和特殊镇静钢四种。

(1)沸腾钢

炼钢时加入锰铁进行脱氧,脱氧很不完全,故称沸腾钢,代号为"F"。沸腾钢组织不够致密,杂质和夹杂物多,硫、磷等杂质偏析较严重,故质量较差。但其生产成本低、产量高、可广泛用于一般的建筑工程。

(2) 镇静钢

炼钢时一般采用硅铁、锰铁和铝锭等作脱氧剂,脱氧充分,这种钢水铸锭时能平静地充满锭模并冷却凝固,基本无 CO 气泡产生,故称镇静钢,代号为"Z"(亦可省略不写)。镇静钢成本较高,但其组织致密,成分均匀,性能稳定,故质量好。适用于预应力混凝土等重要结构工程。

(3) 特殊镇静钢

比镇静钢脱氧程度更充分彻底的钢,其质量最好。适用于特别重要的结构工程,代号为"TZ"(亦可省略不写)。

(4) 半镇静钢

脱氧程度介于沸腾钢和镇静钢之间,质量较好的钢,其代号为"b"。

第2节 建筑钢材的技术性能

钢材的技术性能主要体现在三方面:力学性能、工艺性能和化学性能。

一 钢材的力学性能

建筑钢材的力学性能主要有拉伸性能、冲击韧性、疲劳强度和硬度等。

(一) 拉伸性能

拉伸是建筑钢材的主要受力形式,拉伸性能包括屈服强度、抗拉强度和伸长率等,拉伸性能是表示钢材性能和选用钢材的重要指标。

将低碳钢制成一定规格的试件,放在材料机上进行拉伸试验,低碳钢的含碳量低,强度较低,塑性较好,其应力应变图($\sigma \sim \varepsilon$ 图)如图 5-1 所示。从图中可以看出,低碳钢拉伸过程经历弹性阶段(OA)、屈服阶段(AB)、强化阶段(BC)和颈缩阶段(CD)四个阶段。

1. 弹性阶段(OA)

曲线 OA 段是一条直线,应力与应变成正比,钢材表现为弹性。当加荷到 OA 上任意一点应力 σ,此时产生的应变为 ε,当荷载 σ 卸掉后,应变 ε 将恢复到零。在 OA 段,应力和应变的比值称为弹性模量,即 $E = \dfrac{\sigma}{\varepsilon}$,单位为 MPa。与 A 点对应的应力称为弹性极限,用 σ_p 表示,单位为 MPa。

2. 屈服阶段(AB)

应力超过 A 点后,应力与应变不再成正比关

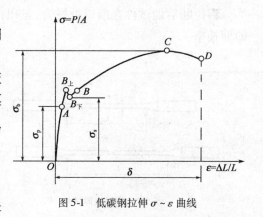

图 5-1 低碳钢拉伸 $\sigma \sim \varepsilon$ 曲线

系,钢材在荷载作用下,开始丧失对变形的抵抗能力,并产生明显的塑性变形。应力的增长落后于应变的增长,锯齿形的最高点所对应的应力称为上屈服点($B_上$),最低点所对应的应力称为下屈服点($B_下$)。下屈服点的应力为钢材的屈服强度,用 σ_s 表示,单位为 MPa。屈服强度是确定结构容许应力的主要依据。

$$\sigma_s = \frac{F_s}{A_0}$$

式中:σ_s——钢材的屈服强度,MPa;

　　　F_s——钢材拉伸时的屈服荷载,N;

　　　A_0——钢材试件的初始横截面积,mm^2。

3. 强化阶段(BC)

应力超过屈服强度后,由于钢材内部组织中的晶格发生了变化,钢材得到强化,所以钢材抵抗塑性变形的能力得到提高,$B \to C$ 呈上升趋势。应变随应力的增加而继续增加。C 点的应力称为强度极限或抗拉强度,用 σ_b 表示,单位为 MPa。

$$\sigma_b = \frac{F_b}{A_0}$$

式中:σ_b——钢材的抗拉强度,MPa;

　　　F_b——钢材拉伸时的极限荷载,N;

　　　A_0——钢材试件的初始横截面积,mm^2。

屈强比 σ_s/σ_b 在工程中很有意义,屈强比越小,结构的可靠性越高,即防止结构破坏的潜力越大,但其值太小时,钢材强度的有效利用率低。合理的屈强比一般在 0.60～0.75 之间。因此屈服强度和抗拉强度是钢材力学性质的主要检验指标。

4. 颈缩阶段(CD)

试件受力达到最高点 C 点后,其抵抗变形的能力明显降低。钢材的变形速度明显加快,而承载能力明显下降。在有杂质或缺陷处,截面急剧缩小,出现颈缩现象,钢材将在此处断裂。故 CD 段称为颈缩阶段。

通过拉伸试验,除能检测钢材屈服强度和抗拉强度等强度指标外,还能检测出钢材的塑性。塑性表示钢材在外力作用下发生塑性变形而不破坏的能力,它是钢材的一个重要性指标。钢材塑性用伸长率或断面收缩率表示。

将拉断后的试件在断口处拼合,量出拉断后标距的长度,如图 5-2 所示,按下式计算钢材的伸长率 δ。

$$\delta = \frac{l_1 - l_0}{l_0} \times 100\%$$

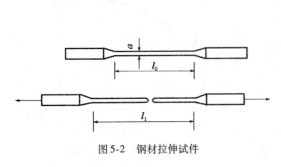

图 5-2　钢材拉伸试件

式中:l_1——试件断裂后标距的长度,mm;

　　　l_0——试件的原标距($l_0 = 5a$ 或 $l_0 = 10a$),mm;

　　　δ——伸长率(当 $l_0 = 5a$ 时,为 δ_5;当 $l_0 = 10a$ 时,为 δ_{10})。

测定试件拉断处的截面积 A_1，试件原始截面积 A_0，按下列公式计算断面收缩率 φ。

$$\varphi = \frac{A_0 - A_1}{A_0} \times 100\%$$

式中：A_1——试件拉断处的截面积，mm^2；

A_0——试件原始截面积，mm^2；

φ——断面收缩率，%。

伸长率和断面收缩率都表示钢材断裂前经受塑性变形的能力。断面收缩率 φ 越高，表示钢材塑性越好。伸长率是衡量钢材塑性的重要指标，δ 越大，则钢材的塑性越好。伸长率大小与标距大小有关，对于同一种钢材，$\delta_5 > \delta_{10}$。钢材具有一定的塑性变形能力，可以保证钢材在建筑上的安全使用。因为钢材变形使得应力重分布，从而避免结构不致产生突然脆性破坏。

高碳钢（硬钢）的拉伸过程，无明显的屈服阶段，如图 5-3 所示。规范中规定以产生残余变形为原标距长度的 0.2% 时所对应的应力值作为屈服强度，用 $\sigma_{0.2}$ 表示。

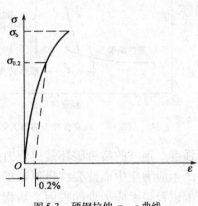

图 5-3　硬钢拉伸 $\sigma \sim \varepsilon$ 曲线

（二）冲击韧性

冲击韧性是指钢材抵抗冲击荷载而不破坏的能力。规范规定以刻槽的标准试件，在冲击试验机的摆锤作用下，以破坏后缺口处单位面积所消耗的功来表示，符号 a_k，单位 J/cm^2，如图 5-4 所示。a_k 值越大，冲断试件消耗的功越多，或者说钢材断裂前吸收的能量越多，说明钢材的韧性越好，不容易产生脆性断裂。

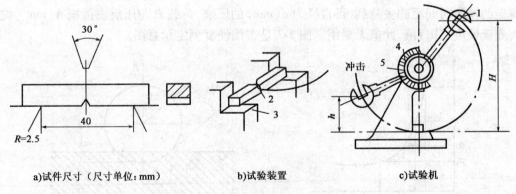

a) 试件尺寸（尺寸单位：mm）　　b) 试验装置　　c) 试验机

图 5-4　冲击韧性试验示意图

1-摆锤；2-试件；3-试验台；4-刻度盘；5-指针

影响钢材冲击韧性的因素很多，当钢材内硫、磷的含量高，脱氧不完全，存在化学偏析，含有非金属夹杂物及焊接形成的微裂纹，都会使钢材的冲击韧性显著下降。

此外，环境温度对钢材的冲击韧性影响也很大。试验表明，冲击韧性随温度的降低而下降，开始时下降缓慢，当达到一定温度范围时，突然下降很快而呈脆性。这种性质称为钢材的冷脆性，这时的温度称为脆性转变温度，如图5-5所示。脆性转变温度越低，钢材的低温冲击韧性越好。因此，在负温下使用的结构，应当选用脆性转变温度低于使用温度的钢材。脆性临界温度的测定较复杂，规范中通常是根据气温条件规定 -20℃ 或 -40℃ 的负温冲击值指标。

（三）疲劳强度

钢材在交变荷载反复作用下，可在远小于抗拉强度的情况下突然破坏，这种破坏称为疲劳破坏。钢材的疲劳破坏指标用疲劳强度（或称疲劳极限）来表示，它是指试件在交变应力下，不发生疲劳破坏的最大应力值。交变应力 σ 越大，则断裂时所需的循环次数越少，如图5-6所示。一般把钢材承受交变作用 $10^6 \sim 10^7$ 次时不发生破坏所能承受的最大应力作为疲劳

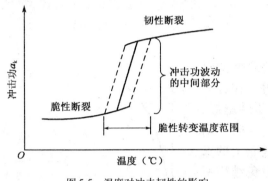

图 5-5　温度对冲击韧性的影响

强度。钢材的疲劳破坏是拉应力引起。首先在局部开始形成微细裂纹，其后由于裂纹尖端处产生应力集中而使裂纹迅速扩展直至钢材断裂。因此，钢材的内部成分的偏析和夹杂物的多少以及最大应力处的表面光洁程度、加工损伤等，都是影响钢材疲劳强度的因素。

疲劳破坏经常突然发生，因而有很大的危险性，往往造成严重事故。在设计承受反复荷载且须进行疲劳验算的结构时，应当了解所用钢材的疲劳强度。

（四）硬度

钢材的硬度是指其表面抵抗硬物压入产生局部变形的能力。测定钢材硬度的方法有布氏法、洛氏法和维氏法等，建筑钢材常用布氏硬度表示，其代号为 HB。

布氏法的测定原理是利用直径为 $D(\text{mm})$ 的淬火钢球，以荷载 $P(\text{N})$ 将其压入试件表面，经规定的持续时间后卸去荷载，得直径为 $d(\text{mm})$ 的压痕，荷载 P 与压痕表面积 $A(\text{mm}^2)$ 之比，即得布氏硬度（HB）值，此值无量纲。图5-7是布氏硬度测定示意图。

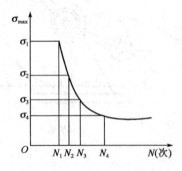

图 5-6　疲劳曲线

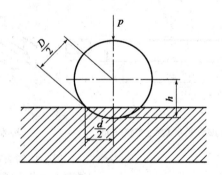

图 5-7　布氏硬度试验示意图

材料的硬度是材料弹性、塑性、强度等性能的综合反映。试验证明，碳素钢的 HB 值与其抗拉强度 σ_b 之间存在较好的相关关系，当 HB < 175 时，$\sigma_b \approx 0.36\text{HB}$；当 HB > 175 时，$\sigma_b \approx 0.35\text{HB}$。根据这些关系，可以在钢结构原位上测出钢材的 HB 值，来估算钢材的抗拉强度。

二 工艺性能

钢材应具有良好的工艺性能,以保证钢材顺利通过各种加工,满足施工工艺的要求。冷弯、冷拉、冷拔及焊接性能是建筑钢材的重要工艺性能。

(一)冷弯性能

冷弯性能是指钢材在常温下,以一定的弯心直径和弯曲角度对钢材进行弯曲,钢材能够承受弯曲变形的能力。

钢材的冷弯,一般以弯曲角度 α、弯心直径 d 与钢材厚度(或直径) a 的比值 d/a 来表示弯曲的程度,如图5-8所示。弯曲角度越大,d/a 越小,表示钢材的冷弯性能越好。

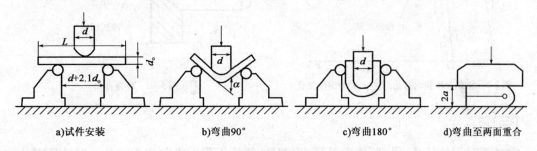

图5-8 钢材冷弯试验示意图

在常温下,以规定弯心直径和弯曲角度(90°或180°),对钢材进行弯曲,在弯曲处外表面即受拉区或侧面无裂纹、起层、鳞落或断裂等现象,则钢材冷弯合格。如有一种及以上的现象出现,则钢材的冷弯性能不合格。

伸长率较大的钢材,其冷弯性能也必然较好。但冷弯试验是对钢材塑性更严格的检验,有利于暴露钢材内部存在的缺陷,如气孔、杂质、裂纹、严重偏析等;同时在焊接时,局部脆性及焊接接头质量的缺陷也可通过冷弯试验而发现。因此钢材的冷弯性能也是评定焊接质量的重要指标。钢材的冷弯性能必须合格。

(二)冷加工

钢材在常温下超过其弹性范围后,产生一定塑性变形,屈服强度、硬度提高,而塑性、韧性及弹性模量降低,这种现象称为冷加工强化。如图5-9所示。

建筑工地或预制构件厂常利用该原理对钢筋或低碳盘条按一定方法进行冷拉或冷拔加工,以提高屈服强度,节约钢材。

1. 冷拉

将热扎后的钢筋用拉伸设备拉长,使之产生一定的塑性变形,以提高屈服强度。如图中 $OABKCD$ 为钢材的应力—应变曲线。将试件拉至超过屈服 B 的 K 点,然后卸去荷载,由于试件已经产生塑性变形,所以曲线沿 KO' 下降而不能回到原点。若将此试件立即重新拉伸,则新的应力应变曲线为 $O'KCD$ 虚线,即 K 点成为新的屈服点,屈服强度可提高20%~30%,节约钢材10%~20%,但塑性、韧性降低。

2. 冷拔

将钢筋或钢管通过冷拔机上的孔模,拔成一定截面尺寸的钢丝或细钢管。孔模用硬质合金钢制成,如图 5-10 所示。孔模的出口直径比进口小,每次截面缩小为 10% 以上,可以多次冷拔。冷拔加工后的钢材表面光洁度高,提高强度的效果比冷拉好。直径越细,强度越高。冷拔低碳钢丝屈服强度可提高 40% ~ 60%。

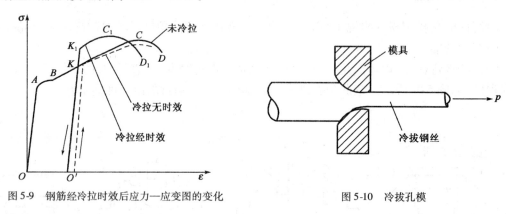

图 5-9 钢筋经冷拉时效后应力—应变图的变化　　图 5-10 冷拔孔模

(三) 时效

钢材随时间的延长,强度、硬度提高,而塑性、韧性下降的现象称为时效。时效处理的方式有两种:自然时效和人工时效。钢材经冷加工后,在常温下存放 15 ~ 20d,为自然时效;加热至 100 ~ 200℃ 保持 2h 左右,为人工时效。

钢材经冷拉后若不是立即重新拉伸,而是经时效处理后再拉伸,则应力应变曲线将成为 $O'KK_1C_1D_1$,这表明经冷拉后的钢材再经时效后,屈服强度、硬度进一步提高,抗拉强度也得到提高,而塑性和韧性进一步降低。钢材经过冷加工后,一般进行时效处理,通常强度较低的钢材宜采用自然时效,强度较高的钢材则应采用人工时效。

建筑工程中的钢筋,常利用冷加工后的时效作用来提高屈服强度,以节约钢材,但对于受荷载作用或经常处于中温条件工作的钢结构,如桥梁、吊车梁、钢轨、锅炉等用钢,为避免过大的脆性,防止出现突然断裂,要求采用时效敏感性小的钢材。

(四) 焊接性能

建筑工程中,钢材间的连接 90% 以上采用焊接方式。因此,要求钢材应有良好的焊接性能。在焊接中,由于高温作用和焊接后急剧冷却作用,焊缝及其附近的过热区将发生晶体组织及结构变化,产生局部变形及内应力,使焊缝周围的钢材产生硬脆倾向,降低了焊接的质量。可焊性良好的钢材,焊缝处性质应尽可能与母材相同,焊接才牢固可靠。

钢材的化学成分、冶炼质量、冷加工、焊接工艺及焊条材料等都会影响焊接性能。含碳量小于 0.25% 的碳素钢具有良好的可焊性,含碳量大于 0.3% 时可焊性变差;硫、磷及气体杂质会使可焊性降低;加入过多的合金元素,也会降低可焊性。对于高碳钢和合金钢,为改善焊接质量,一般需要采用预热和焊后处理,以保证质量。

钢材焊接后必须取样进行焊接质量检验,一般包括拉伸试验,有些焊接种类还包括了弯曲试验,要求试验时试件的断裂不能发生在焊接处。同时还要检查焊缝处有无裂纹、砂眼、咬肉和焊件变形等缺陷。

三 钢材的化学成分对钢材性能的影响

由于原料、燃料、冶炼过程等因素使钢材中存在大量的其他元素,如硅、硫、磷、氧等,合金钢是为了改性而有意加入的一些元素,如锰、硅、钒、钛等。钢的化学成分对钢材性能有着直接的影响。

1. 碳(C)

碳是决定钢材性质的主要因素。含碳量在0.8%以下时,随含碳量的增加,钢的强度和硬度提高,塑性和韧性降低;但当含碳量大于1.0%时,随含碳量增加,钢的强度反而下降。含碳量增加,钢的焊接性能变差,尤其当含碳量大于0.3%时,钢的可焊性显著降低。含碳量对碳素钢性能的影响如图5-11所示。

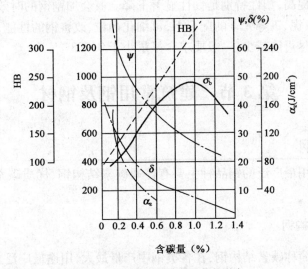

图5-11 含碳量对碳素钢性能的影响

建筑钢材的含碳量不可过高,但是在用途上允许时,可用含碳量较高的钢,最高可达0.6%。

2. 有益元素

(1) 硅(Si)

硅含量在1.0%以下时,可提高钢的强度、疲劳极限、耐腐蚀性及抗氧化性,对塑性和韧性影响不大,但可焊性和冷加工性能有所影响。硅可作为合金元素,用以提高合金钢的强度。通常碳素钢中硅含量小于0.3%,低合金钢含硅量小于1.8%。

(2) 锰(Mn)

锰可提高钢材的强度、硬度及耐磨性。能消减硫和氧引起的热脆性,改善钢材的热工性能。锰可作为合金元素,提高钢材的强度。锰含量通常1%~2%。

(3) 钒(V)、铌(Nb)、钛(Ti)

钒(V)、铌(Nb)、钛(Ti)都是炼钢的脱氧剂,也是常用的合金元素。适量加入钢中,可改善钢的组织,提高钢的强度和改善韧性。

3. 有害元素

(1) 硫(S)

硫引起钢材的"热脆性",会降低钢材的各种机械性能,使钢材的可焊性、冲击韧性、耐疲劳性和抗腐蚀性降低。建筑钢材的含硫量应尽可能减少,一般要求含硫量小于0.045%。

(2) 磷(P)

磷引起钢材的"冷脆性",磷含量提高,钢材的强度、硬度、耐磨性和耐蚀性提高,塑性、韧性和可焊性显著下降。建筑用钢要求含磷量小于0.045%。

(3) 氧(O)

含氧量增加,使钢材的机械强度降低、塑性和韧性降低,促进时效,还能使热脆性增加,焊接性能变差。建筑钢材的含氧量应尽可能减少,一般要求含氧量小于0.03%。

(4) 氮(N)

氮使钢材的强度提高,塑性特别是韧性显著下降。氮会加剧钢的时效敏感性和冷脆性,使可焊性变差。但在铝、铌、钒等元素的配合下,可细化晶粒,改善钢的性能,故可作为合金元素。建筑钢材的含氮量应尽可能减少,一般要求含氮量小于0.008%。

第3节 建筑常用钢及钢材

一 钢结构用钢

在建筑工程中应用最广泛的钢品种主要有普通碳素结构钢、优质碳素结构钢和低合金高强度结构钢。

(一) 普通碳素结构钢

普通碳素结构钢简称碳素结构钢,在各类钢中产量最大,用途最广泛,多轧制成型材、异型型钢和钢板等,可供焊接、铆接和螺栓连接。

1. 牌号及表示方法

国标《碳素结构钢》(GB/T 700—2006)中规定,钢的牌号由代表屈服点的字母、屈服点数值、质量等级符号、脱氧方法符号等四个部分按顺序组成。其中,以"Q"代表屈服点,普通碳素结构钢按屈服点的大小分为 Q195、Q215、Q235、Q275(MPa)四个不同强度级别的牌号;质量等级以硫、磷等杂质含量由多到少,分为 A、B、C、D 四个不同的质量等级;脱氧方法以 F 表示沸腾钢、b 表示半镇静钢、Z 和 TZ 表示镇静钢和特殊镇静钢,Z 和 TZ 在钢的牌号中可以省略。

例如:Q235-A.F 表示为屈服点不小于235MPa 的 A 级沸腾钢,Q235-D 表示屈服点不小于235MPa 的 D 级特殊镇静钢。

2. 技术要求

碳素结构钢的技术要求包括化学成分、力学性能、冶炼方法、交货状态及表面质量五个方面,应分别符合表5-1~表5-3 的要求。

碳素结构钢的化学成分(GB/T 700—2006)　　　　表5-1

牌号	统一字代号①	等级	厚度(直径)(mm)	化学成分(%),不大于					脱氧方法
				C	Si	Mn	P	S	
Q195	U11952	—	—	0.12	0.30	0.50	0.035	0.040	F、Z
Q215	U12152	A	—	0.15	0.35	1.20	0.045	0.050	F、Z
	U12155	B					0.045	0.045	
Q235	U12352	A	—	0.22②	0.35	1.40	0.045	0.050	F、Z
	U12355	B		0.20			0.045	0.045	
	U12358	C		0.17			0.040	0.040	Z
	U12359	D					0.035	0.035	TZ
Q275	U12752	A	—	0.24	1.50	1.50	0.045	0.050	F、Z
	U12755	B	≤40	0.21			0.045	0.045	Z
			>40	0.22					
	U12758	C	—	0.20			0.040	0.040	Z
	U12759	D					0.035	0.035	TZ

注:①表中为镇静钢、特殊镇静钢牌号的统一数字,沸腾钢牌号的统一数字代号如下:
Q195F – U11950;Q215AF – U12150,Q215BF – U12153;Q235AF – U12350,Q235BF – U12353;Q275AF – U12750。
②经需方同意,Q235B的含碳量可不大于0.22%。

碳素结构钢的力学性质(GB/T 700—2006)　　　　表5-2

牌号	等级	拉伸试验												冲击试验	
		屈服强度①(MPa)						抗拉强度②(MPa)	伸长率δ_5(%)					温度(℃)	V形冲击功(纵向)(J)
		钢材厚度(直径)(mm)							钢材厚度(直径)(mm)						
		≤16	16~40	40~60	60~100	100~150	150~200		≤40	40~60	60~100	100~150	150~200		
		≥							≥						
Q195	—	195	185					315~430	33						
Q215	A	215	205	195	185	175	165	335~450	31	29	28	27	26		
	B													+20	27
Q235	A	235	225	215	205	195	185	375~500	26	24	23	22	21		
	B													+20	27③
	C													0	
	D													-20	
Q275	A	275	265	255	245	225	215	410~540	22	21	20	18	17		
	B													+20	27
	C													0	
	D													-20	

注:①Q195的强度值仅为供参考,不作交货条件。
②厚度大于100mm的钢材,抗拉强度下限允许降低20MPa。宽带钢(包括剪切钢板)抗拉强度上限不作交货条件。
③厚度小于25mm的Q235B级的钢材,如供方能保证冲击吸收功值合格,经需方同意,可不作检验。

碳素结构钢冷弯试验指标（GB/T 700—2006） 表5-3

牌 号	试样方向	冷弯试验（试样宽度 $B=2a$①, 180°）	
		钢材厚度（或直径）②（mm）	
		≤60	60~100
		弯心直径 d	
Q195	纵	0	—
	横	0.50a	—
Q215	纵	0.50a	1.5a
	横	a	2a
Q235	纵	a	2a
	横	1.5a	2.5a
Q275	纵	1.5a	2.5a
	横	2a	3a

注：① a 为试样厚度（直径）。
② 钢材厚度（或直径）大于100mm时，弯曲试验由双方协商确定。

3. 碳素结构钢的应用

Q195、Q215，含碳量低，强度不高，塑性、韧性、加工性能和焊接性能好，主要用于轧制薄板和盘条、制造铆钉、地脚螺栓等。

Q235，含碳适中，综合性能好，强度、塑性和焊接等性能得到很好配合，用途最广泛。常轧制成盘条或钢筋，以及圆钢、方钢、扁钢、角钢、工字钢、槽钢等型钢，广泛地应用于建筑工程中。

Q255、Q275，强度、硬度较高，耐磨性较好，塑性和可焊性能有所降低。主要用作铆接与螺栓连接的结构及加工机械零件。

（二）低合金高强度结构钢

低合金高强度结构钢是一种在碳素结构钢的基础上添加总量不小于5%合金元素的钢材。所加合金元素主要有锰（Mn）、硅（Si）、钒（V）、钛（Ti）、铌（Nb）、铬（Cr）、镍（Ni）及稀土元素。其目的是为了提高钢的屈服强度、抗拉强度、耐磨性、耐蚀性及耐低温性能等。

1. 牌号及其表示方法

低合金高强度结构钢牌号由代表屈服点的汉语拼音字母Q、屈服点。数值、质量等级符号三个部分按顺序组成。低合金高强度结构钢有Q345、Q390、Q420、Q460、Q500、Q550、Q620、Q690（MPa）共8个牌号。

质量等级按冲击韧性划分为A、B、C、D、E五个等级。A级，不要求冲击韧性；B级，要求+20℃冲击韧性；C级，要求0℃冲击韧性；D级，要求-20℃冲击韧性；E级，要求-40℃冲击韧性。

Q390A，表示屈服强度390MPa，质量等级为A级的低合金高强度结构钢。

2. 力学性能

根据国家标准《低合金高强度结构钢》（GB/T 1591—2008）的规定，低合金高强度结构钢的力学性能（强度、冲击韧性、冷弯等）应符合表5-4~表5-8的规定。

低合金高强度结构钢的拉伸试验[1],[2],[3]（GB/T 1591—2008）——屈服强度　　　表 5-4

牌号	质量等级	以下公称厚度(mm)（直径、边长）下屈服强度(MPa)								
		≤16	16~40	40~63	63~80	80~100	100~150	150~200	200~250	250~400
		≥								
Q345	A	345	335	325	315	305	285	275	265	—
	B									
	C									
	D									265
	E									
Q390	A	390	370	350	330	330	310	—	—	—
	B									
	C									
	D									
	E									
Q420	A	420	400	380	360	360	340	—	—	—
	B									
	C									
	D									
	E									
Q460	C	460	440	420	400	400	380	—	—	—
	D									
	E									
Q500	C	500	480	470	450	440	—	—	—	—
	D									
	E									
Q550	C	550	530	520	500	490	—	—	—	—
	D									
	E									
Q620	C	620	600	590	570	—	—	—	—	—
	D									
	E									
Q690	C	690	670	660	640	—	—	—	—	—
	D									
	E									

注：① 当屈服不明显时，可测量 $R_{p0.2}$ 代替屈服强度。
② 宽度不小于 600mm 扁平材，拉伸试验取横向试样；宽度小于 600mm 的扁平材、型材及棒材取纵向试样，断后伸长率最小值相应提高 1%（绝对值）。
③ 250＜厚度＜400mm 的数值适用于扁平材。

低合金高强度结构钢的拉伸试验[①,②,③]（GB/T 1591—2008）——抗拉强度 表5-5

牌号	质量等级	以下公称厚度(mm)(直径、边长)下抗拉强度(MPa)						
		≤40	40~63	63~80	80~100	100~150	150~250	250~400
		≥						
345	A	470~630	470~630	470~630	470~630	450~600	450~600	—
	B							
	C							
	D							450~600
	E							
390	A	490~650	490~650	490~650	490~650	470~620	—	—
	B							
	C							
	D							
	E							
420	A	520~680	520~680	520~680	520~680	500~650	—	—
	B							
	C							
	D							
	E							
Q460	C	550~720	550~720	550~720	550~720	530~700	—	—
	D							
	E							
Q500	C	610~770	600~760	590~750	540~730	—	—	—
	D							
	E							
Q550	C	670~830	620~810	600~790	590~780	—	—	—
	D							
	E							
Q620	C	710~880	690~880	670~860	—	—	—	—
	D							
	E							
Q690	C	770~940	750~920	730~900	—	—	—	—
	D							
	E							

注：①②③同表5-4。

低合金高强度结构钢的拉伸试验[1],[2],[3]（GB/T 1591—2008）——断后伸长率　　表 5-6

牌号	质量等级	以下公称厚度(mm)(直径、边长)下断后伸长率(%)					
		≤40	40~63	63~100	100~150	150~250	250~400
		≥					
Q345	A	20	19	19	18	17	—
	B						
	C						
	D	21	20	20	19	18	17
	E						
Q390	A	20	19	19	18	—	—
	B						
	C						
	D						
	E						
Q420	A	19	18	18	18	—	—
	B						
	C						
	D						
	E						
Q460	C	17	16	16	16	—	—
	D						
	E						
Q500	C	17	17	17	—	—	—
	D						
	E						
Q550	C	16	16	16	—	—	—
	D						
	E						
Q620	C	15	15	15	—	—	—
	D						
	E						
Q690	C	14	14	14	—	—	—
	D						
	E						

注：①②③同表 5-4。

夏比(V形)冲击试验的试验温度和冲击吸收能量　　　　表 5-7

牌号	质量等级	试验温度(℃)	冲击吸收能量[①](J) 公称厚度(mm)(直径、边长) 12~150	150~250	250~400
Q345	B	20	≥34	≥27	—
Q345	C	0	≥34	≥27	27
Q345	D	-20	≥34	≥27	27
Q345	E	-40	≥34	≥27	27
Q390	B	20	≥34	—	—
Q390	C	0	≥34	—	—
Q390	D	-20	≥34	—	—
Q390	E	-40	≥34	—	—
Q420	B	20	≥34	—	—
Q420	C	0	≥34	—	—
Q420	D	-20	≥34	—	—
Q420	E	-40	≥34	—	—
Q460	C	0	≥34	—	—
Q460	D	-20	≥34	—	—
Q460	E	-40	≥34	—	—
Q500、Q550、Q620、Q690	C	0	≥55	—	—
Q500、Q550、Q620、Q690	D	-20	≥47	—	—
Q500、Q550、Q620、Q690	E	-40	≥31	—	—

注：① 为冲击试验纵向试样。

弯曲试验　　　　表 5-8

牌号	试验方向	180°弯曲试验 d 为弯心直径，a 为式样厚度(直径)(mm) 钢材厚度(mm)(直径、边长) ≤16	16~100
Q345 Q390 Q420 Q460	宽度不小于600mm扁平材，拉伸试验取横向式样。宽度小于600mm的扁平材、型材及棒材取纵向式样	2a	3a

3. 特性及应用

低合金高强度结构钢与碳素结构相比，具有较高的强度，有良好的塑性、低温冲击韧性、可焊性和耐蚀性等特点，是一种综合性能良好的建筑钢材。

Q345 级钢是钢结构的常用牌号，Q390 也是推荐使用的牌号。与碳素结构钢 Q235 相比，低合金高强度结构钢 Q345 的强度更高，等强度代换时可以节省钢材 15%~25%，并减轻结构自重。另外,Q345 具有良好的承受动荷载和耐疲劳性。低合金高强度结构钢广泛应用于钢结构和钢筋混凝土结构中,特别是大型结构、重型结构、大跨度结构、高层建筑、桥梁工程、承受动荷载和冲击荷载的结构。

二、钢筋混凝土用钢

钢筋是用于钢筋混凝土结构中的线材。按照生产方法、外形、用途等不同,工程中常用的钢筋主要有热轧光圆钢筋、热轧带肋钢筋、低碳钢热轧圆盘条、预应力钢丝、冷轧带肋钢筋、热处理钢筋等品种。钢筋具有强度较高、塑性较好,易于加工等特点,广泛地应用于钢筋混凝土结构中。

(一)热轧钢筋

钢筋混凝土用热轧钢筋分为光圆钢筋和带肋钢筋两种。热轧光圆钢筋横截面通常为圆形,且表面光滑,采用钢锭经热轧成型并自然冷却而成。热扎带肋钢筋横截面为圆形,且表面通常有两条纵肋和沿长度方向均匀分布的月牙形横肋。如图 5-12 所示。

图 5-12 带肋钢筋外形图

热轧直条光圆钢筋强度等级代号为 HPB235、HPB300。热轧带肋钢筋的牌号由 HRB 和牌号的屈服点最小值构成。H、R、B 分别为热轧(Hot-rolled)、带肋(Ribbed)、钢筋(Bars)三个词的英文首位字母。热轧带肋钢筋有 HRB335、HRB400、HRB500 三个牌号。HRB335 表示屈服点不小于 335MPa 的热轧带肋钢筋。

热轧光圆钢筋的公称直径范围为 6~22mm,常用的公称直径有 6mm、8mm、10mm、12mm、16mm、20mm。钢筋混凝土用热轧带肋钢筋的公称直径范围为 6~50mm,推荐的公称直径为 6mm、8mm、10mm、12mm、16mm、20mm、25mm、32mm、40mm 和 50mm。热轧钢筋的力学性能和工艺性能应符合《钢筋混凝土用热扎光圆钢筋》(GB 1499.1—2008)及《钢筋混凝土用热扎带肋钢筋》(GB 1499.2—2007)的规定(表 5-9)。

HPB235 光圆钢筋的强度低,但塑性和焊接性能好,便于各种冷加工,因而广泛用做小型钢筋混凝土结构中的主要受力钢筋以及各种钢筋混凝土结构中的构造筋。

HRB500 钢筋强度高,但塑性和焊接性能较差,可用作预应力钢筋。

(二)冷轧带肋钢筋

冷轧带肋钢筋由热轧圆盘条经冷轧或冷拔减径后,在表面冷轧成两面或三面有肋的钢筋。钢筋冷轧后允许进行低温回火处理。

根据《冷轧带肋钢筋》(GB 13788—2008)规定,冷轧带肋钢筋按抗拉强度分为 CRB550、

CRB650、CRB800、CRB970 共四个牌号。C、R、B 分别为冷轧、带肋、钢筋三个英文单词的首位字母,数字为抗拉强度的最小值。其力学性能和工艺性能应符合表 5-10 的规定。

热轧钢筋的力学性能与工艺性能　　　　表 5-9

强度等级代号	屈服点 σ_s (MPa)	抗拉强度 σ_b (MPa)	伸长率 δ_5 (%)	最大力总伸长率 (%)	冷弯试验 180°	
	≥				公称直径 a(mm)	弯心直径 d
HPB235 HPB300	235 300	370 420	25.0	10.0	a	a
HRB335 HRBF335	335	455	16		6~25 28~40 >40~50	3a 4a 5a
HRB400 HRBF400	400	540	14	7.5	6~25 28~40 >40~50	4a 5a 6a
HRB500 HRBF500	500	630	15		6~25 28~40 >40~50	6a 7a

冷轧带肋钢筋的力学性能和工艺性能　　　　表 5-10

牌号	屈服强度 $\sigma_{0.2}$ (MPa)	抗拉强度 σ_b (MPa)	伸长率 (%)		弯曲试验 180°	反复弯曲次数	应力松弛 初始应力相当于公称抗拉强度的70% 1000h 松弛率(%)
	≥		$\delta_{11.3}$	δ_{100}			≤
CRB550	500	550	8.0	—	$d=3a$	—	—
CRB650	585	650	—	4.0		3	8
CRB800	720	800	—	4.0		3	8
RB970	875	970	—	4.0		3	8

冷轧带肋钢筋用于非预应力构件,与热轧圆盘条相比,强度提高 17% 左右,可节约钢材 30% 左右;用于预应力构件,与低碳冷拔丝比,伸长率高,钢筋与混凝土之间的黏结力较大,适用于中、小预应力混凝土结构构件,也适用于焊接钢筋网。

(三)热处理钢筋

热处理钢筋是经过淬火和回火调质处理的螺纹钢筋。分有纵肋和无纵肋两种,其外形如图 5-13、图 5-14 所示。代号为 RB150。

热处理钢筋规格,有公称直径 6mm、8.2mm、10mm 三种。钢筋经热处理后应卷成盘。每盘应由一整根钢筋盘成,且每盘钢筋的重量应不小于 60kg。每批钢筋中允许由 5% 的盘数不足60kg,但不得小于25kg。公称直径为6mm和8.2mm的热处理钢筋盘的内径不小于1.7m,公称直径为10mm的热处理钢筋盘的内径不小于2.0m。

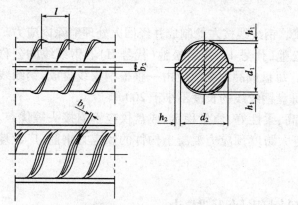

图5-13 有纵肋热处理钢筋外形
l-横肋间距;d_1-内径;d_2-外径;b_1-横肋宽;b_2-纵肋宽;
h_1-纵肋高;h_2-横肋高

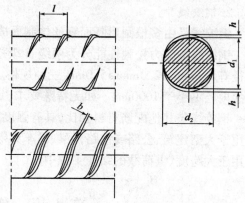

图5-14 无纵肋热处理钢筋外形
l-横肋间距;d_1-直径;d_2-外径;b-横肋宽;h-横肋高

热处理钢筋的牌号有$40Si_2Mn$、$48Si_2Mn$和$45Si_2Cr$三个,为低合金钢。各牌号钢的化学成分应符合(GB 4463—1984)有关标准规定。热处理钢筋的力学性能应符合表5-11的规定。

预应力混凝土用热处理钢筋的力学性能 表5-11

公称直径(mm)	牌 号	屈服点$\sigma_{0.2}$(MPa)	抗拉强度σ_b(MPa)	δ_{10}(%)
		≥		
6	$40Si_2Mn$			
8.2	$48Si_2Mn$	1325	1470	6
10	$45Si_2Cr$			

热处理钢筋具有较高的综合力学性能,除具有很高的强度外,还具有较好的塑性和韧性,特别适合于预应力构件。钢筋成盘供应,可省去冷拉、调质和对焊工序,施工方便。但其应力腐蚀及缺陷敏感性强,应防止产生锈蚀及刻痕等现象。热处理钢筋不适用于焊接和点焊的钢筋。

(四)预应力混凝土用钢丝及钢绞线

1. 钢丝

钢丝是以优质碳素结构钢盘条为原料,经淬火、酸洗、冷拉制成的用作预应力混凝土骨架的钢丝。

钢丝按交货状态分为冷拉钢丝和消除应力钢丝两种;按外形分为光面钢丝和刻痕钢丝两种;按用途分为桥梁用、电杆及其他水泥制品用两类。

钢丝成盘供应。每盘由一根组成,其盘重应不小于50kg,最低质量不小于20kg,每个交货批中最低质量的盘数不得多于10%。消除应力钢丝的盘径不小于1700mm;冷拉钢丝的盘径不小于600mm。经供需双方协议,也可供应盘径不小于550mm的钢丝。

钢丝的抗拉强度比低碳钢热轧圆盘条、热轧光圆钢筋、热轧带肋钢筋的强度高1~2倍。

在构件中采用钢丝可节约钢材、减小构件截面积和节省混凝土。钢丝主要用作桥梁、吊车梁、电杆、楼板、大口径管道等预应力混凝土构件中的预应力筋。

2. 钢绞线

钢绞线是由多根圆形断面钢丝捻制而成。钢绞线按左捻制成并经回火处理消除内应力。

钢绞线按应力松弛性能分为两级：I 级松弛（代号 I）、II 级松弛（代号 II）。钢绞线的公称直径有 9.0mm、12.0mm、15.0mm 三种规格。每盘成品钢绞线应由一整根钢绞线盘成，钢绞线盘的内径不小于 1000mm。如无特殊要求，每盘钢绞线的长度不小于 200m。

钢绞线与其他配筋材料相比，具有强度高、柔性好、质量稳定、成盘供应不需接头等优点。适用于大型建筑、公路或铁路桥梁、吊车梁等大跨度预应力混凝土构件的预应力钢筋，广泛地应用于大跨度、重荷载的结构工程中。

第 4 节　钢材锈蚀及防止

一、钢材的锈蚀

钢材的锈蚀是指钢材表面与周围介质发生作用而引起破坏的现象。根据钢材与环境介质作用的机理，锈蚀可分为化学锈蚀和电化学锈蚀两类。

1. 化学锈蚀

化学锈蚀是指钢材与周围介质（如氧气、二氧化碳、二氧化硫和水等）发生化学反应，生成疏松的氧化物而产生的锈蚀。一般情况下，是钢材表面 FeO 保护膜被氧化成黑色的 Fe_3O_4。在常温下，钢材表面能形成 FeO 保护膜，可以防止钢材进一步锈蚀。所以，在干燥环境中化学锈蚀速度缓慢，但在温度和湿度较大的情况下，这种锈蚀进展加快。

2. 电化学锈蚀

电化学锈蚀是指钢材与电解质溶液接触而产生电流，形成微电池而引起的锈蚀。电化学锈蚀是建筑钢材在存放和使用中发生锈蚀的主要形式。钢材本身含有铁、碳等多种成分，在表面介质作用下，各成分的电极电位不同，形成许多微电池，Fe 元素失去电子成为 Fe^{2+} 进入介质溶液，与溶液中 OH^- 离子结合生成不溶于水的 $Fe(OH)_2$，并进一步氧化成为疏松易剥落的红棕色铁锈 $Fe(OH)_3$，使钢材遭到锈蚀。

由此可知，钢材发生电化学锈蚀的必要条件是水和氧气的存在。

钢材锈蚀后，受力面积减小，承载能力下降。在钢筋混凝土中，因锈蚀引起钢筋混凝土顺筋开裂。

二、钢筋混凝土中钢筋锈蚀

普通混凝土为强碱性环境，pH 值约为 12.5，埋入混凝土中的钢筋处于碱性介质条件，而形成碱性钢筋保护膜，只要混凝土表面没有缺陷，里面的钢筋是不会锈蚀的。但应注意，如果制作的混凝土构件不密实，环境中的水和空气能进入混凝土内部，或者混凝土保护层厚度小或发生了严重的碳化，使混凝土失去了碱性保护作用，特别是混凝土内氯离子含量过大，使钢筋表面的保护膜被氧化,也会发生钢筋锈蚀现象。

加气混凝土碱度较低,混凝土多孔,外界的水和空气易深入内部,电化学腐蚀严重,故加气混凝土中的钢筋在使用前必须进行防腐处理。轻骨料混凝土和粉煤灰混凝土的护筋性能良好,钢筋不会发生锈蚀。

综上所述,对于普通混凝土、轻骨料混凝土和粉煤灰混凝土,为了防止钢筋锈蚀,施工中应确保混凝土的密实度以及钢筋保护层的厚度。在二氧化碳浓度高的工业区采用硅酸盐水泥或普通水泥,限制含氯盐外加剂的掺量,并使用钢筋防锈剂(如亚硝酸钠);预应力混凝土应禁止使用含氯盐的骨料和外加剂;对于加气混凝土等,可以在钢筋表面涂环氧树脂或镀锌等方法来防止。

三、钢材锈蚀的防止

钢材的锈蚀既有内因(材质),又有外因(环境介质作用),因此要防止或减少钢材的锈蚀必须从钢材本身的易腐蚀性、隔离环境中的侵蚀性介质或改变钢材表面状况方面入手。

1. 表面刷漆

表面刷漆是钢结构防止锈蚀的常用方法。刷漆通常有底漆、中间漆和面漆三道。底漆要求有较好的附着力和防锈能力,常用的有红丹、环氧富锌漆、云母氧化铁和铁红环氧底漆等。中间漆为防锈漆,常用的有红丹、铁红等。面漆要求有较好的牢度和耐候性能保护底漆不受损伤或风化,常用的有灰铅、醇酸磁漆和酚醛磁漆等。

钢材表面涂刷漆时,一般为一道底漆、一道中间漆和两道面漆。要求高时可增加一道中间漆或面漆。使用防锈涂料时,应注意钢构件表面的除锈,注意底漆、中间漆和面漆的匹配。

2. 表面镀金属

用耐腐蚀性好的金属,以电镀或喷镀的方法覆盖在钢材的表面,提高钢材的耐腐蚀能力。常用的方法有镀锌(如白铁皮)、镀锡(如马口铁)、镀铜和镀铬等。

3. 采用耐候钢

耐候钢即耐大气腐蚀钢。耐候钢是在碳素钢和低合金钢中加入少量的铜、铬、镍、钼等合金元素而制成。耐候钢既有致密的表面防腐保护,又有良好的焊接性能,其强度级别与常用碳素钢和低合金钢一致,技术指标相近。

◀ 本章小结 ▶

本章主要讲述了钢材的分类以及钢材的冶炼方法,其分类有四种(按冶炼方法、按脱氧方法、按化学分类、按质量等级);碳、硅、锰、磷、硫、氧、氮等元素对钢材性能的不同影响;建筑钢材的技术性能及检验方法,低碳钢拉伸试验的四个阶段,抗拉性能和冲击韧性是建筑钢材的主要力学性能,冷弯性能和焊接性能是建筑钢材的主要工艺性能;建筑常用钢及钢材的技术标准及应用,以及钢材锈蚀及防止的措施。通过本章的学习,要求学生了解钢材的冶炼加工与分类方法,掌握建筑钢材的力学性能、工艺性能及现行国家标准或规范对钢材的性能及技术要求。要求学生具备能正确地选材、合理地用材的能力。

习 题

5-1 钢有哪几种分类方法?建筑钢材一般如何分类?

5-2 低碳钢受拉分为哪几个阶段?各阶段的特征及指标意义如何?

5-3 钢材中的化学成分对其性能有何影响?

5-4 为什么说是屈服点、抗拉强度和伸长率是建筑工程中用钢的重要技术性能指标?

5-5 什么是钢材的屈强比?它在建筑设计中有何实际意义?

5-6 什么是钢材的冷加工强化和时效处理?钢材经过冷加工强化后性质有何变化?再经过时效处理后钢材性能又有何变化?采取该措施对工程有何意义?

5-7 钢材热处理的工艺有哪些?起什么作用?

5-8 建筑上常用有哪些牌号的低合金钢?

5-9 说明下列钢材牌号的含义:①Q235-A.F;②Q255-B.b;③Q420-D;④Q345(16Mn)。

5-10 工地上为何常对强度偏低而塑性偏大的低碳盘条钢筋进行冷拉?

5-11 混凝土结构工程中常用的钢筋、钢丝、钢绞线有哪些种?如何选用?

5-12 建筑钢材的锈蚀原因有哪些?如何防护?

5-13 直径16mm的钢筋,截取两根试样作拉伸试验,达到屈服点的荷载分为72.3kN和72.2kN,拉断时荷载分别104.5kN和108.5kN。试件标距长度80mm,拉断时的标距长度为96mm和94.4mm。问该钢筋属何牌号?

5-14 截取两根热扎钢筋做拉伸试验,测得结果如下:屈服下限荷载分别为42.4kN和41.5kN;抗拉极限荷载分别为62.0kN和61.6kN;钢筋公称直径为12mm,标距长度60mm,拉断时长度分别为71.1mm和71.5mm。试判断该钢筋为何牌号?其强度利用率和结构安全度如何?

第6章 墙体材料

【职业能力目标】

在建筑与装饰工程中,墙体材料应用广泛,通过学习砌墙砖、砌块机墙用板材等墙体材料的知识,学生能够在建筑工程或水利等施工中从事材料员岗位中的相关工作,例如施工现场墙体材料进场验收工作。

【学习目标】

1. 掌握砌墙砖的种类和性质;
2. 掌握砌墙砌块的种类和性质;
3. 了解墙用板材的性质及应用。

第1节 砌墙砖

凡是由黏土、工业废料或其他地方资源为主要原料,以不同的工艺制成的在建筑物中用于承重墙和非承重墙的砖统称为砌墙砖。砌墙砖可分为普通砖和空心砖两大类。普通砖是没有孔洞或孔洞率(砖面上孔洞总面积占砖面积的百分率)小于15%的砖;而孔洞率等于或大于15%的砖称为空心砖,其中孔的尺寸小而数量多的砖又称为多孔砖。

按照生产工艺分为烧结砖和非烧结砖。烧结砖是经焙烧而制成的砖,常结合主要原料命名,如烧结页岩砖、烧结煤矸石砖等;非烧结砖是通过非烧结工艺制成的,如碳化砖、蒸养砖等。

一 烧结砖

1. 烧结普通砖的定义及分类

烧结普通砖是以黏土、页岩、煤矸石、粉煤灰为主要原料,经焙烧而成的普通砖。按主要原料,分为烧结黏土砖(符号为 N)、烧结页岩砖(符号为 Y)、烧结煤矸石砖(符号为 M)和烧结粉煤灰砖(符号为 F)。

烧结黏土砖是以黏土为主要原料，经配料、制坯、干燥、焙烧而成的烧结普通砖，简称为黏土砖。烧结页岩砖是页岩经破碎、粉磨、配料、成型、干燥和焙烧等工艺制成的砖。烧结粉煤灰砖是以火力发电厂排出的粉煤灰，掺入适量黏土经搅拌成型、干燥和焙烧而成的承重砌体材料。

烧结煤矸石砖是以采煤和洗煤时剔除的大量煤矸石为原料，经粉碎后，根据其含碳量和可塑性进行适当配料，即可制砖，焙烧时基本不需外投煤。

2. 烧结普通砖的主要技术性质

根据《烧结普通砖》(GB/T 5101—2003)规定，强度和抗风化性能合格的砖，根据砖的尺寸偏差、外观质量、泛霜和石灰爆裂的程度将其分为优等品(A)、一等品(B)和合格品(C)三个质量等级。

(1) 外形尺寸

烧结普通砖的外形为直角六面体，公称尺寸是240mm×115mm×53mm，如图6-1所示。

(2) 外观质量

烧结普通砖的外观质量包括两条面高度差、弯曲、杂质凸出高度、缺棱掉角、裂纹、完整面、颜色等内容。

(3) 强度等级

烧结普通砖是通过取10块砖样进行抗压强度试验，根据抗压强度平均值和标准值方法或抗压强度平均值和最小值方法来评定砖的强度等级。

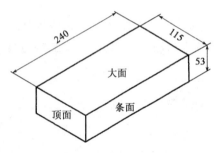

图6-1 烧结普通砖示意图(尺寸单位:mm)

(4) 泛霜和石灰爆裂

泛霜是指在新砌筑的砖砌体表面，有时会出现一层白色的粉状物。国家标准严格规定烧结制品中优等产品不允许出现泛霜，一等产品不允许出现中等泛霜，合格产品不允许出现严重泛霜。

石灰爆裂是烧结砖的原料中夹杂着石灰石，焙烧时石灰石被烧成生石灰块，在使用过程中生石灰吸水熟化转变为熟石灰，固相体积增大近一倍造成制品爆裂的现象。烧结普通砖的质量缺陷如图6-2所示。

a) 泛霜的墙面

b) 石灰爆裂导致砖碎裂

图6-2 烧结普通砖的质量缺陷

(5)抗风化性能

抗风化性能是指材料在干湿变化、温度变化、冻融变化等物理因素作用下不破坏并保持原有性质的能力。

(6)产品标记

按产品名称、品种、强度等级和标准编号的顺序编写。如烧结普通砖强度等级 MU15,一等品的黏土砖,其标记为:烧结普通砖 NMU15B(GB/T 5101—2003)。

3. 烧结普通砖的应用

烧结普通砖是传统墙体材料,主要用于砌筑建筑物的内墙、外墙、柱、烟囱和窑炉。烧结普通砖价格低廉,具有一定的强度、隔热、隔声性能及较好的耐久性。它的缺点是制砖取土、大量毁坏农田、烧砖能耗高、砖自重大、成品尺寸小、施工效率低、抗震性能差等。

在应用时,必须认识到砖砌体的强度不仅取决于砖的强度,而且受砂浆性质的影响。砖的吸水率大,在砌筑中吸收砂浆中的水分,如果砂浆保持水分的能力差,砂浆就不能正常硬化,导致砌体强度下降。为此,在砌筑砂浆时除了要合理配制砂浆外,还要使砖润湿。黏土砖应在砌筑前 1~2d 浇水湿润,以浸入砖内深度 1cm 为宜。

二 烧结多孔砖和烧结空心砖

用多孔砖或空心砖代替实心砖可使建筑物自重减轻 1/3 左右,节约原料 20%~30%,节省燃料 10%~20%,且烧成率高,造价降低 20%,施工效率提高 40%,并能改善砖的绝热和隔声性能,在相同的热工性能要求下,用空心砖砌筑的墙体厚度可减薄半砖左右。一些较发达国家多孔砖占砖总产量的 70%~90%,我国目前也正在大力推广,而且发展很快。

(一)烧结多孔砖

烧结多孔砖是指空洞率等于或大于 15%,孔的尺寸小而数量多的烧结砖。使用时孔洞垂直于受压面,主要用于建筑物承重部位。

《烧结多孔砖》(GB 13544—2000)规定:烧结多孔砖为直角六面体,按主要原料砖分为黏土砖(N)、页岩砖(Y)、煤矸石砖(M)和粉煤灰砖(F)。

1. 烧结多孔砖的技术性质

(1)外形尺寸

砖的外形为直角六面体,其长度、宽度、高度尺寸应符合下列要求:290mm,240mm,190mm,180mm;175mm,140mm,115mm,90mm。其孔洞尺寸为:圆孔直径不大于 22mm,非圆孔内切圆直径不大于 15mm。手抓孔尺寸为(30~40)mm×(75~85)mm。典型烧结多孔砖规格有 190mm×190mm×90mm(M 型)和 240mm×115mm×90mm(P 型)两种,如图 6-3 所示。

(2)强度等级

多孔砖的强度等级同烧结普通砖一样分成 MU30、MU25、MU20、MU15、MU10 五个强度等级,评定方法完全与烧结普通砖相同。

(3)产品标记

烧结多孔砖的产品标记按产品名称、品种、规格、强度等级、质量等级和标准编号的顺序编写。如规格尺寸290mm×140mm×90mm、强度等级MU25、优等品的粉煤灰砖,其标记为:烧结多孔砖 F290×140×9025 A GB 13544。

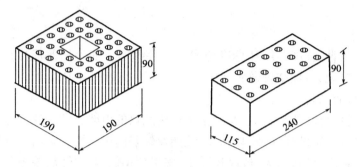

图6-3 烧结多孔砖示意图(尺寸单位:mm)

2. 烧结多孔砖的应用

烧结多孔砖可以代替烧结黏土砖,用于承重墙体,尤其在小城镇建设中用量非常大。在应用中,强度等级不低于MU10,最好在MU15以上;孔洞率不小于25%,最好在28%以上;孔洞排布最好为矩形条孔错位排列,而不采用圆孔,以提高产品热工性能指标。优等品可用于墙体装饰和清水墙砌筑,一等品和合格品可用于混水墙,中等泛霜的砖不得用于潮湿部位。

(二)烧结空心砖

烧结空心砖是以黏土、页岩、煤矸石为主要原料,经焙烧而成的孔洞率≥15%,孔的尺寸大而数量少的砖。常见烧结空心砖如图6-4所示。

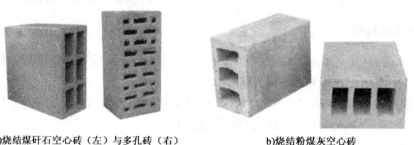

a)烧结煤矸石空心砖(左)与多孔砖(右)　　b)烧结粉煤灰空心砖

图6-4 常见烧结空心砖

1. 烧结空心砖的技术性质

(1)外形尺寸

《烧结空心砖和空心砌块》(GB 13545—2003)规定:烧结空心砖的长、宽、高应符合以下系列:①290mm、190(140)mm、90mm;②240mm、180(175)mm、115mm。烧结空心砖和空心砌块基本构造如图6-5所示。

(2)质量等级

烧结空心砖根据表观密度分为800、900、1100三个密度级别。每个密度级别根据孔洞及其排数、尺寸偏差、外观质量、强度等级和物理性能分为优等品(A)、一等品(B)和合格品(C)三个产品等级,各产品等级对应的强度等级及具体指标要求如表6-1所示。

烧结空心砖的强度等级　　　　　　　　　表6-1

强度等级	抗压强度平均值 $\bar{f}$	变异系数 $\delta \leq 0.21$ 强度标准值 f_k（MPa）	变异系数 $\delta > 0.21$ 单块最小抗压强度 f_{min}（MPa）	密度等级范围（kg/m³）
MU10.0	≥10.0	≥7.0	>8.0	≤1100
MU7.5	≥7.5	≥5.0	>5.8	≤1100
MU5.0	≥5.0	≥3.5	>4.0	≤1100
MU3.5	≥3.5	≥2.5	>2.8	≤1100
MU2.5	≥2.5	≥1.6	>1.8	≤800

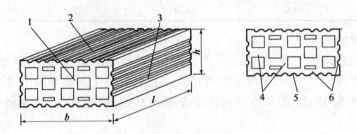

图6-5　烧结空心砖和空心砌块示意图
1-顶面；2-大面；3-条面；4-肋；5-凹槽面；6-壁

(3) 产品标记

产品标记按产品名称、类别、规格、密度等级、强度等级、质量等级和标准编号顺序编写。如规格尺寸290mm×190mm×90mm、密度等级800、强度等级MU7.5、优等品的页岩空心砖，其标记为：烧结空心砖Y(290×190×90)800MU7.5A GB 13545。

2. 烧结空心砖的应用

烧结空心砖主要用作非承重墙，如多层建筑内隔墙或框架结构的填充墙等。使用空心砖强度等级不低于MU3.5，最好在MU5以上，孔洞率应大于45%，以横孔方向砌筑。

三　非烧结砖

蒸压（养）砖是以含钙材料（石灰、电石渣等）和含硅材料（砂子、粉煤灰、煤矸石、灰渣、炉渣等）与水拌和，经压制成型，在自然条件下或人工热合成条件下（常压或高压蒸汽养护）反应生成以水化硅酸钙、水化铝酸钙为主要胶结料的硅酸盐建筑制品。主要品种有灰砂砖、粉煤灰砖、炉渣砖等。

（一）蒸压灰砂砖

蒸压灰砂砖是用磨细生石灰和天然砂，经混合搅拌、陈化（使生石灰充分熟化）、轮碾、加压成型、蒸压养护（175～191℃，0.8～1.2MPa的饱和蒸汽）而成。

1. 蒸压灰砂砖的技术性质

(1) 规格：灰砂砖的外形尺寸与烧结普通砖相同，240mm×115mm×53mm。

(2) 强度等级：根据浸水24h后的抗压和抗折强度分为MU25、MU20、MU15、MU10四个强度等级，见表6-2。

(3)产品等级:根据产品的尺寸偏差和外观分为优等品(A)、一等品(B)、合格品(C)三个等级。

蒸压灰砂砖的强度等级　　　　表6-2

强度等级	抗压强度(MPa),不小于		抗折强度(MPa),不小于	
	平均值	单块值	平均值	单块值
MU25	25.0	20.0	5.0	4.0
MU20	20.0	16.0	4.0	3.2
MU15	15.0	12.0	3.3	2.6
MU10	10.0	8.0	2.5	2.0

2.蒸压灰砂砖的应用

蒸压灰砂砖是在高压下成型,又经过蒸压养护,砖体组织致密,具有强度高、大气稳定性好、干缩率小、尺寸偏差小、外形光滑平整等特点。它主要用于工业与民用建筑的墙体和基础。其中,MU15、MU20和MU25的灰砂砖可用于基础及其他部位,MU10的灰砂砖可用于防潮层以上的建筑部位。

蒸压灰砂砖不得用于长期受热200℃以上、受急冷、受急热或有酸性介质侵蚀的环境,也不宜用于受流水冲刷的部位。灰砂砖表面光滑平整,使用时注意提高砖与砂浆之间的黏结力。

(二)蒸压(养)粉煤灰砖

蒸压(养)粉煤灰砖是以粉煤灰、石灰和水泥为主要原料,掺入适量的石膏、外加剂、颜料和骨料,经坯料制备、压制成型、高压或常压蒸汽养护而制成的实心砖。

1.粉煤灰砖的技术性质

(1)规格:外形尺寸与烧结普通砖相同,240mm×115mm×53mm。

(2)强度等级:按抗压强度和抗折强度分为MU30、MU25、MU20、MU15、MU10五个强度等级,见表6-3。

粉煤灰砖的强度等级　　　　表6-3

强度等级	抗压强度(MPa),不小于		抗折强度(MPa),不小于	
	10块平均值	单块值	10块平均值	单块值
MU30	30.0	24.0	6.2	5.0
MU25	25.0	20.0	5.0	4.0
MU20	20.0	16.0	4.0	3.2
MU15	15.0	12.0	3.3	2.6
MU10	10.0	8.0	2.5	2.0

(3)产品等级:按外观质量、强度、抗冻性和干燥收缩分为优等品(A)、一等品(B)、合格品(C)三个产品等级。

2.粉煤灰砖的应用

蒸压粉煤灰砖可用于工业与民用建筑的基础和墙体,但应注意以下几点:

(1)在易受冻融和干湿交替的部位必须使用优等品或一等品砖。用于易受冻融作用的部位时要进行抗冻性检验,并采取适当措施以提高其耐久性。

(2)用粉煤灰砖砌筑的建筑物,应适当增设圈梁及伸缩缝或采取其他措施,以避免或减少收缩裂缝的产生。

(3)粉煤灰砖出釜后,应存放一段时间后再用,以减少相对伸缩值。

(4)长期受高于200℃作用,或受冷热交替作用,或有酸性侵蚀的建筑部位不得使用粉煤灰砖。

(三)蒸压炉渣砖

蒸压炉渣砖是以煤燃烧后的残渣为主要原料,配以一定数量的石灰和少量石膏,经加水搅拌混合、压制成型、蒸养或蒸压养护而制成的实心砖。

1. 炉渣砖的技术性质

(1)规格:炉渣砖的外形尺寸同普通黏土砖(240mm×115mm×53mm)。

(2)强度等级:根据抗压强度和抗折强度分为 MU25、MU20、MU15 和 MU10 四个等级,见表 6-4。

炉渣砖的强度等级　　　　　　　　表6-4

强度等级	抗压强度(MPa),不小于		抗折强度(MPa),不小于	
	平均值	单块值	平均值	单块值
MU25	25.0	20.0	5.0	3.5
MU20	20.0	15.0	4.0	3.0
MU15	15.0	11.0	3.3	2.4
MU10	10.0	7.5	2.5	1.9

(3)产品等级:质量等级分优等品(A)、一等品(B)、合格品(C)三个等级。

2. 炉渣砖的应用

炉渣砖可用于一般工业与民用建筑的墙体和基础。但应注意:用于基础或易受冻融和干湿交替作用的建筑部位必须使用 MU15 及以上强度等级的砖;炉渣砖不得用于长期受热在200℃以上或受急冷急热或有侵蚀性介质的部位。炉渣砖的生产消耗大量工业废渣,属于环保型墙材。

四 混凝土多孔砖

混凝土多孔砖是一种新型墙体材料,是以水泥为胶结材,以砂、石等为主要集料,加水搅拌、压制成型、养护制成的一种多排小孔的混凝土砖。其制作工艺简单,施工方便。用混凝土多孔砖代替实心黏土砖、烧结多孔砖,可以不占耕地,节省黏土资源,且不用焙烧设备,节省能耗。

1. 混凝土多孔砖的技术性质

(1)规格

混凝土多孔砖的外形为直角六面体,产品的主要规格尺寸(长、宽、高)有:240mm×190mm×180mm,240mm×115mm×90mm,115mm×90mm×53mm。最小外壁厚不应小于15mm,最小肋厚不应小于10mm,常见形状如图6-6所示。为了减轻墙体自重及增加保温隔热功能,规定其孔洞率不小于30%。

（2）产品等级

按尺寸偏差与外观质量分为优等品（A）、一等品（B）、合格品（C）三个等级。按强度等级分为MU10、MU15、MU20、MU25、MU30五个等级。

2. 混凝土多孔砖的应用

混凝土多孔砖原料来源容易、生产工艺简单、成本低、保温隔热性能好、强度较高,且有较好的耐久性,在建筑工程中多用于建筑物的围护结构和隔墙。

图6-6　混凝土多孔砖

第2节　墙用砌块

建筑砌块是一种体积比砖大、比大板小的新型墙体材料,其外形多为直角六面体,也有各种异形的。砌块按规格可分为大型（高度>980mm）、中型（高度380~980mm）和小型（高度115~380mm）,按用途可分为承重砌块和非承重砌块,按孔洞率分为实心砌块、空心砌块,按原料的不同可分为蒸压加气混凝土砌块、硅酸盐混凝土砌块、普通混凝土砌块、轻集料混凝土砌块、粉煤灰砌块、石膏砌块等。

一　蒸压加气混凝土砌块

蒸压加气混凝土砌块（简称加气混凝土砌块,见图6-7）,代号ACB,是以钙质材料（水泥、石灰）和硅质材料（砂、矿渣、粉煤灰等）为基本原料,经过磨细,并以铝粉为发气剂,按一定比例配合,再经过料浆浇筑、发气成型、坯体切割和蒸压养护等工艺制成的一种轻质、多孔的建筑材料。

1. 技术性质

（1）规格

《蒸压加气混凝土砌块》（GB/T 11968—2006）规定,该砌块的规格:长度为600mm,高度为200mm、240mm、250mm、300mm;宽度为100mm、125mm、150mm、180mm、200mm、240mm、250mm、300mm,如需要其他规格,可由供需双方协商解决。

图6-7　加气混凝土砌块

（2）强度等级

砌块按抗压强度分为A1.0、A2.0、A2.5、A3.5、A5.0、A7.5、A10.0七个强度级别,各级别的立方体抗压强度值见表6-5。

（3）密度等级

按干表观密度分为B03、B04、B05、B06、B07、B08（如B04为体积密度不大于400kg/m³）六个体积密度级别,见表6-6。

加气混凝土砌块的抗压强度 表6-5

强度等级		A1.0	A2.0	A2.5	A3.5	A5.0	A7.5	A10.0
立方体抗压强度（MPa）	平均值	≥1.0	≥2.0	≥2.5	≥3.5	≥5.0	≥7.5	≥10.0
	单块最小值	≥0.8	≥1.6	≥2.0	≥2.8	≥4.0	≥6.0	≥8.0

混凝土的密度级别 表6-6

干密度等级		B03	B04	B05	B06	B07	B08
干密度（kg/m³）	优等品（A）	≤300	≤400	≤500	≤600	≤700	≤800
	合格品（B）	≤325	≤425	≤525	≤625	≤725	≤825
强度级别	优等品（A）	A1.0	A2.0	A3.5	A5.0	A7.5	A10.0
	合格品（B）			A2.5	A3.5	A5.0	A7.5

（4）质量等级

砌块按外观质量、体积密度和抗压强度分为优等品（A）、一等品（B）和合格品（C）三个质量等级。

（5）产品标识

蒸压加气混凝土砌块的产品标识由强度级别、干密度级别、等级、规格尺寸及标准编号五部分组成。如：强度级别为A3.5、干密度级别为B05、优等品、规格尺寸为600mm×200mm×250mm的蒸压加气混凝土砌块，其标记为：ACB A3.5 B05 600×200×250（A） GB 11968。

2. 应用

蒸压加气混凝土砌块具有表观密度小、保温及耐火性好、易加工、抗震性好、施工方便的特点，适用于低层建筑的承重墙。多层建筑和高层建筑的分隔墙、填充墙及工业建筑物的围护墙体。不得应用于建筑物的基础和温度长期高于80℃的建筑部位。

二 蒸养粉煤灰砌块（代号FB）

粉煤灰砌块是以粉煤灰、石灰、石膏和骨料为原料，经加水搅拌、振动成型、蒸汽养护而制成的一种密实砌块。通常采用炉渣作为砌块的集料。

1. 技术要求

（1）规格

粉煤灰砌块的主要规格尺寸有两种：880mm×380mm×240mm 和 880mm×430mm×240mm。砌块端面应加灌浆槽，坐浆面宜设抗剪槽，砌块各部位名称如图6-8所示。

（2）强度等级

砌块的强度等级按其立方体试件的抗压强度分为MU10和MU13两个强度等级。

（3）质量等级

按其外观质量、尺寸偏差和干缩性能分为一等品（B）

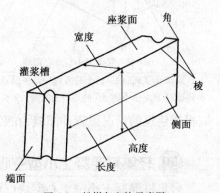

图6-8 粉煤灰砌块示意图

和合格品(C)。

2. 应用

粉煤灰砌块的干缩值比水泥混凝土大,弹性模量低于同强度的水泥混凝土。可用于耐久性要求不高的一般工业和民用建筑的围护结构和基础,但不适用于有酸性介质侵蚀、长期受高温影响和经受较大振动影响的建筑物。

三 普通混凝土小型空心砌块

普通混凝土小型砌块(代号NHB)是以水泥为胶结材料,砂、碎石或卵石、煤矸石、炉渣为集料,加水搅拌、振动加压成型、养护而成的小型砌块。

1. 技术性质

(1) 规格

主规格尺寸为390mm×190mm×190mm、390mm×240mm×190mm,最小外壁厚不应小于30mm,最小肋厚不应小于25mm,如图6-9所示。

(2) 强度等级

按抗压强度分为MU3.5、MU5.0、MU7.5、MU10.0、MU15.0、MU20.0六个强度等级,见表6-7。

混凝土空心小砌块抗压强度　　　　表6-7

强度等级	砌块抗压强度(MPa),不小于		强度等级	砌块抗压强度(MPa),不小于	
	5块平均值	单块最小值		5块平均值	单块最小值
MU3.5	3.5	2.8	MU10	10.0	8.01
MU5.0	5.0	4.0	MU15	15.0	2.0
MU7.5	7.5	6.0	MU20	20.0	16.0

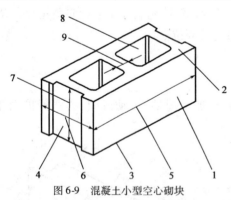

图6-9 混凝土小型空心砌块
1—条面;2—坐浆面(肋厚较小的面);3—壁;4—肋;5—高度;
6—顶面;7—宽度;8—铺浆面(肋厚较大的面);9—长度

(3) 质量等级

砌块按尺寸偏差和外观质量分为优等品(A)、一等品(B)和合格品(C)三个质量等级。

2. 应用

混凝土小型空心砌块主要适用于各种公用或民用住宅建筑以及工业厂房、仓库和农村建筑的内外墙体。为防止或避免小砌块因失水而产生的收缩导致墙体开裂,应特别注意:小砌块采用自然养护时,必须养护28d后方可上墙;出厂时小砌块的相对含水率必须严格控制;在施工现场堆放时,必须采用防雨措施;砌筑前,不允许浇水预湿;为防止墙体开裂,应根据建筑的情况设置伸缩缝,在必要的部位增加构造钢筋。

四 轻集料混凝土小型空心砌块

轻集料混凝土小型空心砌块(代号LHB)是以陶粒、膨胀珍珠岩、浮石、火山渣、煤渣、自燃煤矸石等各种轻粗、细集料和水泥按一定比例配制,经搅拌、成型、养护而成的空心率大于或等于25%、表观密度小于1400kg/m³的轻质混凝土小砌块。

该砌块的主规格为390mm×190mm×190mm,强度等级为MU1.5、MU2.5、MU3.5、MU5.0、MU7.5和MU10.0六个强度等级,密度为500~1400kg/m³。

与普通混凝土小型空心砌块相比,这种砌块重量更轻、保温隔热性能更佳、抗冻性更好,主要用于非承重结构的围护和框架结构的填充墙,也可用于既承重又保温或专门保温的墙体。

五 石膏砌块

生产石膏砌块的主要原料是天然石膏或化工副产品及废渣(化工石膏)。石膏砌块有实心、空心和夹心砌块三种。其中空心石膏砌块体积密度小,绝热性能较好,应用较多。采用聚苯乙烯泡沫塑料为芯层可制成夹芯石膏砌块。石膏砌块轻质、绝热吸声、不燃、可锯可钉、生产工艺简单、成本低,多作非承重内隔墙。

本章小结

本章主要介绍了砌墙砖、砌块、墙体材料在建筑结构中所起的承重、围护和分隔作用。本章主要讲述了各类砌墙砖、墙用砌块的规格、性能及应用。

砌墙砖分烧结砖和非烧结砖两大类。烧结砖有烧结普通砖、烧结多孔砖和烧结空心砖。烧结砖强度高、耐久性好、取材方便、生产工艺简单。价格低廉等优势,但生产率低,且要消耗大量土地资源,逐步会被禁止或限制生产和使用;非烧结砖种类很多,常用的有灰砂砖、粉煤灰砖和炉渣砖。这些砖强度高,完全可取代普通烧结砖用于一般的工业与民用建筑,但在受急冷急热或有腐蚀性介质的环境使用时应慎用。砌块是尺寸大于砖的一种人造块材。常用的砌块有普通混凝土小型砌块、加气混凝土砌块和粉煤灰砌块等。

习 题

6-1 砌墙砖有几类?各有什么特点?

6-2 烧结多孔砖、空心砖与烧结普通砖有何异同点?在使用上有何技术经济意义?

6-3 烧结普通砖、多孔砖强度等级是怎样确定的?

6-4 烧结普通砖的技术性质有哪几项?如何评价烧结普通砖的质量等级?

6-5 简述常用砌块的特性及应用。

6-6 砌块与烧结普通砖相比,有何优点?

6-7 搜集相关资料,论述我国禁止或限制使用烧结黏土砖、推广新型墙体材料的重要性。

第7章 木材

【职业能力目标】

在工程中,脚手架、支撑、地板以及实内装修等都需要木材,通过学习木材及木质装饰材料的知识,学生能够在建筑工程、装饰工程及水利工程中从事材料员的工作。

【学习目标】

1. 了解木材的分类、构造,掌握木材的性质;
2. 掌握木材的防腐与防火;
3. 了解木质装饰材料的分类和性质。

第1节 木材的分类和构造

一 木材的分类

木材是由树木加工而成的。树木分为针叶树和阔叶树两大类。

1. 针叶树

树叶细长呈针状,多为常绿树。树干通直高大,纹理顺直,材质均匀且较软,易于加工,又称"软木材"。表观密度和胀缩变形小,耐腐蚀性好,强度高。针叶树木材是主要的建筑用材,广泛用于承重构件和门窗、地面和装饰工程,常见树种有松树、杉树、柏树等。

2. 阔叶树

树叶宽大叶脉呈网状,多为落叶树。树干通直部分较短,材质较硬,又称"硬木材"。表观密度大,易翘曲开裂,建筑上常用作尺寸较小的构件,有的硬木经过加工后出现美丽的纹理,适用于室内装饰、制作家具和胶合板等。常见树种有榆树、水曲柳、柞木等。阔叶树中也有木质较软、易加工的树种,如杨树、桦木等。

二、木材的构造

木材的构造(结构)决定木材性质。由于树种的不同和树木生长环境的差异使其构造差别很大。木材的构造分为宏观构造和微观构造。

1. 宏观构造

宏观构造是指用肉眼或用放大镜就能观察到的木材内部构造。一般从树干的三个不同切面进行观察,如图7-1所示。

横切面——垂直于树干主轴的切面;

径切面——通过髓心,与树干平行的纵平面;

弦切面——与髓心有一定距离,与树干平行的纵平面。

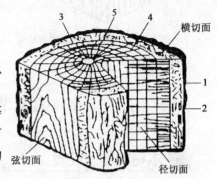

图7-1 木材三个切面
1-树皮;2-木质部;3-年轮;4-髓线;5-髓心

从图7-1可以看出,树木是由树皮、髓心和木质部等部分组成。树皮是树木的外表组织,在工程中一般没有使用价值,只有黄菠萝和栓皮栎两种树的树皮是高级的保温材料。髓心是树木最早生成的木质部分,材质松软,易腐朽,故一般不用。树皮和髓心之间的部分是木质部,它是木材主要的使用部分。靠近髓心部分颜色较深,称作心材。靠近外围部分颜色较浅,称为边材。边材含水高于心材,容易翘曲,利用价值较心材小。

从横切面上看到的木质部深浅相间的同心圆,一般树木每年生长一圈,称为年轮。年轮内侧浅色部分是春天生长的木质,材质较松软,称为春材(早材);年轮外侧颜色较深部分是夏秋两季生长的,材质较密实,称为夏材(晚材)。树木的年轮越密实越均匀,材质越好;夏材部分愈多,木材强度愈高。从横切面上,沿半径方向一定长度内,所含夏材的百分率,称为夏材率,它是影响木材强度的重要因素。

从髓心向外成放射状穿过年轮的组织,称为髓线。髓线与周围组织联结软弱,木材干燥时易沿髓线开裂。

2. 微观构造

在显微镜下所能看到的木材细胞组织,称为木材的微观构造。用显微镜可以观察到,木材是由无数管状细胞紧密结合而成,它们大部分沿树干纵向排列,只有髓线的细胞是横向排列。每个细胞都由细胞壁和细胞腔组成,细胞壁越厚,细胞腔越小,木材越密实,其表观密度和强度也越高,但胀缩变形也越大。

针叶树和阔叶树的微观构造有较大差别,如图7-2和图7-3所示。针叶树材微观构造简单而规则,主要由管胞、髓线和树脂道组成,其髓线较细而不明显。阔叶树材微观构造较复杂,由木纤维、导管和髓线组成。它的最大特点是髓线很发达,粗大而明显,这是区别于针叶树材的显著差别。

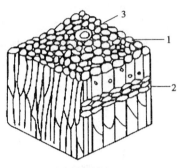

图 7-2 针叶树 马尾松微观构造
1-管胞;2-髓线;3-树脂道

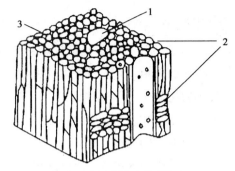

图 7-3 阔叶树柞木微观构造
1-导管;2-髓线;3-木纤维

第 2 节 木材的技术性质

一、木材的物理性质

1. 密度

由于各木材的分子构造基本相同,因而木材的密度基本相等,平均值约为 1.55g/cm^3。

2. 体积密度

体积密度波动较大,即使是同一树种也有差异。原因是木材生长的土壤、气候及其他自然条件不同,其构造和孔隙率也不同,孔隙率达到 50%~80%,致使体积有很大差别。

3. 导热性

木材具有较小的体积密度,较多的孔隙,是一种良好的绝热材料,表现为导热系数较小,但木材的纹理不同,即各向异性,使得方向不同时,导热系数也有较大差异。如松木顺纹纤维测得 $\lambda = 0.3\text{W/(m·K)}$,而垂直纤维测得 $\lambda = 0.17\text{W/(m·K)}$。

4. 含水率

木材的含水率是指木材中所含水分的质量占木材干燥质量的百分数。新伐木材的含水率在 35% 以上;风干木材的含水率为 15%~25%;室内干燥木材的含水率常为 15% 以下。木材中所含水分多少,对木材性质影响较大。

木材中的水分主要有三种状态,即自由水(毛细水)、吸附水(物理结合水)和化合水。

①自由水是存在于木材细胞腔和细胞间隙中的水分,自由水的变化只影响木材的表观密度、干燥性、燃烧性等;

②吸附水是被吸附在细胞壁内细纤维之间的水分,吸附水的变化则影响木材的强度和胀缩变形;

③化合水是木材化学成分中的结合水,总含量通常不超过 1%~2%,它在常温下不变化,故其对木材的性质无影响。

(1)木材的纤维饱和点。木材干燥时,首先是自由水蒸发,而后是吸附水蒸发。木材受潮时,先是细胞壁吸水,细胞壁吸水达到饱和后,自由水才开始吸入。当木材细胞壁中的吸附水达到饱和,而细胞腔和细胞间隙中尚无自由水时,这时的含水率称为纤维饱和点。木材的纤维饱和点随树种而异，一般介于25%~35%，平均值30%。它是木材物理力学性质是否随含水率而发生变化的转折点。

(2)木材的平衡含水率。木材具有纤维状结构和很大的孔隙率，其内表面积极大，易于从空气中吸收水分，此即木材的吸湿性。潮湿木材也可向周围放出水分。当木材长时间处于一定温度和湿度环境中时，木材中的含水量最后会达到与周围环境相平衡，此时木材的含水率称为平衡含水率。

木材的平衡含水率是木材进行干燥时的重要指标。为了避免木材在使用过程中因含水率变化太大而引起变形或开裂，木材使用前，须干燥至使用环境常年平均的平衡含水率。我国平衡含水率平均为15%（北方约为12%，南方约为18%）。

5.吸湿性

木材具有较强的吸湿性。木材的吸湿性对木材的性能，特别是木材的干缩湿胀影响很大。因此，木材在使用时其含水率应接近于平衡含水率或稍低于平衡含水率。

6.湿胀与干缩

木材具有显著的湿胀干缩性，这是由于细胞壁内吸附水含量变化所引起的。其规律是：当木材的含水率在纤维饱和点以下时，随着含水率的增大，木材细胞壁内的吸附水增多，体积膨胀；随着含水率的减小，木材体积收缩；而当木材含水率在纤维饱和点以上，只是自由水增减变化时，木材的体积不发生变化，如图7-4所示。

木材的湿胀干缩变形随树种的不同而异，一般情况表观密度大的、夏材含量多的木材，胀缩变形较大。由于木材为非匀质构造，故木材内部胀缩变形各方向也不同，纵向（顺纤维方向）收缩很小，径向较大，弦向最大，如图7-4和图7-5所示。

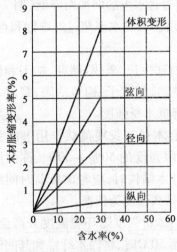

图7-4 木材含水率与胀缩变形率的关系图

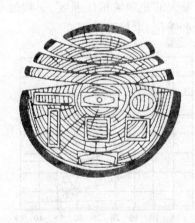

图7-5 木材干燥后的形状变化

木材的湿胀干缩对其实际应用带来不利影响。干缩会造成木结构拼缝不严、卯榫松弛、翘曲开裂，湿胀又会使木材产生凸起变形。因此必须采取相应的防范措施，最根本的方法是在木材制作前预先将其进行干燥处理，使木材干燥至其含水率与将作成的木构件使用时所处环境的湿度相适应的平衡含水率。

二、木材的力学性质

1. 木材的强度

木材的强度按照受力状态分为抗拉、抗压、抗弯和抗剪四种。由于木材构造各向不同,所以木材的强度又有顺纹(作用力方向与纤维方向平行)和横纹(作用力方向与纤维方向垂直)之分。顺纹和横纹强度有很大差别。当以顺纹抗压强度为1时,木材理论上各种强度的关系见表7-1。

木材各种强度间的关系　　　表7-1

抗 压		抗 拉		抗 弯	抗 剪	
顺纹	横纹	顺纹	横纹		顺纹	横纹
1	1/10 ~ 1/3	2 ~ 3	1/20 ~ 1/3	3/2 ~ 2	1/7 ~ 1/3	1/2 ~ 1

木材的顺纹抗拉强度最高,但在实际应用中木材很少用于受拉构件,这是因为木材天然疵病对顺纹抗拉强度影响较大,使其实际强度值变低。另外受拉构件在连接节点处受力较复杂,使其先于受拉构件而遭到破坏。

常用阔叶树的顺纹抗压强度为49~56MPa,常用针叶树的顺纹抗压强度为33~40MPa。

2. 木材强度的影响因素

木材的强度除与自身的树种构造有关之外,还与含水率、负荷时间、环境温度、疵病等外在因素有关。

(1)含水率:含水率在纤维饱和点以下时,木材强度随着含水率的增加而降低(图7-6),其中影响最大的是顺纹抗压强度,影响最小的是顺纹抗拉强度。当含水率超过纤维饱和点时,只是自由水变化,木材强度不变。

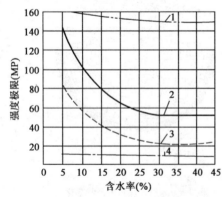

图7-6　含水率对木材强度的影响
1-顺纹抗拉;2-抗弯;3-顺纹抗压;4-顺纹抗剪

(2)缺陷:木材在生长、采伐、储存、加工和使用过程中会产生一些缺陷,如节子、构造缺陷、裂纹、腐朽、虫蛀等都会明显降低木材强度。

(3)负荷时间:木材在长期荷载作用下的强度会降低,只能达到极限强度的50%~60%(称为持久强度)。因此,在设计木结构时,应考虑负荷时间对木材的影响,一般应以持久强度为依据。

(4)环境温度:木材强度随环境温度升高会降低,当温度从25℃升至50℃时,将因木纤维和其间的胶体软化等原因,使木材抗压强度降低20%~40%,抗拉和抗剪强度降低12%~20%。所以环境温度超过50℃时,不应采用木结构。

第3节　木材主要产品和应用

一、木材的种类和规格

对于建筑用木材,按照加工程度和用途的不同可以分为原条、原木、锯材和枕木四类,如表7-2所示。

木材的分类　　　　　　　　　　　　　　　　　　表7-2

分类名称	说　明	主要用途
原条	系指除去皮、根、树梢的木料,但尚未按一定尺寸加工成规定直径和长度的材料	建筑工程的脚手架、建筑用材、家具等
原木	系指已经除去皮、根、树梢的木料,并已按一定尺寸加工成规定直径和长度的材料	1. 直接使用的原木:用于建筑工程(如屋架、檩、椽等) 2. 加工原木:用于胶合板、造船、车辆、机械模型及一般加工用等
锯材	系指已经加工锯解成材的木料。凡宽度为厚度3倍或3倍以上的,称为板材,不足3倍的称为方材	建筑工程、桥梁、家具、造船、车辆、包装箱板等
枕木	系指按枕木断面和长度加工而成的成材	铁道工程

二、承重结构木构件材质等级

1. 普通木结构的材质等级

国家标准《木结构设计规范》(GB 50005—2003)规定,普通木结构的材质等级按木材缺陷多少划分。普通木结构设计时,应根据构件的受力情况,按表7-3选用适当等级的木材。

普通木结构的材质等级　　　　　　　　　　　　表7-3

项　次	构　件　类　别	材　质　等　级
1	受拉或拉弯构件	I
2	受弯或压弯构件	II
3	受压构件及次要受弯构件(如吊顶小龙骨等)	III

2. 木材的强度等级

国家标准《木结构设计规范》(GB 50005—2003)规定,当取样检验一批木材的强度等级时,可根据其弦向静曲强度的检验结果判定。对于承重结构用材,应要求其检验结果的最低强度不得低于表7-4规定的数值。木材强度等级中的数值为木结构设计时的强度设计值,它要比试件实际强度低数倍,这是因为木材实际强度会受到各种因素的影响。

木材的强度等级检验标准　　　　　　　　　　　表7-4

木材种类	针　叶　树				阔　叶　树				
强度等级	TC11	TC13	TC15	TC17	TB11	TB13	TB15	TB17	TB20
检验结果的最低强度值(MPa)	44	51	58	72	58	68	78	88	98

三 木材的综合利用

我国的木材资源贫乏，为了保护和扩大现有森林面积，进行可持续发展，我们必须合理地、综合地利用木材。木材经加工成型和制作成构件时，会留下大量的碎块废屑，将这些下脚料进行加工处理，就可制成各种人造板材（胶合板原料除外）。人造板材幅面宽、表面平整光滑、不翘曲不开裂，经加工处理后还具有防水、防火、防腐、耐酸等性能。常用的人造板材有以下几种：

1. 胶合板

胶合板是将原木旋切成薄片，按照奇数层并且相邻两层木纤维互相垂直重叠，经胶黏热压而成。胶合板最多层数可达15层，建筑工程中常用的是三合板或五合板。

胶合板材质均匀、强度高，不翘曲、不开裂，具有真实、立体和天然的美感，广泛用作建筑物室内隔墙板、护壁板、顶棚板、门面板以及各种家具及装修。各类胶合板分类、特性及适用范围如表7-5所示。

胶合板分类、特性及适用范围　　　　　　　表7-5

分类	名称	胶种	特性	适用范围
Ⅰ类（NQF）	耐气候、耐沸水胶合板	酚醛树脂胶或其他性能相当的胶	耐久、耐煮沸或蒸汽处理、耐干热、抗菌	室外工程
Ⅱ类（NS）	耐水胶合板	脲醛树脂胶或其他性能相当的胶	耐冷水浸泡及短时间热水浸泡、不耐煮沸	室外工程
Ⅲ类（NC）	耐潮胶合板	血胶、带有多量填料的脲醛树脂胶或其他性能相当的胶	耐短期冷水浸泡	室内工程一般常态下使用
Ⅳ类（BNC）	不耐潮胶合板	豆胶或其他性能相当的胶	有一定胶合强度，但不耐水	室内工程一般常态下使用

胶合板厚度为2.7mm、3mm、3.5mm、4mm、5mm、5.5mm、6mm，自6mm起按1mm递增。胶合板的幅宽有915mm、1220mm两种，长度也有915~2440mm多种规格。

按材质和加工工艺质量，胶合板分为一等品、二等品、三等品三个等级。一等品适用于较高的建筑装饰、高中档家具、各种电器外壳等制品；二等品适用于家具、普通建筑、车船等的装饰；三等品适用于低档建筑装饰。

2. 细木工板

细木工板也称复合木板、大芯板，它是由三层木板胶黏压合而成，其上、下两个面层为旋切木质单板，芯板是用木材加工剩下的短小木料再加工制得木条，再用胶黏拼接而成的板材。一般厚度为20mm，长2000mm，宽1000mm，表面平整，幅面宽大，可替代实木板，使用非常方便。

3. 纤维板

纤维板是将板皮、刨花、树枝等木材加工的下脚碎料，经破碎浸泡、研磨成木浆，加入一定胶黏剂，经热压成型、干燥处理而成的人造板材。根据成型时温度压力的不同分为硬质、半硬质、软质三种。生产纤维板可使木材的利用率达90%以上，而且纤维板构造均匀，各向强度一致，克服了天然木材各向异性和有疵病的缺陷，不易翘曲变形和开裂，表面适于粉刷各种涂料或粘贴装裱。

硬质纤维板的体积密度大于 800kg/m³，强度高，可替代木板，主要用于室内壁板、门板、地板、家具等；半硬质纤维板体积密度为 500~800kg/m³，常制成带有一定图形的盲孔板，兼具吸声和装饰作用，多用作会议室、报告厅等室内顶棚材料；软质纤维板体积密度小于 500kg/m³，适合用作保温隔热材料。

4. 刨花板

刨花板是利用施加胶料和辅料或未施加胶料和辅料的木材或非木材植物制成的刨花材料（如木材刨花、亚麻屑、甘蔗渣等）压制成的板材。装饰工程中常使用 A 类刨花板。幅面尺寸为 1830mm×915mm、2000mm×1000mm、2440mm×1220mm、1220mm×1220mm，厚度为 4mm、8mm、10mm、12mm、14mm、16mm、19mm、22mm、25mm、30mm 等。A 类刨花板按外观质量和物理力学性能等分优等品、一等品、二等品，各等级的外观质量及物理力学性能应满足国标《刨花板》（GB/T 4897—1992）的要求。刨花板属于低档次装饰材料，且强度低，一般用作绝热、吸声的材料，用于地板的基层（实铺），还可以用于隔墙、家具等。

5. 木丝板、木屑板

木丝板、木屑板是分别以刨花渣、短小废料刨制的木丝、木屑为原料，经干燥后拌入胶凝材料，再经热加压而制成的人造板材。所用胶料可分为合成树脂，也可为水泥、菱苦土等无机胶结料。

这类板材一般体积密度小，强度较低，主要用作绝热和吸声材料，也可作隔墙，也可代替木龙骨使用，然后其表面表面可粘贴塑钢贴面或胶合板作饰面层，用作吊顶、隔墙和家具等材料。

人造板材中含有甲醛是最常见的，它直接危害人们的身体健康，因此应该控制在国家标准范围之内。

第4节 木材的防腐与防火

木材作为建筑材料，最大的缺点是容易腐朽、虫蛀和易燃，因而缩短了木材的使用年限，使用范围也受到限制。使用时应采取必要的措施以提高木材的耐久性。

一 木材的防腐

木材的腐朽是由于真菌的寄生而引起的。真菌在木材中生存和繁殖的条件有三：适宜的水分、空气和温度。当木材的含水率在 35%~50%，温度在 25~30℃，又有足够的空气时，适宜真菌繁殖，木材最易腐朽。含水率低于 20% 时，真菌难于生长，含水率过大时，空气难于流通，真菌得不到足够的氧或排不出废气，也难于生长。

木材的防腐处理就是破坏真菌生存和繁殖的条件，通常采用两种措施：一是将木材含水率干燥至 20% 以下，并使木结构处于通风干燥的状态，必要时对其表面进行油漆处理；二是采用化学防腐剂法，常用的方法有表面喷涂、浸渍、压力渗透及冷热槽浸渍法等。防腐剂有水溶性的、油溶性的和乳剂性的。

木材除受真菌侵蚀而腐朽外，还会遭受昆虫的蛀蚀。常见的蛀虫有白蚁、天牛等。木材虫蛀的防护方法，主要是采用化学药剂处理。木材防腐剂也能防止昆虫的危害。

二 木材的防火

所谓木材防火,就是将木材经过具有阻燃性能的化学物质处理后,变成难燃的材料,以达到遇小火能自熄,遇大火能延缓或阻滞燃烧蔓延,从而赢得扑救的时间的效果。木材防火处理的方法有表面涂敷和溶液浸注法两种。

1. 表面涂敷法

在木材的表面涂敷防火材料,既能起到防火作用,又可有防腐和装饰作用。木材防火涂料主要品种、特性及其应用如表7-6所示。

木材防火涂料主要品种、特性及其应用　　　　表7-6

	品　种	防火特性	应　用
溶剂型防火涂料	A60-1型改性氨基膨胀防火涂料	遇火生成均匀致密的海绵状泡沫隔热层,防止初期火灾和减缓火灾蔓延扩大	高层建筑、商店、影剧院、地下工程等可燃部位防火
	A60-501膨胀防火涂料	涂层遇火体积迅速膨胀100倍以上,形成连续蜂窝状隔热层,释放出阻燃气体,具有优异的阻燃隔热效果	广泛用于木板、纤维板、胶合板等的防火保护
	A60-KG型快干氨基膨胀防火涂料	遇火膨胀生成均匀致密的泡沫状碳质隔热层,有极其良好的隔热阻燃效果	公共建筑、高层建筑、地下建筑等有防火要求的场所
	AE60-1膨胀型透明防火涂料	涂膜透明光亮,能显示基材原有纹理,遇火时涂膜膨胀发泡,形成防火隔热层。既有装饰性,又具防火性	广泛用于各种建筑室内的木质、纤维板、胶合板等结构构件及家具的防火保护和装饰
水乳型防火涂料	B60-1膨胀型丙烯酸水性防火涂料	在火焰和高温作用下,涂层受热分解放出大量灭火性气体,抑止燃烧。同时,涂层膨胀发泡,形成隔热覆盖层,阻止火势蔓延	公共建筑、高级宾馆、酒店、学校、医院、影剧院、商场等建筑物的木板、胶合板结构构件及制品的表面防火保护
	B60-2木结构防火涂料	遇火时涂层发生理化反应,构成绝热的炭化泡膜	建筑物木墙、木屋架、木吊顶以及纤维板、胶合板构件的表面防火阻燃处理
	B878膨胀型丙烯酸乳胶防火涂料	涂膜遇火立即生成均匀致密的蜂窝状隔热层,延缓火焰的蔓延,无毒无臭,不污染环境	学校、影剧院、宾馆、商场等公共建筑和民用住宅等内部可燃性基材的防火保护及装饰

2. 溶液浸注法

分常压浸注和加压浸注两种,后者吸入阻燃剂的量及吸入深度大大高于前者。浸注处理前,要求木材达到充分干燥,并经过初步加工成型,以免防火处理后再进行大量锯、刨等加工,造成阻燃剂的浪费。阻燃剂的常用品种有磷—氨系、硼系、卤系、含有铝、镁、锑等金属的氧化物或氢氧化物等。

◀ 本 章 小 结 ▶

通过对木材宏观、微观结构的了解,理解各向异性、干缩湿胀以及含水率对木材所有性质的影响。掌握木材的工程性能,了解木材的主要产品和应用及木材的防腐与防火的措施。

木材不仅具有良好的物理和力学性能,而且还易加工,具有天然的花纹,给人以淳朴、典雅的质感,所以木材制品广泛应用于建筑室内地面、墙面、顶棚的装饰,也可作骨架材料。通过本章的学习,要求学生掌握木材的性能指标和在工程中的应用,具备能正确选材、合理用材的能力。

习　　题

7-1　木材按树种分为哪几类?各有何特点和用途?
7-2　木材从宏观构造观察由哪些部分组成?
7-3　木材含水率的变化对木材性能有何影响?
7-4　木材按照加工程度和用途的不同分为哪几类?
7-5　常用的人造板材有哪几种?各适用于何处?
7-6　木材腐朽的原因和防腐的措施各有哪些?
7-7　名词解释:(1)自由水;(2)吸附水;(3)纤维饱和点;(4)平衡含水率;(5)持久强度。

第8章 建筑防水材料

【职业能力目标】

在建筑与装饰工程中,防水材料是不可或缺的材料之一,通过学习防水材料的知识,在建筑、水利等工程施工中能够把握防水材料的基本性能,为防水材料施工及应用提供保障。

【学习目标】

1. 掌握常见沥青类防水材料的性质;
2. 掌握高分子防水材料的性能及应用;
3. 认识常见建筑防水涂料。

第1节 沥青类防水材料

一、沥青的种类、特性及选用

(一)石油沥青

1. 组分和结构

(1)石油沥青的组分

石油沥青主要由碳(80%~87%)、氢(10%~15%),以及少量的氧、氮、硫等(5%)元素组成。

沥青的化学组成极为复杂,通常将沥青中化学成分和物理性质相近,并且具有某些共同特征的部分划分为一组,称为组分。

通常石油沥青可划分为油分、树脂和地沥青质三个主要组分。三组分主要特征见表8-1。

不同组分对石油沥青性能的影响不同。油分赋予沥青流动性;树脂使沥青具有良好的塑性和黏结性;地沥青质则决定沥青的耐热性、黏性和硬性,其含量愈多,软化点愈高,黏性愈大,愈硬脆。

石油沥青各组分主要特征　　　　　　　表 8-1

组　分	状　态	密度 （kg/cm³）	颜　色	含量 （%）	使沥青具有特性
油分	油状液体	0.7～1.0	淡黄～红褐色	40～60	具流动性；含量高，黏性、耐热性低
树脂	黏稠状物体	1.0～1.1	红褐～黑褐色	15～30	具塑性、流动性、黏附性；含量高，塑性高、黏附性大
地沥青质	无定形固体粉末	1.1～1.5	深褐～黑色	10～30	具温度稳定性、黏性、硬性；含量高，软化点高、脆性大

在石油沥青的树脂质组分中，还含有少量的酸性树脂，它的流行性较大，能与矿物质材料牢固黏结，因此它的含量决定石油沥青的黏附性。

石油沥青中还含有一定量的固体石蜡，它是沥青中的有害物质。石蜡含量多，会使沥青的黏结力、塑性和温度稳定性变坏。

(2) 石油沥青的胶体结构

在沥青中，油分与树脂互溶，树脂浸润地沥青质颗粒而在其表面形成薄膜，从而以地沥青质为核心，周围吸附部分树脂和油分，构成胶团。无数胶团分散在油分中形成胶体结构。石油沥青的胶体结构包括溶胶、凝胶、溶凝胶结构三种。

当地沥青质含量相对较少，油分和树脂含量相对较多，胶团外膜较厚，胶团在胶体结构中运动较为自由，这时形成溶胶结构。具有溶胶结构的石油沥青，黏滞性小而流动性大，塑性好，但温度稳定性较差。

当地沥青质含量较高，油分和树脂较少时，胶团外膜较薄，胶团靠近聚集，胶团间吸引力增大，移动较困难，这时形成凝胶结构。凝胶结构具有弹性和黏结性较高，温度敏感性较小，但流动性和塑性较低的特点。

当地沥青质含量适当，并有较多的树脂作为保护膜层时，胶团之间保持一定的吸引力，此时胶团间的距离和引力介于溶胶和凝胶型结构之间，将形成溶凝胶结构。溶凝胶结构的石油沥青性质也介于上述两者之间。大多数优质石油沥青属于这种结构状态。

2. 技术性质

(1) 黏滞性（黏性）

黏滞性是反映沥青材料在外力作用下，材料内部阻碍其相对流动的能力。它反映了沥青软硬、稀稠的程度，是划分沥青牌号的主要依据。液体石油沥青的黏滞性用黏滞度（黏度）表示，它表征了液体沥青在流动时的内部阻力；半固体或固体的石油沥青用针入度表示，它反映了石油沥青抵抗剪切变形的能力。针入度是沥青划分牌号的主要技术指标。

黏滞度是液体沥青在一定温度 t (25℃或60℃)、经规定直径 d (3mm、5mm或10mm) 的孔流出 $50cm^3$ 沥青所需的时间（秒数）T，常用符号 $C_d^t T$ 表示。$C_d^t T$ 黏滞度值越大，表示沥青的稠度越大。黏滞度测定示意图见图 8-1。

针入度是在温度25℃条件下，以规定质量100g的标准针，在规定时间5s内贯入试样中的深度，以0.1mm为1度表示。针入度越大，表示沥青流动性大，黏滞性差。其数值范围在5～200度之间。针入度测定示意图见图 8-2。

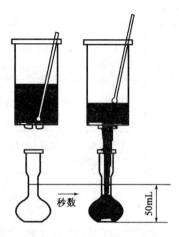

图8-1 黏滞度测定示意图

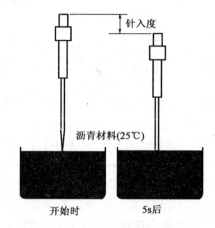

图8-2 针入度测定示意图

（2）塑性

塑性是指石油沥青在外力作用时发生变形而不破坏,除去外力后仍保持变形后的形状不变的性质。塑性表示沥青开裂后自愈能力及受机械应力作用后变形而不破坏的能力,它是石油沥青的主要性能之一。

沥青的塑性用延度（延伸度或延伸率）表示。方法是把沥青试样制成"8"字形标准试模,试件中间最小断面积为 $1cm^2$,在规定温度（25℃）和规定的拉伸速度（5cm/min）下在延伸仪上拉断时的伸长长度,以 cm 为单位。沥青的延度值愈大,表示沥青塑性愈好。延度指标测定的示意图见图8-3。

（3）温度敏感性

温度敏感性是指石油沥青的黏滞性和塑性随温度升降而变化的性能,是沥青一个很重要的性质。温度敏感性较小的石油沥青其黏滞性和塑性随温度变化较小。

温度敏感性常用软化点来表示,软化点是指沥青材料由固态转变为具有一定流动性膏体的温度。软化点可采用环球法测定,示意图见图8-4。它是把沥青试样装入规定尺寸的铜环（直径约16mm,高约6mm）内。试样上放置一标准钢球（直径9.53mm,质量3.5g）,浸入水中或甘油中,以5℃/min 的速度升温加热,使沥青软化下垂,其下垂量达25.4mm 时的温度（℃）,即为沥青软化点。

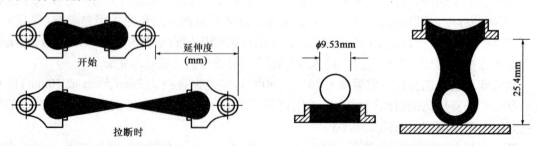

图8-3 延伸度测定示意图　　　　图8-4 软化点测定示意图

不同的沥青软化点不同,大致在 25～100℃ 之间。软化点越高,表明沥青的耐热性越好,即温度稳定性越好。沥青软化点不能太低,不然夏季易融化发软；但也不能太高,否则不易加工,而且太硬,冬季易发生脆裂现象。在实际应用中,希望沥青具有较高的软化点和较低的脆化点。沥青在温度非常低时具有像玻璃一样脆硬的玻璃态,脆化点是指沥青由玻璃态向高弹态转变时的温度。

石油沥青温度敏感性与地沥青质含量和蜡含量密切相关。地沥青质增多,温度敏感性降低。工程上往往加入滑石粉、石灰石粉或其他矿物填料的方法来减小沥青的温度敏感性。沥青中含蜡量多时,其温度敏感性大。

(4)大气稳定性

大气稳定性是指石油沥青在热、阳光、氧气和潮湿等因素长期综合作用下抵抗老化的性能。它反映沥青的耐久性。

石油沥青的大气稳定性以沥青试样在加热蒸发前后的"蒸发损失百分率"和"蒸发后针入度比"来评定。其测定方法是:先测定沥青试样的质量及其针入度,然后将试样置于烘箱中,在160℃下加热蒸发5h,待冷却后再测定其质量差,求出蒸发损失百分率和针入度比。蒸发损失百分率愈小,蒸发针入度比愈大,则表示沥青大气稳定性愈好,亦即"老化"愈慢。

以上四种性质是石油沥青的主要性质,是鉴定土木工程中常用石油沥青品质的依据。此外,为鉴定沥青的质量和防火、防爆安全性,还有黏附性、溶解度、闪点、燃点等指标。黏附性是指沥青与骨料黏结在一起的抗剥离能力,黏附性好的沥青与骨料的黏结牢固,不易在骨料表面与沥青间产生剥离现象;溶解度是指石油沥青在溶剂中(苯或二硫化碳)可溶部分质量占全部质量的百分率,它用来确定沥青中有害杂质的含量;闪点是指石油沥青在规定的条件下,加热产生的挥发性可燃气体和空气的混合物达到初次闪火时的温度,又常称着火点;达到着火点温度的沥青,若温度再度上升与火接触产生火焰,并能持续燃烧5s以上,这个开始燃烧的温度就称为燃点。沥青的闪点和燃点温度值一般相差约10℃左右。

3. 技术标准及选用

(1)技术标准

根据我国现行石油沥青标准,按用途分为道路石油沥青、建筑石油沥青、普通石油沥青等。这三种沥青的技术标准见表8-2~表8-4。从表中可以看出,三种石油沥青都是按针入度或针入度指数指标来划分标号的,而每个标号还应保证相应的延度和软化点,以及溶解度、蒸发损失、蒸发针入度比、闪点等。有些标号有甲乙之分,是由于它们针入度相同,而延度和软化点不同而加以区分的。

重交通道路石油沥青技术要求(GB/T 15180—2000)　　表8-2

项　目	标　号				
	AH-130	AH-110	AH-90	AH-70	AH-50
针入度(25℃,100g,5s)(0.1mm)	120~140	100~120	80~100	60~80	40~60
延度(5cm/min,15℃)(cm),不小于	100	100	100	100	80
软化点(环球法)(℃),不小于	40~50	41~51	42~52	44~54	45~55
闪点(开口)(℃),不低于	230				
含蜡量(蒸馏法)(%),不大于	3				
溶解度(三氯乙烯)(%),不小于	99.0				

注:1. 有条件时,应测定沥青60℃温度的动力黏度(Pa·s)及135℃温度的运动黏度(mm²/s),并在检验报告中注明。

2. 如有需要,用户可对薄膜加热试验后的15℃延度、黏度等指标向供方提出要求。

同种石油沥青中,标号愈大,针入度愈大(黏性愈小)、延度愈大(塑性愈大)、软化点愈低(温度敏感性愈大)、使用寿命愈长。

道路石油沥青的技术指标要求(GB 50092—2000)　　　　表8-3

项目	标号						
	A-200	A-180	A-140	A-100甲	A-100乙	A-60甲	A-60乙
针入度(25℃,100g)(0.1mm)	201~300	161~200	121~160	81~120	81~120	41~80	41~80
延度(25℃)(cm),不小于	—	100	100	80	60	60	40
软化点(环球法)(℃),不小于	30~45	35~45	38~48	42~52	42~52	45~55	45~55
溶解度(三氯乙烯)(%),不小于	99.0	99.0	99.0	99.0	99.0	99.0	99.0
蒸发损失(163℃,5h)(%),不大于	1	1	1	1	1	1	1
蒸发后针入度比(%),不小于	50	60	60	65	65	70	70
闪点(开口)(℃),不低于	180	200	230	230	230	230	230

建筑石油沥青与普通石油沥青的技术指标要求　　　　表8-4

指标	标号	建筑石油沥青		普通石油沥青		
		30	10	75	65	55
针入度(25℃,100g,5s)(0.1mm)		25~40	10~25	75	65	55
延度(5cm/min,25℃)(cm),不小于		3	1.5	2	1.5	1
软化点(环球法)(℃),不小于		70	95	60	80	100
溶解度(三氯乙烯)(%),不小于		99.5	99.5	98	98	98
蒸发损失(163℃,5h)(%),不大于		1	1	—	—	—
闪点(开口)(℃),不低于		230	230	230	230	230

注:当25℃延度达不到100cm以及15℃延度不小于100cm时,也认为是合格的。

(2)选用

石油沥青应根据工程性质与要求(房屋、防腐、道路)、使用部位、环境条件选用。在满足使用的前提下,应选用牌号较大的石油沥青,以保证使用寿命较长。

道路石油沥青有七个牌号、牌号越高,则黏度越小(即针入度越大),塑性越好(即延度越大),温度敏感性越大(即软化点越低)。道路石油沥青多用于配制沥青砂浆、沥青混凝土,用于道路路面、车间地面等。道路石油沥青在水利工程中还可作密封材料和黏结剂以及沥青涂料等。此时一般选用黏性较大和软化点较高的道路石油沥青,如60甲。

建筑石油沥青针入度较小(黏性较大),软化点较高(耐热性较好),但延伸度较小(塑性较小),主要用作制造油毡、油毡的黏结剂、防水涂料和沥青嵌缝膏。它们绝大部分用于屋面及地下防水、沟槽防水、防腐蚀及管道防腐等工程。一般屋面用沥青材料的软化点应比本地区屋面最高温度高20~25℃,并适当考虑屋面的坡度,以避免夏季流淌,对不受较高温度作用的部位,宜选用牌号较大沥青,严寒地区屋面工程不宜单独使用10号建筑石油沥青。

普通石油沥青石蜡含量较多,一般均大于5%,有的高达20%以上,故又称为多蜡石油沥青。普通石油沥青温度敏感性较大,达到液态时的温度与其软化点相差很小,与软化点大体相同的建筑石油沥青相比,针入度较大,黏性较小,塑性较差。建筑工程中不宜单独使用,只能与其他种类石油沥青掺配后使用。

石油沥青牌号的简易鉴别见表8-5。

石油沥青牌号简易鉴别　　　　　表8-5

标　号	简易鉴别方法
140~100	质软
60	用铁锤敲,不碎,只变形
30	用铁锤敲,成为大的碎块

(二)煤沥青

煤沥青是烟煤炼焦或制煤气时,从干馏所挥发的物质中冷凝出煤焦油,将煤焦油再继续蒸馏得轻油、中油、重油和蒽油后所剩的残渣,即是煤沥青。

根据蒸馏程度不同分为低温沥青、中温沥青和高温沥青。建筑上所采用的煤沥青多为黏稠或半固体的低温沥青。

煤沥青的化学成分和性质与石油沥青大致相同,但煤沥青的质量和耐久性均次于石油沥青,其塑性、大气稳定性差。温度敏感性较大,冬季易脆、夏季易软化,老化快。但防腐和黏结性能较好。

煤沥青与石油沥青的简易鉴别见表8-6。

煤沥青与石油沥青简易鉴别方法　　　　　表8-6

鉴别方法	石油沥青	煤沥青
密度法	密度近似于1.0g/cm³	大于1.10g/cm³
锤击法	声哑,有弹性、韧性感	声脆,韧性差
燃烧法	烟无色,基本无刺激性臭味	烟呈黄色,有刺激性臭味
溶液比色法	用30~50倍汽油或煤油溶解后,将溶液滴于滤纸上,斑点呈棕色	溶解方法同左。斑点有两圈,内黑外棕

由于煤沥青的主要技术性质都比不上石油沥青,所以建筑工程上少用。但它具有很好的防腐和黏结性能,主要用于配制防腐涂料、胶黏剂、防水涂料、油膏以及制作油毡等,适宜于地下防水层或材料防腐,适量掺入石油沥青中,可增强石油沥青的黏结力。

(三)改性沥青

1. 矿物填料改性沥青

在沥青中加入一定数量的矿物填充料,可以提高沥青的黏性和耐热性,减小沥青的温度敏感性,同时也减少了沥青的耗用量,主要适用于生产沥青胶。

(1)常用矿物填料

矿物填料有粉状和纤维状两种,常用的有滑石粉、石灰石粉、硅藻土、石棉绒和云母粉等。

(2)矿物填充料改性机理

由于沥青对矿物填充料的润湿和吸附作用,沥青可以单分子状态排列在矿物颗粒(或纤维)表面,形成结合力牢固的沥青薄膜,称之为"结构沥青"。结构沥青具有较高的黏性和耐热性等,但是矿物填充料的掺入量要适当,一般掺量为20%~40%时,可以形成恰当的结构沥青膜层。

2. 树脂改性沥青

用树脂改性石油沥青,可以改善沥青的耐寒性、耐热性、黏结性和不透气性。在生产卷材、密封材料和防水涂料等产品时均需应用。常用的树脂有古马隆树脂、聚乙烯、聚丙烯、酚醛树脂及天然松香等。

3. 橡胶改性沥青

(1)氯丁橡胶改性沥青

石油沥青中掺入氯丁橡胶后,可使其气密性、低温柔性、耐化学腐蚀性、耐光、耐臭氧性、耐候性和耐燃性等得到大大改善。氯丁橡胶掺入的方法有溶剂法和水乳法。溶剂法是先将氯丁橡胶溶于一定的溶剂(如甲苯)中形成溶液,然后掺入液态沥青中并混合均匀即可。水乳法是将橡胶和石油沥青分别制成乳液,然后混合均匀即可使用。

(2)丁基橡胶改性沥青

丁基橡胶沥青的配制方法与氯丁橡胶沥青类似。

(3)热塑性丁苯橡胶(SBS)改性沥青

SBS热塑性橡胶兼有橡胶和塑料的特性,常温下具有橡胶的弹性,在高温下又能像塑料那样熔融流动,成为可塑的材料。所以采用SBS橡胶改性沥青,其耐高、低温性能均有较明显提高。

(4)再生橡胶改性沥青

再生橡胶掺入石油沥青中,同样可大大提高石油沥青的气密性,低温柔性,耐光、热和臭氧性,以及耐候性,且价格低廉。

二 沥青防水材料

沥青防水材料是以沥青为主要原料制成的用于防水的材料。常用制品有沥青防水制品(沥青防水卷材、沥青油膏、沥青涂料)和用来粘贴防水卷材的沥青胶等。工程中有热用和冷用两种方法,热用是将沥青材料加热熔化后使用,冷用是加溶剂稀释或使其乳化后在常温下使用。

1. 沥青防水卷材

沥青防水卷材是将纸胎、石棉布或麻布等浸涂沥青而成。工程中常用的沥青防水卷材可分为有胎的浸渍卷材和无胎的辊压卷材。

(1)浸渍卷材

浸渍卷材是用原纸、玻璃布、石棉布、麻布、合成纤维布等为胎,经浸渍沥青后所制成的卷状材料。以纸胎沥青卷材最为常见,它包括石油沥青纸胎油毡及石油沥青油纸两种。以纤维玻璃布为胎基涂盖石油沥青的称为石油沥青玻璃布油毡。

石油沥青纸胎油毡(简称油毡),系采用低软化点石油沥青浸渍原纸,然后用高软化点石油沥青涂盖油纸两面,再涂或撒上隔离材料所制成的一种纸胎卷材。见图8-5。

油毡按所用隔离材料分为粉状面油毡和片状面油毡两个品种,表示为"粉毡"与"片毡"。油毡按 $1m^2$ 的质量克数分为 200 号、350 号和 500 号三种标号,并按浸涂材料总量和物理性质分为合格品、一等品、优等品三个等级。200 号油毡适用于简易防水、临时性建筑防水、建筑防潮及包装等;350 号和 500 号粉面油毡适用于屋面、地面、水利等工程的多层防水;片状面油毡用于单层防水。

石油沥青玻璃布油毡是以纤维玻璃布为胎基,用石油沥青浸涂其两面,并撒布粉状隔离材料所制成的。玻璃布油毡的柔度大优于纸胎油毡,能耐霉菌腐蚀。适用于铺设地下防水、防腐层。

石油沥青玻璃纤维油毡以玻璃纤维薄毡为胎基,用石油沥青浸涂其两面,表面涂撒矿物材料或覆盖聚乙烯膜为隔离材料所制成的。玻纤油毡按上表面材料分为膜面、粉面和砂面三个品种;根据油毡 $10m^2$ 标称重量(kg)分为 15、25、35 三个标号。15 号玻纤油毡用于一般建筑的多层防水,25、35 号适用于屋面、地下、水利等工程的多层防水,其中 35 号采用热熔法施工用于多层(或单层)防水。

(2)SBS 改性沥青防水卷材

以 SBS 橡胶改性石油沥青为浸渍覆盖层,以聚酯纤维无纺布、黄麻布、玻纤毡等分别制作为胎基,以塑料薄膜为防黏隔离层,经选材、配料、共熔、浸渍、复合成型、卷曲等工序加工制作,具有很好的耐高温性能,可以在 $-25 \sim +100℃$ 的温度范围内使用,有较高的弹性和耐疲劳性,具有高达 1500% 的伸长率和较强的耐穿刺能力、耐撕裂冷冽,适合于寒冷地区,以及变形和振动较大的工业与民用建筑的防水工程,见图 8-6。

图 8-5 石油沥青纸胎油毡

图 8-6 SBS 改性沥青防水卷材

性能特点:低温柔性好,达到 $-25℃$ 不裂纹;耐热性能高,100℃ 不流淌。具有延伸性能好,使用寿命长,施工简便,污染小等特点。产品适用于 I、II 级建筑的防水工程,尤其适用于低温寒冷地区和结构变形频繁的建筑防水工程。

规格分类:按物理指标分为 I($-18℃$)型、II($-25℃$)型两大类。按胎基可分为聚酯胎、玻纤胎两大类;按覆面材料可分为 PE 膜(镀铝膜)膜、彩砂、页岩片、细砂等四大类;按材料厚度可分为 2mm、3mm、4mm 共三种,其中聚酯胎产品只有 3mm 和 4mm 规格。

适用范围:广泛应用于工业和民用建筑的屋面、地下室、卫生间等防水工程以及屋顶花园、道路、桥梁、隧道、停车场、游泳池等工程的防水防潮。变形较大的工程建议选用延伸性能优异的聚酯胎产品,其他建筑宜选用相对经济的玻纤胎产品。

(3) APP 改性沥青防水卷材

以聚酯毡或玻纤毡为胎基,无规聚丙烯(APP)或聚烯烃类聚合物(APAO、APO)作改性沥青为浸涂层,两面覆以隔离材料制成的防水卷材。与 SBS 改性沥青防水卷材相比,APP 改性沥青防水卷材具有更好的耐高温性能,更适宜用于炎热地区。按胎体材料不同,分为聚酯毡胎、玻纤毡胎和玻纤增强聚酯毡胎。按卷材物理力学性能分为Ⅰ型和Ⅱ型。按上表面隔离材料分为聚乙烯膜(PE)、细砂(S)和矿物粒(片)料(M)三种。

幅宽:1000mm;厚度:聚酯胎卷材厚度分为 3mm 和 4mm;玻纤胎卷材厚度分为 3mm、4mm 和 4mm。每卷面积:10m²(2mm)、7.5m² 和 5m²。

2. 沥青溶液和沥青乳液

(1)沥青溶液(冷底子油)

冷底子油是用有机溶剂(汽油、煤油、轻柴油、苯等)与沥青溶合后制成的一种胶体溶液。它具有黏度小,流动性好的特点。可在常温下涂刷于材料(混凝土、砂浆或木材)基面上,能很快渗入基层孔隙中,待溶剂挥发后形成一层沥青薄膜能与基面牢固结合,从而使基面呈现憎水性,同时作为结合层提高了底层与其他防水材料的黏结能力。因在常温下使用且用作防水层的底层,故称为冷底子油。

冷底子油配制方法有热配法和冷配法两种。热配法是将沥青加热到 180~200℃,脱水后冷却至 130~140℃,并加入溶剂量为 10% 的煤油,待温度降至约 70℃ 时,再加入余下的溶剂(汽油)搅拌均匀而成。冷配法是将沥青打碎成小块后,按重量比加入溶剂中,不停搅拌至沥青全部溶化为止。在干燥底层上用的冷底子油,应以挥发快的稀释剂配制;而在潮湿底层应用挥发慢的稀释剂配制。快挥发性冷底子油为:石油沥青:汽油 = 30:70;轻挥发性冷底子油为:石油沥青:煤油或轻柴油 = 40:60。

(2)沥青乳液

沥青乳液是以沥青极微小的颗粒稳定地分散悬浮在水中形成的沥青乳胶体,沥青乳液是借助于乳化剂作用,在机械强力搅拌下,将溶化的沥青分散而制成的。一般沥青乳液的配合比例为:石油沥青 40%~60%,水 40%~60%,乳化剂 0.1%~2.5%。乳化剂有很多种,如石灰膏、动物胶、肥皂、洗衣粉、水玻璃、松香等。

沥青乳液的特点是:①可在常温下进行涂刷或喷涂;②可在较潮湿的基层上施工;③具有无毒、无臭、不燃、干燥较快的特点;④不使用有机溶剂,费用较低,施工效率高;⑤不易储存。

沥青乳液涂刷在材料表面上,水分被吸收和蒸发后,沥青颗粒即可凝聚成防水薄膜。沥青乳液可喷洒在渠道面层上作防渗层,涂刷于混凝土墙面作防水层,掺入混凝土或砂浆中(沥青用量约为混凝土材料重的 1%)提高其抗渗性;还可作为冷底子油用,又可用来粘贴卷材,构成多层防水层。

3. 沥青胶和沥青嵌缝油膏

(1)沥青胶(玛𫫇脂)

沥青胶是在沥青中掺入适量的矿质粉料或再掺入部分纤维状填料配制成的胶体材料。常用的矿物填充料主要有滑石粉、石灰石粉和石棉等。沥青胶以耐热度大小将沥青胶划分为 S-60、S-65、S-70、S-75、S-80、S-85 六个标号。

沥青胶与纯沥青相比,具有较好的黏性、耐热性、柔韧性和抗老化性,主要用于粘贴卷材、嵌缝、接头、补漏及做防水层的底层,且制造简便,便于施工。沥青胶分为热用和冷用两种。热玛碲脂黏结效果好,是普遍使用的一种胶结材料,但需现场加热,易造成环境污染;冷玛碲脂可在常温下使用,施工方便,但使用溶剂成本较高。

(2) 沥青嵌缝油膏

沥青嵌缝油膏是以石油沥青为基料,掺入改性材料、稀释剂及填充料混合配制而成的冷用膏状材料。改性材料有废橡胶粉和硫化鱼油;稀释剂有松焦油、重松节油和机油;填充料有石棉绒和滑石粉等。沥青嵌缝油膏具有温度稳定性好,黏结性、防水性强的特点。

沥青嵌缝油膏品种很多,主要用于屋面、渠道、渡槽等沟、缝的填料,也可修补裂缝及用来黏结其他防水材料。使用效果较好的有建筑防水沥青嵌缝油膏、建筑油膏、聚氯乙烯胶泥等。

第 2 节 合成高分子防水材料

以合成橡胶、合成树脂或此两者的共混体为基料,加入适量的化学助剂和填充料等,经不同工序加工而成可卷曲的片状防水材料;或把上述材料与合成纤维等复合形成两层或两层以上可卷曲的片状防水材料。

一 三元乙丙橡胶防水卷材

1. 概述

三元乙丙橡胶防水卷材是以三元乙丙橡胶为主体,掺入适当的化学助剂和一定量的填充材料,经过配料、密炼、混炼、过滤、挤出成型、硫化、检验、分卷、包装等工序加工制成的高弹性橡胶防水卷材见图 8-7。

2. 特性

耐老化性能好、耐酸碱、抗腐蚀,使用寿命可达 35 年。拉伸性能好,延伸率大,能够较好适应基层伸缩或开裂变形的需要。耐高低温性能好,低温可达 -40℃,高温可达 160℃,能在恶劣环境长期使用。质量轻,减少屋顶负载。适用于建筑屋面、地下室的防水施工。

图 8-7 三元乙丙橡胶防水卷材

3. 施工工法

基层验收完毕,对建筑节点部位做加强层处理。卷材铺贴施工时,根据工程具体情况,可采用满铺法、条铺法、点铺法、空铺法。黏结剂推荐用量:满铺法 $0.33kg/m^2$,点铺法 $0.22kg/m^2$,条铺法 $0.20kg/m^2$,空铺法 $0.10kg/m^2$,卷材搭接部位用量:$0.10kg/m^2$。卷材与基层黏结时,在黏结部位均匀涂刷黏结剂,黏结剂表干后(略黏但不拉丝)进行黏合。搭接部位黏结时,搭接宽度执行相关规定。使用溶剂将搭接部位的卷材擦拭干净,去除污物和油脂,然后涂刷黏结剂,待黏结剂表干后,将搭接部位粘贴牢固,并用橡胶辊压实。如需做成品保护,应先在防水层上做隔离层,再做保护层。

二 PVC 防水卷材

1. 概述

聚酯纤维内增强型聚氯乙烯(PVC)防水卷材是一种热塑性的 PVC 卷材,该卷材是以聚酯纤维织物作为加强筋,通过特殊的挤出涂布法工艺,使双面的聚氯乙烯塑料层和中间的聚酯加强筋结合成为一体而形成的高分子卷材,见图 8-8。配方先进的聚氯乙烯塑料层与网状结构的聚酯纤维织物相结合,使卷材拥有极佳的尺寸稳定性和较低的热膨胀系数。产品规格型号:宽度 2～2.1m,厚度 1.2～2.0mm,长度 20m 以上。施工方法:热风焊接,从而保证焊缝的效果。

2. 特性

(1) PVC 防水卷材拉伸强度高,伸长率好,热尺寸变化率小;
(2) 具有良好的可焊接性,接缝热风焊接后与母材成为一体;
(3) 具有良好的水汽扩散性,冷凝物易排释,留至基层的湿气、潮气易排出;
(4) 耐老化、耐紫外线照射、耐化学腐蚀、耐根系渗透;
(5) 低温下(-20℃)具有良好的柔韧性;
(6) 使用寿命长(屋面 25 年、地下 50 年以上),且无环境污染;
(7) 颜色的表面反射紫外线照射,PVC 防水卷材表面吸收热量少,温度低;
(8) 优异的柔韧性和伸展性、拉伸强度高、极佳的尺寸稳定、机械强度高、耐侵蚀性、耐根系渗透性、耐候性和抗紫外线性、抗冰雹性。

3. 主要用途

适用于工业与建筑业的各种屋面防水,地下室、水库、堤坝、公路隧道、铁路隧道、防空洞、粮库、垃圾场、废水处理等建筑防水工程。

三 氯化聚乙烯防水卷材

1. 概述

氯化聚乙烯防水卷材是以氯化聚乙烯树脂为主要原料,加入多种化学助剂,经混炼、挤出成型和硫化等工序加工制成的防水卷材,属于非硫化型高档防水材料,见图 8-9。其规格为:幅宽 1000mm、1100mm、1200mm,厚度 1.2mm、1.5mm、2.0mm,长度 10m、15m、20m。

图 8-8　PVC 防水卷材

图 8-9　氯化聚乙烯防水卷材

2. 技术参数(表8-7)

氯化聚乙烯防水卷材主要技术参数　　　　　　　　　　表8-7

参数名称		N类卷材		L类卷材		W类卷材	
		Ⅰ型	Ⅱ型	Ⅰ型	Ⅱ型	Ⅰ型	Ⅱ型
拉伸强度(MPa)		≥5.0	≥8.0	—	—	—	—
拉力(N/cm)		—	—	≥100	≥160	≥100	≥160
断裂伸长率(%)		≥200	≥250	≥150	≥200	≥150	≥200
热处理尺寸变化率(%)	纵向	≤3.0	≤2.5	≤1.0	≤1.0	≤1.0	≤1.0
	横向	≤3.0	≤1.5	≤1.0	≤1.0	≤1.0	≤1.0
低温弯折性(℃)		-20 无裂纹	-25 无裂纹	-20 无裂纹	-25 无裂纹	-20 无裂纹	-25 无裂纹
抗穿孔性		不渗水	不渗水	不渗水	不渗水	不渗水	不渗水
不透水性(0.3MPa×2h)		不透水	不透水	不透水	不透水	不透水	不透水
剪切状态下的黏结性(N/mm)		≥3.0 或卷材破坏	≥3.0 或卷材破坏	≥3.0 或卷材破坏	≥3.0 或卷材破坏	≥6.0 或卷材破坏	≥6.0 或卷材破坏

3. 选用要求

该类卷材具有拉伸强度较高、延伸率较大、耐腐蚀性能较好和便于采用胶黏剂进行黏结等特点。Ⅱ型的N类和W类卷材具有拉伸强度高、延伸率较大、耐腐蚀、耐穿刺等特点,可采用热焊施工。适用于一般及寒冷地区,防水等级为Ⅰ、Ⅱ的屋面、地下及种植屋面的防水。Ⅰ型卷材的物理力学性能略低于Ⅱ型卷材,仅适用于一般地区的一般建筑屋面和地下防水工程。

第3节 防水涂料

建筑防水涂料是在常温下呈无固定形状的黏稠状液态高分子合成材料,经涂布后,通过溶剂的挥发或水分的蒸发或反应固化后在基层表面可形成坚韧的防水涂膜的材料的总称。常见防水涂料的种类有聚氨酯防水涂料、双组分聚氨酯防水涂料、羟丁型聚氨酯防水涂料、单组分聚氨酯防水涂料、聚合物水泥防水涂料、聚合物乳液防水涂料、沥青类防水涂料和改性沥青类防水涂料、溶剂型沥青防水涂料、水性改性类沥青防水涂料、硅橡胶防水涂料等,本书介绍常见几种防水涂料。

一 有机硅防水涂料

有机硅防水涂料是以水溶性有机硅树脂为基料,采用先进的工艺配制乳化而成的一类建筑防水涂料。彩色有机硅防水涂料是以硅橡胶胶乳或与其他乳液复合为主要基料,掺入水、无机填料、各种助剂配制而成的水乳型防水涂料,它兼有涂膜防水和渗透性防水材料两者的优良特性,具有良好的防水性、渗透性、成膜性、弹性、黏结性、延伸性和耐高低温性。

二、硅橡胶防水涂料

硅橡胶防水涂料是以硅橡胶乳液及其他乳液的复合物为主要基料,掺入无机填料及交联剂、催化剂、增韧剂、消泡剂等多种化学助剂配制而成的水乳型防水涂料。该涂料兼有涂膜防水涂料和浸透性防水涂料两者的优良性能,具有良好的防水性、渗透性、成膜性、弹性、黏结性和耐高低温性。适应基层的变形能力强,能渗入基层与基层黏结牢固,冷施工,可刮、可刷、可喷、操作方便,成膜速度快,可在潮湿的基层上施工,无毒、无味、不燃、安全可靠,可配制成各种色彩的防水涂料,以便于修补。

硅橡胶防水涂料是以水为分散介质的水乳型防水涂料,失水固化后形成网状结构的高聚物。将防水涂料涂刷在各种基层表面后,随着水分的渗透和蒸发,颗粒密度增大而失去流动性,当干燥过程继续进行,过剩水分继续失去,乳液颗粒渐渐彼此接触集聚,在交联剂、催化剂作用下,不断进行交联反应,最终形成均匀、致密的橡胶状弹性连续膜。

在有机防水涂料发展的同时,无机防水涂料也在不断的发展。目前,无机防水涂料正成为一个研究的热点,它不仅价格低廉,且无任何公害,是21世纪环保型材料发展的重点之一。

三、水泥基渗透结晶防水涂料

在开拓工程应用的过程中,水泥基渗透结晶防水涂料最初是提倡用于结构内表面防水,特别是在污水处理池和地面生活用水贮水池等类似工程的应用中颇为理想。自20世纪60年代以来,水泥基渗透结晶防水涂料作为混凝土结构背水面防水处理(内防水法)的一种有效方法,逐步扩大品种,不断进入建筑施工应用的新领域。现在,水泥基渗透结晶型防水涂料由于其抗渗性能于自愈性能好、黏结力强、防钢筋锈蚀,以及对人类无害、易于施工等特点,广泛应用于工业与民用建筑的地下结构、地下铁道、桥梁路面、饮用水厂、污水处理厂、水电站、核电站、水利工程等方面,均取得良好的防水效果。

◀ 本 章 小 结 ▶

本章主要介绍了常见建筑防水材料,主要阐述了沥青类、高分子防水材料及防水涂料。沥青防水材料是以沥青为主要原料制成的用于防水的材料。常用制品有沥青防水制品和用来粘贴防水卷材的沥青胶等。工程中有热用和冷用两种方法,热用是将沥青材料加热熔化后使用,冷用是加溶剂稀释或使其乳化后在常温下使用。高分子防水材料是以合成橡胶、合成树脂或此两者的共混体为基料,加入适量的化学助剂和填充料等,经不同工序加工而成可卷曲的片状防水材料;或把上述材料与合成纤维等复合形成两层或两层以上可卷曲的片状防水材料。建筑防水涂料是在常温下呈无固定形状的黏稠状液态高分子合成材料,经涂布后,通过溶剂的挥发或水分的蒸发或反应固化后在基层表面可形成坚韧的防水涂膜的材料的总称。

习 题

8-1 从石油沥青的主要组分说明石油沥青三大指标之间的相互关系如何?

8-2 哪些材料可用来改性沥青,使其有更好的使用性能?

8-3 如何正确选择屋面防水材料?

8-4 石油沥青的主要性质是什么?各用什么指标表示?

8-5 什么是SBS改性沥青防水卷材?

8-6 聚酯纤维内增强型聚氯乙烯(PVC)防水卷材有哪些特性?

8-7 常见的建筑防水涂料有哪些?

第 9 章 建筑玻璃、陶瓷及石材

【职业能力目标】

在建装饰工程中,建筑玻璃、陶瓷及石材是常用的装饰材料,通过学习本章知识,能够把握建筑玻璃、陶瓷及石材的基本性能,具备建筑装饰施工员或材料员岗位中建筑玻璃、陶瓷及石材的认知、验收及检测等职业能力。

【学习目标】

1. 掌握建筑玻璃的性质及应用;
2. 掌握建筑陶瓷性能及应用;
3. 掌握建筑装饰石材的性能及应用。

第 1 节 建 筑 玻 璃

人类学会制造并使用玻璃已有上千年的历史,但是1000多年以来,作为建筑玻璃材料的发展是比较缓慢的。随着现代科学技术和玻璃技术的发展及人民生活水平的提高,建筑玻璃的功能不再仅仅满足采光要求,还要具有能调节光线、保温隔热、安全(防弹、防盗、防火、防辐射、防电磁波干扰)、艺术装饰等功能。随着需求的不断发展,玻璃的成型和加工工艺方法也有了新的发展。现在,已开发出了夹层、钢化、离子交换、釉面装饰、化学热分解及阴极溅射等新技术玻璃,使玻璃在建筑中的用量迅速增加,成为继水泥和钢材之后的第三大建筑材料。

一 玻璃的基本性质

1. 密度

玻璃的密度与其化学组成有关,普通玻璃的密度约为 $2.45 \sim 2.55 g/cm^3$。除玻璃棉和空心玻璃砖外,玻璃内部十分致密,孔隙率非常小。

2. 力学性质

普通玻璃的抗压强度为 $600 \sim 1200 MPa$,抗拉强度为 $40 \sim 120 MPa$,抗弯强度为 $50 \sim$

130MPa,弹性模量为$(6\sim7.5)\times10^4$MPa。玻璃的抗冲击性很小,是典型的脆性材料。普通玻璃的莫氏硬度为5.5~6.5,因此玻璃的耐磨性和耐刻划性较高。

3. 化学稳定性

玻璃的化学稳定性较高,可抵抗除氢氟酸外的所有酸的腐蚀,但耐碱性较差,长期与碱液接触,会使得玻璃中的SiO_2溶解受到侵蚀。

4. 热物理性能

普通玻璃的比热为0.33~1.05kJ/(kg·K),导热系数为0.73~0.82W/(m·K),热膨胀系数为$(8\sim10)\times10^{-6}$m/K,石英玻璃的热膨胀系数为5.5×10^{-6}m/K。玻璃的热稳定性较差,主要是由于玻璃的导热系数较小,因而会在局部产生温度内应力,会使玻璃因内应力出现裂纹或破裂。玻璃在高温下会产生软化并产生较大的变形,普通玻璃的软化温度为530~550℃。

5. 光学性能

玻璃的光学性质包括反射系数、吸收系数、透射系数和遮蔽系数四个指标。反射的光能、吸收的光能和透射的光能与投射的光能之比分别为反射系数、吸收系数和透射系数。不同厚度不同品种的玻璃反射系数、吸收系数、透射系数均有所不同。将透过3mm厚标准透明玻璃的太阳辐射能量作为1,其他玻璃在同样条件下透过太阳辐射能量的相对值为遮蔽系数,遮蔽系数越小,说明透过玻璃进入室内的太阳辐射能越少,光线越柔和。

二 建筑玻璃的分类与应用

1. 平板玻璃

平板玻璃也就是未经其他加工的平板状玻璃,也叫白片玻璃或净片玻璃。按生产方法不同,可分为普通平板玻璃和浮法玻璃。普通平板玻璃与浮法玻璃都是平板玻璃,只是生产工艺、品质上不同。

普通平板玻璃是用石英砂岩粉、硅砂、钾化石、纯碱、芒硝等原料,按一定比例配制,经熔窑高温熔融,通过垂直引上法或平拉法、压延法生产出来的透明无色的平板玻璃。普通平板玻璃按外观质量分为特选品、一等品、二等品三类。按厚度分为2mm、3mm、4mm、5mm、6mm五种。

浮法玻璃是用海沙、石英砂岩粉、纯碱、白云石等原料,按一定比例配制,经熔窑高温熔融,玻璃液从池窑连续流至并浮在金属液面上,摊成厚度均匀平整、经火抛光的玻璃带,冷却硬化后脱离金属液,再经退火切割而成的透明无色平板玻璃。玻璃表面特别平整光滑、厚度非常均匀,光学畸变很小的特点。浮法玻璃按外观质量分为优等品、一级品、合格品三类。按厚度分为3mm、4mm、5mm、6mm、8mm、10mm、12mm七种。

平板玻璃是建筑玻璃中生产量最大、使用最多的一种,主要用于门窗,具有采光、围护、保温、隔声等作用,也是进一步加工成其他技术玻璃的原片。

2. 装饰平板玻璃

(1) 花纹玻璃

根据加工方法的不同,可分为压花玻璃和喷花玻璃两种。压花玻璃又称滚花玻璃,是在玻璃硬化前,经过刻有花纹的滚筒,在玻璃单面或双面压有深浅不同的各种花纹图案。由于花纹凹凸不平使光线漫射而失去透视性。因而它透光不透视,可同时起到窗帘的作用。压花玻璃兼具使用功能和装饰效果，因而广泛应用于宾馆、大厦、办公楼等现代建筑的装修工程中，使之更为富丽堂皇。压花玻璃的厚度常为 2~6mm，尚无统一标准。喷花玻璃又称胶花玻璃，是在平板玻璃表面上贴以花纹图案，抹以护面层，经喷砂处理而成。适于门窗装饰、采光之用。其装饰效果如图9-1所示。

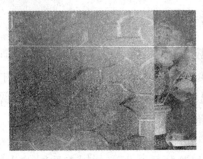

图9-1 花纹玻璃

（2）磨砂玻璃

磨砂玻璃又称毛玻璃、暗玻璃，系用机械喷砂、手工研磨或氢氟酸溶蚀等方法将普通平板玻璃表面处理成均匀毛面。由于表面粗糙，使光线产生漫射，只有透光性而不能透视，并能使室内光线变得和缓而不刺目。除透明度外，其规格同窗用玻璃。常用于需要隐秘的浴室等处的窗玻璃。其装饰效果如图9-2所示。

图9-2 磨砂玻璃

（3）彩绘玻璃

彩绘玻璃是目前家居装修中较多运用的一种装饰玻璃。制作中，先用一种特制的胶绘制出各种图案，然后再用铅油描摹出分隔线，最后再用特制的胶状颜料在图案上着色。彩绘玻璃图案丰富亮丽，居室中彩绘玻璃的恰当运用，能较自如地创造出一种赏心悦目的和谐氛围，增添浪漫迷人的现代情调。其装饰效果如图9-3所示。

（4）刻花玻璃

刻花玻璃是由平板玻璃经涂漆、雕刻、围蜡与酸蚀、研磨而成。表面的图案立体感非常强，好似浮雕一般，在灯光的照耀下，更显熠熠生辉，具有极好的装饰效果，是一种高档的装饰玻璃。刻花玻璃主要用于高档厕所的室内屏风或隔断。其装饰效果如图9-4所示。

（5）镭射玻璃

镭射玻璃是20世纪90年代新开发研制的一种装饰玻璃。其采用特种工艺处理，使一般的普通玻璃构成全息光栅或几何光栅。它在光源的照源下,会产生物理衍射的七彩光,同一感光点和面随光源入射角的变化,可让人感受到光谱分光的颜色变化,从而使被装饰物显得华贵、高雅,给人以美妙、神奇的感觉。用它装饰家居,效果独特,别具一格,已成装饰新宠。

图9-3　彩绘玻璃

镭射玻璃不仅能像大理石一样,可用来装饰桌面、茶几、柜橱、屏风等,使这些家具充满现代艺术气息,而且可用来装饰居室的墙、顶、角等空间,为这些空间披上华丽新装,蕴涵浓郁的生活情趣。

镭射玻璃作为新潮装饰材料,除具有较好的美感功能外,还有很强的实用价值。与其他装饰材料相比,其优越性表现为:抗老化寿命比塑料装饰材料高10倍以上,使用寿命可达50年之久;抗冲击、耐磨、硬度等强度指标,都大大超过普通大理石,可与高档大理石相媲美;特别是它多彩的艺术形象,可给家庭带来无限温馨,这更是其他装饰材料所不及的。其装饰效果如图9-5所示。

图9-4　刻花玻璃　　　　　　　　　图9-5　镭射玻璃

3. 安全玻璃

安全玻璃是指与普通玻璃相比,具有力学强度高、抗冲击能力强的玻璃。其主要品种有钢化玻璃、夹丝玻璃、夹层玻璃和钛化玻璃。安全玻璃被击碎时,其碎片不会伤人,并兼具有防盗、防火的功能。根据生产时所用的玻璃原片不同,安全玻璃具有一定的装饰效果。

（1）钢化玻璃

钢化玻璃是平板玻璃的二次加工产品,又称强化玻璃。它是用物理的或化学的方法,在玻璃表面上形成一个压应力层,玻璃本身具有较高的抗压强度,不会造成破坏。当玻璃受到外力作用时,这个压力层可将部分拉应力抵消,避免玻璃的碎裂,虽然钢化玻璃内部处于较大的拉

应力状态,但玻璃的内部无缺陷存在,不会造成破坏,从而达到提高玻璃强度的目的。钢化玻璃的性能特点如下:

①机械强度高。钢化玻璃强度高,其抗压强度可达 125MPa 以上,比普通玻璃大 4～5 倍;抗冲击强度也很高,用钢球法测定时,0.8kg 的钢球从 1.2m 高度落下,玻璃可保持完好。

②弹性好。钢化玻璃的弹性要比同厚度的普通玻璃大得多,试验测定,一块 1200mm×350mm×6mm 的钢化玻璃,受力后可发生达 100mm 的弯曲挠度,并且在外力撤销仍能恢复原来的形状,而普通玻璃挠度在达到几毫米时就发生破坏。

③热稳定性能好。热稳定性好,在受急冷急热时,不易发生炸裂是钢化玻璃的又一特点。这是因为钢化玻璃的压应力可抵消一部分因急冷急热产生的拉应力之故。钢化玻璃耐热冲击,最大安全工作温度为 288℃,能承受 204℃的温差变化。

④安全性好。钢化玻璃在发生破坏时,玻璃被破碎成无数小块(图 9-6),这些小的碎片没有尖锐棱角,不易伤人,所以钢化玻璃的安全性较好。

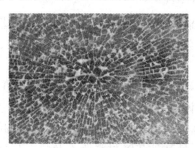

图 9-6 钢化玻璃

钢化玻璃主要用作建筑物的门窗、隔墙、幕墙和采光屋面以及电话亭、车、船、设备等门窗、观察孔等。钢化玻璃可做成无框玻璃门。钢化玻璃用作幕墙时可大大提高抗风压能力,防止热炸裂,并可增大单块玻璃的面积,减少支承结构。使用时需注意的是钢化玻璃不能切割、磨削,边角亦不能碰击挤压,需按照现成的尺寸规格选用或提出具体设计图纸进行加工定制。

(2)夹丝玻璃

夹丝玻璃也称防碎玻璃或钢丝玻璃,如图 9-7 所示。它是由压延法生产,即在玻璃熔融状态下将经预热处理的钢丝或钢丝网压入玻璃中间,经退火、切割而成。夹丝玻璃表面可以是压花的或磨光的,颜色可以制成无色透明或彩色的。

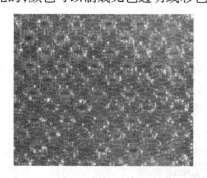

图 9-7 夹丝玻璃

夹丝玻璃的特点是安全性和防火性好。夹丝玻璃由于钢丝网的骨架作用,不仅提高了玻璃的强度,而且当受到冲击或温度骤变而破坏时,碎片也不会飞散,避免了碎片对人的伤害。在出现火情时,夹丝玻璃受热炸裂,由于金属丝网的作用,玻璃仍能保持固定,隔绝火焰,故又称为防火玻璃。夹丝玻璃作为防火材料,通常用于防火门窗;作为非防火材料,可用于易受到冲击的地方或者玻璃飞溅可能导致危险的地方,如振动较大的厂房、天棚、高层建筑、公共建筑的天窗、仓库门窗、地下采光窗等。夹丝玻璃可以切割,但当切断玻璃时,需要对裸露在外的金属丝进行防锈处理,以防止生锈造成的体积膨胀引起玻璃的锈裂。

(3) 夹层玻璃

夹层玻璃是在两片或多片玻璃原片之间,用PVB(聚乙烯醇丁醛)树脂胶片,经过加热、加压黏合而成的平面或曲面的复合玻璃制品,如图9-8所示。用于夹层玻璃的原片可以是普通平板玻璃、浮法玻璃、钢化玻璃、彩色玻璃、吸热玻璃或热反射玻璃等。

 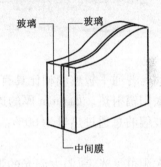

图9-8 夹层玻璃

夹层玻璃的透明性好,抗冲击性能要比一般平板玻璃高好几倍,用多层普通玻璃或钢化玻璃复合起来,可制成防弹玻璃。由于PVB胶片的黏合作用,玻璃即使破碎时,碎片也不会飞扬伤人。通过采用不同的原片玻璃,夹层玻璃还可具有耐久、耐热、耐湿等性能。

夹层玻璃有着较高的安全性,一般用于在建筑上用作高层建筑门窗、天窗和商店、银行、珠宝的橱窗、隔断等。

(4) 钛化玻璃

钛化玻璃也称永不碎铁甲箔膜玻璃,是将钛金箔膜紧贴在任意一种玻璃基材之上,使之结合成一体的新型玻璃。钛化玻璃具有高抗碎能力,高防热及防紫外线等功能。不同的基材玻璃与不同的钛金箔膜,可组合成不同色泽、不同性能、不同规格的钛化玻璃。钛化玻璃常见的颜色有无色透明、茶色、茶色反光、铜色反光等。

4. 节能型装饰玻璃

传统的玻璃应用在建筑物上主要是采光,随着建筑物门窗尺寸的加大,人们对门窗的保温隔热要求也相应提高了,节能装饰型玻璃就是能够满足这种要求,集节能性和装饰性于一体的玻璃。节能装饰型玻璃通常具有令人赏心悦目的外观色彩,而且还具有特殊的对光和热的吸收、透射和反射能力,用建筑物的外墙窗玻璃幕墙,可以起到显著的节能效果,现已被广泛地应用于各种高级建筑物之上。建筑上常用的节能装饰玻璃有吸热玻璃、热反射玻璃和中空玻璃等。

(1) 吸热玻璃

吸热玻璃是能吸收大量红外线辐射能,并保持较高可见光透过率的平板玻璃,如图9-9所示。生产吸热玻璃的方法有两种:一是在普通钠钙硅酸盐玻璃的原料中加入一定量的有吸热性能的着色剂;另一种是在平板玻璃表面喷镀一层或多层金属或金属氧化物薄膜而制成。

吸热玻璃有灰色、茶色、蓝色、绿色、古铜色、青铜色、粉红色和金黄色等。我国目前主要生产前三种颜色的吸热玻璃。厚度有2mm、3mm、5mm、6mm四种。吸热玻璃还可以进一步加工制成磨光、钢化、夹层或中空玻璃。

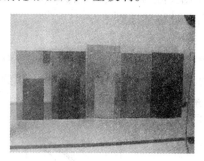
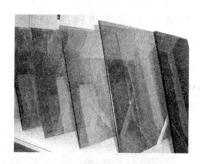

图9-9 吸热玻璃

吸热玻璃与普通平板玻璃相比具有如下特点:

①吸收太阳辐射热。如6mm厚的透明浮法玻璃,在太阳光照下总透过热为84%,而同样条件下吸热玻璃的总透过热量为60%。吸热玻璃的颜色和厚度不同,对太阳辐射热的吸收程度也不同。

②吸收太阳可见光,减弱太阳光的强度,起到反眩作用。

③具有一定的透明度,并能吸收一定的紫外线。

由于述特点,吸热玻璃已广泛用于建筑物的门窗、外墙以及用作车、船挡风玻璃等,起到隔热、防眩、采光及装饰等作用。

(2)热反射玻璃

热反射玻璃是有较高的热反射能力而又保持良好透光性的平板玻璃,它是采用热解法、真空蒸镀法、阴极溅射法等,在玻璃表面涂以金、银、铜、铝、铬、镍和铁等金属或金属氧化物薄膜,或采用电浮法等离子交换方法,以金属离子置换玻璃表层原有离子而形成热反射膜。热反射玻璃也称镜面玻璃,有金色、茶色、灰色、紫色、褐色、青铜色和浅蓝等各色。

热反射玻璃的热反射率高,如6mm厚浮法玻璃的总反射热仅16%,同样条件下,吸热玻璃的总反射热为40%,而热反射玻璃则可高达61%,因而常用它制成中空玻璃或夹层玻璃,以增加其绝热性能。镀金属膜的热反射玻璃还有单向透像的作用,即白天能在室内看到室外景物,而室外看不到室内的景像。

(3)中空玻璃

中空玻璃由美国于1865年发明,是一种良好的隔热、隔音、美观适用,并可降低建筑物自重的新型建筑材料,如图9-10所示。它是在两片或多片玻璃中间,用注入干燥剂的铝框或胶条,将玻璃隔开,四周用胶接法密封,中空部分具备降低热传导系数的效果,所以中空玻璃具有节能、隔音的功能。中空玻璃主要用于需要采暖、空调、防止噪声或结露以及需要无直射阳光的建筑物上,广泛用于住宅、饭店、宾馆、办公楼、学校、医院、商店等需要室内空调的场合。

图 9-10　中空玻璃

第 2 节　建筑陶瓷

远在商代(公元前 17 世纪),我国劳动人民就开始用陶管作建筑物的地下排水道,西周初期已能烧制板瓦、筒瓦。战国初期,开始制作精美的铺地砖、栏杆砖和凹槽砖,还出现了陶井圈。秦代大量营造宫殿,使建筑用砖的生产技术进一步向前发展,无论是制品的品种、质量以及烧制技术都比战国时期前进了一大步。汉代的画像砖,题材广泛,装饰独特。我们今天仍在使用的"秦砖汉瓦"一词就是源于那个时候。

用于墙面、地面装饰的场地砖的生产技术在我国起步较晚。新中国成立后到 20 世纪 70 年代末的 30 年时间里,建筑陶瓷进入了持续发展的阶段。西山釉面砖厂、景德镇陶瓷厂、沈阳陶瓷厂、唐山建陶厂等大企业纷纷成立。在 20 世纪 50 年代以来,建筑陶瓷砖产量迅速增加,生产工艺技术取得了长足的进步。

陶瓷的概念和分类

1. 概念

传统上,陶瓷的概念是指以黏土及其天然矿物为原料,经过粉碎混炼、成型、焙烧等工艺过程所制得的各种制品,亦称"普通陶瓷"。广义的陶瓷概念是用陶瓷生产方法制造的无机非金属固体材料和制品的统称。

2. 分类

陶瓷制品分为两大类,即普通陶瓷(传统陶瓷)和特种陶瓷(新型陶瓷)。普通陶瓷根据其用途不同又可分为日用陶瓷、建筑卫生陶瓷、化工陶瓷、化学陶瓷、电瓷及其他工业用陶瓷。特种陶瓷又可分为结构陶瓷和功能陶瓷两大类。在建筑与装饰工程中,常用的陶瓷制品有陶瓷砖、釉面砖、陶瓷墙地砖、陶瓷锦砖等。

陶瓷砖

1. 概念

陶瓷砖是指由黏土或其他无机非金属原料经成型、煅烧等工艺处理,用于装饰与保护建筑物、构筑物墙面及地面的板状或块状的陶瓷制品,也可称为陶瓷饰面砖。

2. 分类

陶瓷砖按使用部位不同可分为内墙砖、外墙砖、室内地砖、室外地砖、广场地砖和配件砖。陶瓷砖按其表面是否施釉可分为有釉砖和无釉砖。陶瓷砖按其表面形状可分为平面装饰砖和立体装饰砖。平面装饰砖是指正面为平面的陶瓷砖,立体装饰砖是指正面呈凹凸纹样的陶瓷砖。

三 釉面砖

图 9-11 釉面砖

釉面砖指吸水率大于 10% 小于 20% 的正面施釉的陶瓷砖,主要用于建筑物、构筑物内墙面,故也称釉面内墙砖。釉面砖采用瓷土或耐火黏土低温烧成,坯体呈白色,表面施透明釉、乳浊釉、无光釉、花釉、结晶釉等艺术装饰釉,见图 9-11。

1. 分类

近年来,釉面砖花色品种较多,按釉层色彩可分为单色、花色和图案砖,主要种类和特点如表 9-1 所示。

釉面砖主要种类和特点　　　　表 9-1

种类		代号	特点说明
白色釉面砖		F、J	色纯白,釉面光亮,粘贴于墙面清洁大方
彩色釉面砖	有光彩色釉面砖	YG	釉面光亮晶莹,色彩丰富雅致
	无光彩色釉面砖	SHG	釉面半无光,不晃眼,色泽一致、柔和
图案砖	白地图案砖	YGT	系在白色釉面砖上装饰各种图案,经高温烧成。纹样清晰,色彩明朗,清洁优美
装饰釉面砖	花釉砖	HY	系在同一砖上施以多种彩釉,经高温烧成,色釉互相渗透,花纹千姿百态,有良好的装饰效果
	结晶釉砖	JJ	晶花辉映,纹理多姿
	斑纹釉砖	BW	斑纹釉面,丰富多彩
	大理石釉砖	LSH	具有天然大理石花纹,颜色丰富,美观大方

2. 釉面砖的特点与应用

釉面砖具有许多优良性能,它不仅强度较高、防潮、耐污、耐腐蚀、易清洗、变形小,具有一定的抗急冷急热性能,而且表面光亮细腻、色彩和图案丰富、风格典雅,具有很好的装饰性。它主要用作厨房、浴室、厕所、盥洗室、实验室、医院、游泳池等场所的室内墙面和台面的饰面材料。

3. 规格

釉面砖按形状可分为通用砖(正方形砖、长方形砖)和异形砖(配件砖),通用砖一般用于大面积墙面的铺贴,异形配件砖多用于墙面阴阳角和各收口部位的细部构造处理。釉面砖常用规格如表 9-2 所示。

釉面砖常用规格(单位:mm)　　　　表9-2

长	宽	厚	长	宽	厚
152	152	5	152	76	5
108	108	5	76	76	5
152	75	5	80	80	4
300	150	5	110	110	4
300	200	5	152	152	4
300	200	4	108	108	4
300	150	4	152	75	4
200	200	5	200	200	4
300	200	6	200	200	5

四 陶瓷墙地砖

陶瓷墙地砖具有强度高、致密坚实、耐磨、吸水率小($\leq 10\%$)、抗冻、耐污染、易清洗、耐腐蚀、经久耐用等特点。陶瓷墙地砖品种较多,按其表面是否施釉可分为彩釉墙地砖和无釉墙地砖。近年来墙地砖品种创新很快,劈离砖、渗花砖、玻化砖、仿古砖、大颗粒瓷质砖、广场砖等得到了广泛的应用。

1. 彩釉砖

彩釉砖是彩釉陶瓷墙地砖的简称,系以陶土为主要原料,配料制浆后,经半干压成型、施釉、高温焙烧制成的饰面陶瓷砖。彩釉砖的规格尺寸从 260mm×65mm 到 1200mm×600mm 不等。平面形状分正方形和长方形两种。彩釉砖的厚度一般为 8~12mm。

彩釉砖结构致密,抗压强度较高,易清洁,装饰效果好,广泛应用于各类建筑物的外墙、柱的饰面和地面装饰,由于墙、地两用,又被称为彩色墙地砖。

用于不同部位的墙地砖应考虑不同的要求。用于寒冷地区时,应选用吸水率尽可能小($E<3\%$)、抗冻性能好的墙地砖。

2. 无釉砖

无釉砖是无釉墙地砖的简称,是以优质瓷土为主要原料的基料喷雾料加一种或数种着色喷雾料(单色细颗粒)经混匀、冲压、烧成所得的制品。这种制品再加工后分抛光和不抛光两种。无釉砖吸水率较低,常为无釉瓷质砖、无釉炻瓷砖、无釉细炻砖范畴。

无釉砖的主要规格有 300mm×300mm、400mm×400mm、450mm×450mm、500mm×500mm、600mm×600mm 和 800mm×800mm,厚度 7~12mm。无釉瓷质砖抛光砖富丽堂皇,适用于商场、宾馆、饭店、游乐场、会议厅、展览馆等的室内外地面和墙面的装饰。无釉的细炻砖、炻质砖,是专用于铺地的耐磨砖。

五 陶瓷锦砖

陶瓷锦砖俗称马赛克,是由各种颜色、多种几何形状的小块瓷片(长边一般不大于50mm)

铺贴在牛皮纸上形成色彩丰富、图案繁多的装饰砖,故又称纸皮砖。所形成的一张张的产品,称为"联"。联的边长有284.0mm、295.0mm、305.0mm和325.0mm四种。按常见的联长为305mm计算。

陶瓷锦砖质地坚实、色泽图案多样、吸水率极小、耐酸、耐碱、耐磨、耐水、耐压、耐冲击、易清洗、防滑。陶瓷锦砖色泽美观稳定,可拼出风景、动物、花草及各种图案。

陶瓷锦砖在室内装饰中,可用于浴厕、厨房、阳台、客厅、起居室等处的地面,也可用于墙面。在工业及公共建筑装饰工程中,陶瓷锦砖也被广泛用于内墙、地面,亦可用于外墙。

六 其他陶瓷制品

1. 琉璃制品

琉璃制品是用难熔黏土为主要原料制成坯泥,制坯成型后经干燥、素烧、施琉璃彩釉、釉烧而成琉璃制品。琉璃檐是将琉璃瓦挂贴在预制混凝土槽形板上,然后整体安装。琉璃制品的特点是质细致密、表面光滑、不易沾污、坚实耐久、色彩绚丽、造型古朴,富有我国传统的民族特色。琉璃制品主要有琉璃瓦、琉璃砖、琉璃兽,以及琉璃花窗、栏杆等各种装饰制件,还有陈设用的建筑工艺品,如琉璃桌、绣墩、鱼缸、花盆、花瓶等。其中琉璃瓦是我国用于古建筑的一种高级屋面材料。

2. 陶瓷壁画

陶瓷壁画是大型画,它是以陶瓷面砖、陶板等建筑块材经镶拼制作的、具有较高艺术价值的现代建筑装饰,属新型高档装饰。现代陶瓷壁画具有单块砖面积大、厚度薄、强度高、平整度好、吸水率小、抗冻、抗化学腐蚀、耐急冷急热等特点。陶瓷壁画适于镶嵌在大厦、宾馆、酒楼等高层建筑物上,也可镶贴于公共活动场所。

第3节 建 筑 石 材

建筑石材是指具有可锯切、抛光等加工性能,在建筑物上作为饰面材料的石材,包括天然石材和人造石材两大类。天然石材指天然大理石和花岗岩,人造石材则包括水磨石、人造大理石、人造花岗岩和其他人造石材。

一 天然石材

凡是从天然岩体中开采的,具有装饰功能并能加工成板状或块料的岩石,均称为天然装饰石材。它是经矿山开采出来的大块荒料,经过锯切、研磨、酸洗、抛光,最后按所需规格、形状切割加工而成的。

1. 天然大理石(简称大理石)

天然大理石是石灰岩与白云岩在地壳中经高温高压作用下重新结晶、变质而成。纯大理石为白色,简称汉白玉。如果在变质过程中混入其他杂质,则它结晶后呈带斑,为有花纹和色彩的层状结构。如含碳呈玫瑰色、桔红色,含 FeO、Cu、Ni 则呈绿色。

(1)材料的规格

大理石分定型和不定型两类。定型板材由国家统一编号或企业自定规格或代号,主要形状有长方形(300×150×20、400×200×20、600×300×20、900×600×20 等,单位 mm)、正方形(300×300×20、400×400×20、610×610×20 等,单位 mm)。不定型板材的规格由设计部门与生产厂家共同议定。

(2)大理石板材的质量指标

包括力学性质指标和装饰性能指标两类,其中以装饰性能作为主要评价指标。大理石板材按质量指标分为一极品和二极品两个等级。

(3)大理石板材的特性

①表观密度为 $2500\sim2600kg/m^3$;②吸水率<1%;③抗压强度较高($100\sim300MPa$);④质地坚实但硬度不大,比花岗石易于雕琢和磨光;⑤颜色多样,斑纹多彩,装饰效果极佳;⑥一般耐用年限为 75 年至几百年。

大理石板材不宜做建筑外饰面材料,因为大理石的主要成分 $CaCO_3$ 和 $MgCO_3$ 均是呈碱性的盐(强碱弱酸盐),耐碱不耐酸,所以大理石是耐碱石材。而室外的空气环境污染较大,空气中常含有大量的 SO_2,遇水生成 H_2SO_3(亚硫酸),与大理石板材中的 $CaCO_3$ 反应,生成易溶于水的石膏,使表面失去光泽,变得粗糙多孔,哑光,严重降低装饰效果。

(4)大理石板材的用途

大理石板材主要用于室内墙面、柱面、栏杆、楼梯踏步、花饰雕刻等,也有少部分用于室外装饰,但应做适当的处理。

2. 天然花岗石

花岗石板材是从火成岩中开采的典型深成岩石,经过切片,加工磨光,修边后成为不同规格的石板。它的主要结构物质是长石、石英石和少量云母,属于酸性石材。其颜色与光泽由长石、云母及暗色矿物提供,有粉红底黑点、画皮、白底黑色、灰白色、纯黑及各种花色。如河南偃师县的菊花青、雪花青和云里梅,山东的济南青,四川的石棉红等。

(1)花岗石板材的品种

花岗石板材的品种按产地、花纹、颜色特征确定,亦可按加工方法分为以下四种花岗石板材(表9-3)。

花岗石板材的特点与用途　　　　　表9-3

项次	名称	特点	用途
1	机刨板材	表面粗糙,具有规则的条状岩纹	一般用于室外地面、台阶、基座等
2	粗磨板材	表面平整,具有平行刨纹	一般用于室外地面、台阶、基座、踏步等
3	粗磨板材	表面平滑无光	常用于墙面、柱面、基座纪念碑、墓碑
4	磨光板材	表面平整,色泽光亮如镜,晶粒显露	多用于室内外墙面、地面、立柱、旱冰场地面、纪念碑、墓碑、铭牌等

(2)花岗石板材的特性

花岗岩板材的表观密度为 $2300\sim2800kg/m^3$,抗压强度高($120\sim300MPa$),空隙率小($0.19\%\sim0.36\%$),吸水率低($0.1\%\sim0.3\%$),传热快[$\lambda=2.9W/(m\cdot K)$],其颜色以深色斑点为主,与其他浅色相和混可使外观稳重大方,质地坚硬、耐磨、耐酸、耐冻,使用年限长。

花岗石板材中所含石英成分在573～870℃时会发生晶态转变,产生体积膨胀,使整个石块开裂,所以花岗石不耐火。

(3) 花岗石板材的用途

花岗岩适用于除天花板以外的所有部件的装饰,是一种高级装饰材料。

二 人造石材

人造装饰石材是用天然大理石、花岗石碎块、石屑、石粉作为填充材料,由不饱和聚酯或水泥为黏结剂,经搅拌成型、研磨、抛光等工艺制成与天然大理石、花岗石相似的材料。

人造装饰板材有以下优点:重量轻,强度高,厚度薄;花纹图案可由设计控制决定;有较好的加工性,能制成弧形、曲面;耐腐蚀、抗污染性较强;能仿天然大理石、花岗石、玉石及玛瑙石等,是理想的饰面石材。

1. 人造大理石

人造大理石按照生产所用材料可分为四类:水泥型人造大理石、树脂型人造大理石、复合型人造大理石、烧结人造大理石。人造花岗石生产与人造大理石基本一致,不同之处是仿石材斑纹不同。

(1) 人造大理石的生产

四种人造大理石中,以树脂型最常用,其物理化学性能最好,但价格较高,水泥型最便宜,但抗腐蚀性差,易产生微裂,其余两种生产工艺较复杂,未见使用。

水泥型人造大理石所用的黏结剂最好采用高铝水泥(俗称矾土水泥),这种人造大理石表面光泽度高,半透明,花纹耐久,抗风化力、耐久性、防潮性等均优于一般人造大理石。原因是高铝水泥中的主要矿物组成为铝酸钙($CaO \cdot Al_2O_3$),水化后生成$Al_2O_3 \cdot mH_2O$凝胶,在凝聚过程中,它与光滑的模板表面接触形成表面光滑、结构致密、无毛细孔隙、呈半透明状的凝胶层,是质量优良的人造大理石。

(2) 人造大理石的性能

① 装饰性:人造大理石表面光泽度高、花色可模仿天然大理石和花岗石,色泽美观,装饰效果好。

② 物理性能:人造大理石的物理性能基本能达到天然大理石的要求。

③ 表面抗污性能:人造大理石对醋、酱油、食油、鞋油、机油、口红、红汞、红蓝墨水均不着色或轻微着色,可用碘酒拭去。

④ 耐久性:分耐骤冷骤热试验,烘烤情况和可加工性必须合格。

2. 预制水磨石板

预制水磨石板是以普通混凝土为底层、以添加颜料的白水泥或彩色水泥与各种大理石粉末拌制的混凝土为面层,经过成型、养护、研磨抛光上蜡等工序制成。

预制水磨石板的规格除按设计要求进行特殊加工外,主要形状有正方形、长方形、六边行等,厚度20～28mm(内配粗铁线筋)。

◀本章小结▶

本章主要介绍了几种常见室内外装饰材料,即建筑玻璃、建筑陶瓷及装饰石材。建筑玻璃的主要品种是平板玻璃,具有表面晶莹光洁、透光、隔声、保温、耐磨、耐气候变化、材质稳定等优点,它是以石英砂、砂岩或石英岩、石灰石、长石、白云石及纯碱等为主要原料,经粉碎、筛分、配料、高温熔融、成型、退火、冷却、加工等工序制成。建筑陶瓷在装饰工程上,主要有陶瓷砖、陶瓷墙地砖、陶瓷锦砖及琉璃制品,这些都是建筑装饰工程中的常用材料。凡是从天然岩体中开采的,具有装饰功能并能加工成板状或块料的岩石,均称为天然石材。它是经矿山开采出来的大块荒料,经过锯切、研磨、酸洗、抛光,最后按所需规格、形状切割加工而成的。建筑装饰石材是指具有可锯切、抛光等加工性能,在建筑物上作为饰面材料的石材,包括天然石材和人造石材两大类。天然石材指天然大理石和花岗岩,人造石材则包括水磨石、人造大理石及其他人造石材。

习 题

9-1 简述玻璃的性质、建筑玻璃的种类及应用。
9-2 常见节能型玻璃有哪些?
9-3 陶瓷砖的种类有哪些?有哪些特性和应用?
9-4 陶瓷墙地砖的种类有哪些?有哪些特性和应用?
9-5 陶瓷锦砖的规格有哪些?一般应用在建筑哪些部位?
9-6 天然花岗石板材的种类和特性是什么?
9-7 人造大理石的性能有哪些?人造装饰板材的优点是什么?

第10章 建筑塑料制品、绝热及吸、隔声材料

【职业能力目标】

在建筑装饰工程中,建筑塑料制品、绝热及吸隔声材料是常用的装饰材料,通过学习本章知识,在建筑装饰工程施工中能够把握建筑塑料制品、绝热及吸声材料的基本性能,从而可从事材料员岗位中的建筑塑料制品、绝热及吸、隔声材料的采购、验收及保管工作。

【学习目标】

1. 掌握常见建筑塑料制品的性质及应用;
2. 认识常用绝热材料及应用;
3. 认识常用吸、隔声材料及应用。

第1节 建筑塑料制品

常见建筑塑料制品有塑料装饰板材、塑钢门窗、塑料管材等。

1. 塑料装饰板材

塑料装饰板,是用于建筑装修的塑料板。原料为树脂板、表层纸与底层纸、装饰纸、覆盖纸、脱模纸等。将表层纸、装饰纸、覆盖纸、底层纸分别浸渍树脂后,经干燥后组坯,经热压后即为贴面装饰板。图10-1为装饰纸,图10-2为贴面装饰板。

图10-1 装饰纸

图10-2 贴面装饰板

(1) 塑料贴面装饰板

塑料贴面装饰板又称塑料贴面板。它是以酚醛树脂的纸质压层为胎基,表面用三聚氰胺树脂浸渍过的印花纸为面层,经热压制成并可覆盖于各种基材上的一种装饰贴面材料。

塑料贴面板的图案,色调丰富多彩,耐湿、耐磨、耐燃烧、耐一定酸、碱、油脂及酒精等溶剂的侵蚀,平滑光亮,极易清洗。粘贴在板材的表面,较木材耐久,装饰效果好,是节约优质木材的好材料。适用于各种建筑室内、车船、飞机及家具等表面装饰。

(2) 覆塑装饰板

覆塑装饰板是以塑料贴面板或塑料薄膜为面层,以胶合板、纤维板、刨花板等板材为基层,采用胶合剂热压而成的一种装饰板材。用胶合板作基层的叫覆塑胶合板,用中密度纤维板作基层的叫覆塑中密度纤维板,用刨花板为基层的叫覆塑刨花板。

覆塑装饰板既有基层板的厚度、刚度,又具有塑料贴面板和薄膜的光洁、质感强、美观、装饰效果好,并具有耐磨、耐烫、不变形不开裂、易于清洗等优点,可用于汽车、火车、船舶、高级建筑的装修及家具、仪表、电器设备的外壳装修。

(3) 有机玻璃板材

有机玻璃板材,俗称有机玻璃,是以甲基丙烯酸甲酯为主要基料,加入引发剂、增塑剂等聚合而成,具有极好透光率的热塑性塑料。

有机玻璃的透光性极好,可透过光线的99%,并能透过紫外线的73.5%;机械强度较高;耐热性、抗寒性及耐候性都较好;耐腐蚀性及绝缘性良好;在一定条件下,尺寸稳定、容易加工。有机玻璃的缺点是质地较脆,易溶于有机溶剂,表面硬度不大,易擦毛等。有机玻璃在建筑上主要用作室内高级装饰材料及特殊的吸顶灯具或室内隔断及透明防护材料等。

2. 塑钢门窗

塑钢门窗是以聚氯乙烯(UPVC)树脂为主要原料,加上一定比例的稳定剂、着色剂、填充剂、紫外线吸收剂等,经挤出成型材,然后通过切割、焊接或螺接的方式制成门窗框扇,配装上密封胶条、毛条、五金件等,同时为增强型材的刚性,超过一定长度的型材空腔内需要填加钢衬(加强筋),这样制成的门户窗,称之为塑钢门窗,见图10-3。

图10-3 塑钢门窗

塑钢门窗方的性能及优点:

(1) 保温性好:铝塑复合型材中的塑料导热系数低,隔热效果比铝材优1250倍,加上有良好的气密性,在寒冷的地区尽管室外零下几十度,室内却是另一个世界。

(2) 隔音性好:其结构经精心设计,接缝严密,试验结果,隔音30dB,符合相关标准。

(3)耐冲击：由于铝塑复合型材外表面为铝合金，因此它比塑钢窗型材的耐冲击性强大得多。

(4)气密性好：铝塑复合窗各隙缝处均装多道密封毛条或胶条，气密性为一级，可充分发挥空调效应，并节约50%能源。

(5)水密性好：门窗设计有防雨水结构，将雨水完全隔绝于室外，水密性符合国家相关标准。

(6)塑钢门窗防火性好：铝合金为金属材料，不燃烧。

(7)塑钢门窗防盗性好：铝塑复合窗，配置优良五金配件及高级装饰锁，盗贼束手无策。

(8)免维护：铝塑复合型材不易受酸碱侵蚀，不会变黄褪色，几乎不必保养。脏污时，可用水加清洗剂擦洗，清洗后洁净如初。

(9)最佳设计：铝塑复合窗是经过科学设计，采用合理的节能型材，因此得到国家权威部门的认可和好评，可为建筑增光添彩。

3. 塑料管材

塑料管材在我国推广应用有十几年历史，特别是20世纪90年代末期以来，有关部门对于塑料环保建材发展高度关注，给予了大力支持，颁布了一系列的政策法规。根据《国家化学建材产业"十五"计划和2010年发展规划纲要》，塑料管道的推广应用将大力发展，重点品种以PVC和PE管为主。纲要提出塑料管道发展目标：到2010年，全国新建、改建、扩建工程中，建筑排水管道80%采用塑料管，建筑雨水排水管70%采用塑料管，作为一种新型的管道材料和传统的金属管相比，其具有独特的优良性能，如质量轻，生产成本低，施工方便，耐各种化学腐蚀和抗电，内壁光滑耐磨，不易结垢等，因此得到了广泛应用。目前，新型管材品种有PVC管、PE管、PAP管、PE-X管、PP-R管、PB管、PVC-C管、ABS管、铜塑复合管、钢塑复合管、玻璃钢夹砂管等。

(1)管材的标志

色泽和色标统称为标志。

①色泽。采用管材表面的整体颜色表示管材用途的信息。目前，我国建筑用塑料管常用的色泽见表10-1。

管材色泽常用颜色　　　　　　　表10-1

管材＼颜色	蓝色	橙红色或红色	灰色	白色	黄色	黑色	绿色
冷水给水管	○	×	△	△	×	△	×
热水给水管	×	○	△	△	×	△	×
埋地排水管	×	×	○	△	×	△	×
排水管	×	×	○	△	×	△	×
雨落水管	×	×	×	○	×	×	×
燃气管	×	×	×	×	○	△	×
电工套管	×	×	×	△	×	△	○

注：1. 表中"○"符号表示规定的颜色。
    2. 表中"△"符号表示必须添加规定颜色的色泽。
    3. 表中"×"符号表示禁用的颜色。

②色标。采用管材表面的颜色线条或线条加文字表示管材的用途信息。当以色标方式来表示管材的用途时,色标的颜色应符合表 10-2 的规定。

色 标 的 颜 色　　　　　　　　　表 10-2

管材＼颜色	蓝色	橙红色或红色	灰色	黄色	绿色
冷水给水管	○				
热水给水管		○			
埋地排水管			○		
排水管			○		
雨落水管					
燃气管				○	
电工套管					○

色标的线条可采用实线或虚线,应沿轴向延伸。色标的线条数量不得少于 1 条,多条线条宜沿轴向均匀布置。当采用文字加线条表示色标时,文字和线条必须为相同颜色。

(2)管材规格、性能参数

①规格。钢管用"公称外径×公称壁厚"的毫米数表示。

塑料管材和各种复合管材规格表示方法在我国新标准中采用 ISO 国际标准方法,即管材规格用"管系列 S,公称外径 d_n×公称壁厚 e_n"表示。例如,管系列 S8,公称外径 d_n 为 50mm,公称壁厚 e_n 为 3.0mm,则表示为:S8,50×3.0。

②性能参数。

a. 弹性模量是指材料在弹性范围内应力—应变的关系。其表达式如下:

$$E = \frac{\sigma}{\varepsilon} = \frac{PL}{\Delta LA}$$

式中:σ——应力,MPa;
　　　ε——应变;
　　　E——弹性模量,MPa;
　　　P——外力,N;
　　　L——材料原长度,mm;
　　　ΔL——材料变化后的长度,mm;
　　　A——材料截面积,mm²。

从上式可以看出,材料在弹性范围内,应力和应变成正比,比例系数即为 E。弹性模量 E 的物理意义表示材料在弹性范围内应力和应变之比,表明材料本身在外力作用下抵抗弹性变性的能力。

b. 拉伸强度:管材拉伸强度是指管材在拉伸试验中材料在断裂前所能承受的纵向应力最大值,单位为 MPa。

c. 硬度是指材料抵抗比它更硬的物体压入其表面的能力。材料越硬,受压后的压痕越小。根据试验方法不同,常用的有布氏硬度和洛氏硬度两种表示方法。布氏硬度用 HB 表示,洛氏硬度因压头上的荷载不同分为 A、B、C 三种,所以,洛氏硬度用 HRA、HRB、HRC 表示。

d. 维卡软化温度(维卡软化点)。维卡软化是评价热塑性塑料管材高温变形趋势的一种试验方法。该方法是在等速升温条件下,用一根带有规定荷载、截面积为 $1mm^2$ 的平顶针放在试样上,当平顶针刺入试样 1mm 时的温度即为该试样所测得的维卡软化温度。该温度反映了当一种材料在升温装置中使用时期望的软化点。

e. 交联。高分子交联反应是将分子间的范德华力吸引转变成化学键的结合,交联的结果是将线性分子材料转变成三维网状结构,从而大大改善材料的性能。交联是提高塑料管材机械性能和热性能的最为有效的手段。

f. 共混。将不同类型的高分子材料通过物理或化学的方法混合在一起的方法称为共混。它是塑料管材改性的一种极为有效的手段。一般来说,单一组分的聚合物往往有些性能不够理想,通过共混,将两种或两种以上性能各异,甚至不完全相容的聚合物混合在一起,则可得到与其中各种均聚物都大不相同的性能。

第2节 绝热材料

绝热材料是指热导率低于 $0.175W/(m·K)$ 的材料。在建筑与装饰工程中用于控制室内热量外流的材料叫做保温材料,把防止室外热量进入室内的材料叫做隔热材料。保温、隔热材料统称为绝热材料。绝热材料通常是轻质、疏松、多孔、纤维状的材料。

一 分类方法

绝热材料种类繁多,一般可按材质、使用温度、形态和结构来分类。

按材质可分为有机绝热材料、无机绝热材料和金属绝热材料三类。热力设备及管道用的保温材料多为无机绝热材料。这类材料具有不腐烂、不燃烧、耐高温等特点。例如,石棉、硅藻土、珍珠岩、玻璃纤维、泡沫玻璃混凝土、硅酸钙等。普冷下的保冷材料多用有机绝热材料,这类材料具有极小的导热系数、耐低温、易燃等特点。例如,聚苯乙烯泡沫塑料、聚氯乙烯泡沫塑料、氨酯泡沫塑料、软木等。

按形态又可分为多孔状绝热材料、纤维状绝胚材料、粉末状绝热和层状绝热材料四种。多孔状绝热材料又叫泡沫绝热材料,具有质量轻、绝热性能好、弹性好、尺寸稳定、耐稳性差等特点。主要有泡沫塑料、泡沫玻璃、泡沫橡胶、硅酸钙、轻质耐火材料等。纤维状绝热材料可按材质分为有机纤维、无机纤维、金属纤维和复合纤维等。在工业上用作绝热材料的主要是无机纤维,目前用得最广的纤维是石棉、岩棉、玻璃棉、硅酸铝陶瓷纤维、晶质氧化铝纤维等。粉末状绝热材料主要有硅藻土、膨胀珍珠岩及其制品。这些材料的原料来源丰富,价格便宜,是建筑和热工设备上应用较广的高效绝热材料。

二 绝热材料的作用和基本要求

1. 绝热材料的作用

绝热材料对热流具有显著的阻抗作用,这一特性决定了绝热材料常用于屋面、墙体、地面、管道等的隔热与保温,以减少建筑物的采暖和空调能耗。据统计,绝热良好的建筑能源消耗可节省25%～50%,保持室内的温度适宜于人的工作学习和生活。

2. 绝热材料的基本要求

建筑构造上使用的绝热材料一般要求其热导率不大于0.15W/(m·K),体积密度不大于500kg/m³,硬质成型制品的抗压强度不小于0.3MPa,线膨胀系数一般小于2%。绝热材料除满足上述技术要求外,其透气性、热稳定性、化学性能、高温性能等也必须满足要求。

3. 绝热材料的选择

由于绝热材料的品种很多,在使用时应按以下条件选择:

(1)绝热性能好(热导率要小),蓄热损失小(比热容小);

(2)化学稳定性能好,在使用温度范围内不会发生分解、挥发和其他化学反应,并耐化学腐蚀;

(3)热稳定性能好,使用温度范围宽,热收缩率小,不会发生析晶、相变,抗热振性好;

(4)吸湿、吸水率小,因水的导热能力比空气大24倍,且吸水后强度降低;

(5)有一定的强度,通常抗压强度要求大于0.4MPa;

(6)耐久性好,耐老化时间一般不少于7年;

(7)安全性好,无毒、无味,并具有耐燃、阻燃、自熄能力;

(8)工艺性好,易制成各种形状制品,便于施工;

(9)经济性好,能耗少,价格便宜,原料丰富。

三 常用绝热材料

1. 岩棉、矿渣棉及其制品

岩棉、矿渣棉及其制品是以玄武岩、辉绿岩、高炉矿渣等为主要原料。经高温熔化、成棉等工序制成的松散纤维状材料。以高炉矿渣等工业废渣为主要原料制成的叫矿渣棉;以玄武岩、辉绿岩等为主要原料制成的叫岩棉,也可统称为矿物棉。这是目前应用最广的高效保温材料之一。

岩棉制品主要有岩棉板、岩棉缝毡、岩棉保温带、岩棉管壳等,矿渣棉制品主要有粒状棉、矿棉板、矿棉缝毡、矿棉保温带、矿棉管壳等。矿渣棉的物理性能指标应符合国家标准《绝热用岩棉、矿渣棉及其制品》(GB 11835—1998)的规定,见表10-3。

岩棉矿渣棉的物理性能指标　　　　　　　表10-3

项　目	性能指标			说　明
	优等品	一等品	二等品	
渣球含量	≤12	≤15	≤18	按GB 5480.5规定的方法测定
密度(kg/m³)	≤150	≤150	≤150	按GB 5480.3规定的方法测定
纤维平均直径(μm)	≤7	≤7	≤8	按GB 5480.4规定的方法测定
热导率[W/(m·K)]	≤0.044	≤0.044	≤0.044	按GB 10294规定的方法测定
最高使用温度(℃)	650	650	650	按GB 11835规定的方法试验

岩棉和矿渣棉制品质量轻,绝热和吸声性能良好,具有耐热性、不燃性和化学稳定性,所以在建筑与装饰工程中应用非常广泛,其主要用途如下。

(1)岩棉板和矿渣棉板广泛用于平面和曲面半径较大的罐体、锅炉、热交换器等设备和建筑的保温、吸声,一般使用温度为350℃。若控制初次运行的升温速度每小时不超过50℃,则使用温度可达500℃。

(2)毡岩棉玻璃布缝毡,可用于形状复杂的设备保温,一般使用温度为400℃,采取金属外护等措施使用温度可达600℃;岩棉铁丝网缝毡,用于罐体、管道、锅炉等高温设备的保温,使用温度为500℃;矿棉缝毡的使用范围与使用温度,与岩棉毡相同。

(3)保温带岩棉和矿渣棉保温带主要用于较大口径的管道及罐体等的保温隔热,使用温度可达250℃。

(4)管壳用于口径较小的管道和阀门(异型管壳)的保温,使用温度为350℃,若初次运行的控制升温速度为50℃/h以下,则使用温度可达500℃。

(5)粒状棉可用于建筑物墙面、屋面以及各种设备、罐塔、工业炉等作保温(隔热)材料使用,也可作为隔热防火的喷涂材料使用。

2. 膨胀珍珠岩及其制品

膨胀珍珠岩是酸性火山玻璃质熔岩,因其具有珍珠裂隙结构而得名。其高温膨胀机理在于:珍珠岩矿石中含有4%~6%的结合水,当矿石接近软化点并迅速软化成熔体时,其结合水汽化膨胀形成气泡,此时使玻璃质迅速冷却到软化点以下,就形成了多孔结构的膨胀珍珠岩产品。膨胀珍珠岩为白色颗粒,内部为蜂窝状结构,具有轻质、绝热、吸声、无毒、无臭味、不燃烧等特性,既可作绝热材料,又可作吸声材料,还可作工业滤料,是一种用途相当广泛的材料。除散料应用外,还可以加工成板、砖、管壳等各种制品。

膨胀珍珠岩的技术性能与特点如下:

(1)热导率:这是膨胀珍珠岩最重要最有价值的技术性能。在常温下为0.047~0.074W/(m·K),随产品的堆积密度增大而提高,随含水量的提高而增大。在低温下,膨胀珍珠岩的热导率为0.027W/(m·K),比许多保温材料都低,具有良好的低温绝热性能。

(2)使用温度 膨胀珍珠岩的耐火度为1280~1360℃,安全使用温度为800℃,低温可在-200℃下使用。

(3)吸水性和吸湿性:短时间内吸水性极强。浸水15~30min,质量吸水率可达400%,体积吸水率为29%~30%,密度越小的吸水性越强。在相对湿度95%~100%的条件下,吸湿率为0.006%~0.08%(质量),比其他保温材料的吸湿性弱。

(4)抗冻性:经15次冻融循环后,粒度组成不变,抗冻性良好。

(5)耐酸耐碱性能:膨胀珍珠岩(密度100~227kg/m³)在10%~40%的NaOH溶渣中浸泡24h,其质量剩余量仅为18%~31%,所以耐碱性很差;但耐酸性好,浸泡24h后的质量剩余量高达98%~100%。因此膨胀珍珠岩产品不宜用于耐碱的部位。

(6)电绝缘性:电阻率为$(1.95~2.30)\times 10^{10}\Omega\cdot cm$,为电绝缘材料。

(7)吸声性:用混响法测定,堆积密度为106kg/m³、厚度为40mm的膨胀珍珠岩,125~3000Hz声频内,平均吸声系数为0.556。膨胀珍珠岩在建筑上广泛用于围护结构、低温及超低温保冷设备、热工设备等的绝热材料,也可用于制作吸声制品。

3. 膨胀蛭石及其制品

蛭石是一种天然矿物,在850~1000℃的温度下煅烧时,体积急剧膨胀,单个颗粒的体积能膨胀约20倍。

膨胀蛭石的主要特性是：体积密度80~900kg/m³，热导率0.046~0.07W/(m·K)，可在1000~1100℃温度下使用，不蛀、不腐，但吸水率较大。膨胀蛭石的用途：膨胀蛭石可以呈松散状铺设于墙壁、楼板、屋面等夹层中，作为绝热、隔声之用，使用时应注意防潮，以免吸水后影响绝热功能；膨胀蛭石也可以与水泥、水玻璃等胶凝材料配合，浇制成板，用于墙、楼板和屋面板等构件的绝热。其水泥制品通常用10%~15%体积的水泥，85%~90%的膨胀蛭石，加适量的水经拌和、成型、养护而成。水玻璃膨胀蛭石制品是以膨胀蛭石、水玻璃和适量氟硅酸钠（$NaSiF_6$）配制而成。

4. 泡沫塑料

泡沫塑料是以各种树脂为基料，加入发泡剂等辅助材料，经加热发泡制成，具有质轻、绝热、吸声、防振等性能。主要品种有聚苯乙烯泡沫塑料、聚氨酯泡沫塑料、脲醛泡沫塑料等，可制成平板、管壳、珠粒等制品。可用高速无齿锯或低压电阻丝切割。

该类绝热材料由于具有优良的性能，低廉的价格，在建筑工程中应用较多，已经成为建筑节能设计中优先选用的绝热材料之一。可做复合墙板及屋面板的夹芯层，制冷设备，冷藏设备和包装的绝热材料。储存运输和使用过程中，要严禁烟火，不要超过规定的温度使用范围，不要与强酸、强碱及有机溶剂等接触，要避免长期承受压力，避免用锋利的工具或器械划伤泡沫体表面。常用绝热材料的技术性能及用途见表10-4。

常用绝热材料的技术性能及用途　　　　　　　　　表10-4

材料名称	体积密度 (kg/m³)	强度 (MPa)	热导率 [W/(m·K)]	最高使用温度 (℃)	用途
超细玻璃纤维沥青玻璃纤维制品	30~60 100~150		0.035 0.041	300~400 250~300	墙体、冷藏等
纤维	110~130		0.044	≤600	填充材料
纤维	80~150	$F_t > 0.012$	0.044	250~600	填充墙体、屋面、热力管道等
岩棉制品	80~160		0.04~0.052	≤600	
膨胀珍珠岩	300~400		常温0.02~0.044 高温0.06~0.17 0.02~0.038	≤800 (-200)	高效能保温保冷填充材料
水泥膨胀珍珠岩制品	300~400	$F_c = 0.5~1.0$	常温0.05~0.081 低温0.081~0.12	≤600	保温绝热用
水玻璃膨胀珍珠岩制品	200~300	$F_c = 0.6~1.7$	0.056~0.093	≤650	保温绝热用
沥青膨胀珍珠岩制品	400~500	$F_c = 0.2~1.2$	0.093~0.12		用于常温及负温
膨胀蛭石	80~900		0.046~0.070	1000~1100	填充材料
水泥膨胀蛭石	300~500	$F_c = 0.2~1.0$	0.076~0.105	≤650	保温绝热
微孔硅酸钙制品	230	$F_c = 0.3$	0.041~0.056	≤650	维护结构及保温管道用
轻质钙塑板	100~150	$F_c = 0.1~0.7$	0.047	650	保温绝热兼防水功能，并具有装饰效果
泡沫玻璃	150~600	$F_c = 0.55~15$	0.058~0.128	300~400	砌筑墙体及冷藏库绝热

续上表

材料名称	体积密度 (kg/m³)	强度 (MPa)	热导率 [W/(m·K)]	最高使用温度 (℃)	用 途
泡沫混凝土	300~500	$F_c \geq 0.4$	0.081~0.19		围护结构
加气混凝土	400~700	$F_c \geq 0.4$	0.093~0.16		围护结构
木丝板	300~600	$F_c = 0.4~0.5$	0.11~0.26		顶棚、隔墙板、护墙板
软质纤维板	150~400		0.047~0.093		顶棚、隔墙板、护墙板表面较光洁
芦苇板	250~400		0.093~0.13		顶棚、隔墙板
软木板	105~437	$F_c = 0.15~2.5$	0.044~0.07	≤130	绝热结构
聚苯乙烯泡沫塑料	20~50	$F_c = 0.15$	0.031~0.047		屋面、墙体绝热等
轻质聚氨酯泡沫塑料	30~40	$F_c \geq 0.2$	0.037~0.055	≤120 (-60)	屋面、墙体保温、冷库绝热
聚氯乙烯泡沫塑料	12~72		0.045~0.081	≤70	屋面、墙体保温、冷库绝热

第3节 吸、隔声材料

一 吸声材料

1. 性能

吸声材料的吸声性能常用吸声系数表示。入射到材料表面的声波,一部分被反射,一部分透入材料内部而被吸收。被材料吸收的声能与入射声能的比值,称为吸声系数。对于全反射面,吸声系数为0;对于全吸收面,吸声系数为1;一般材料的吸声系数在0~1之间。材料吸声系数的大小与声波的入射角有关,随入射声波的频率而异。以频率为横坐标,吸声系数为纵坐标绘出的曲线,称为材料吸声频谱。它反映了材料对不同频率声波的吸收特性。

测定吸声系数通常采用混响室法和驻波管法。混响室法测得的为声波无规则入射时的吸声系数,它的测量条件比较接近实际声场,因此常用此法测得的数据作为实际设计的依据。驻波管法测得的是声波垂直入射时的吸声系数,通常用于产品质量控制、检验和吸声材料的研制分析。混响室法测得的吸声系数,一般高于驻波管法。吸声材料是具有较强的吸收声能、减低噪声性能的材料。

2. 种类

工程上广泛使用的吸声材料有纤维材料和灰泥材料两大类。前者包括玻璃棉和矿渣棉或以此类材料为主要原料制成的各种吸声板材或吸声构件等,后者包括微孔砖和颗粒性矿渣吸声砖等,如图10-4 所示。

3. 常用吸声材料的特点及应用

(1) 玻璃棉板

玻璃棉内部纤维蓬松交错,存在大量微小的孔隙,是典型的多孔性吸声材料,具有良好的吸声特性。离心玻璃棉属于多孔吸声材料,具有良好的吸声性能。离心玻璃棉能够吸声的原因不是由于表面粗糙,而是因为具有大量的内外连通的微小孔隙和孔洞。当声波入射到离心玻璃棉上时,声波能顺着孔隙进入材料内部,引起空隙中空气分子的振动。由于空气的黏滞阻力和空气分子与孔隙壁的摩擦,声能转化为热能而损耗。离心玻璃棉对声音中高频有较好的吸声性能。影响离心玻璃棉吸声性能的主要因素是厚度、密度和空气流阻等。

图10-4　吸声材料

玻璃棉在建筑使用中,表面往往要附加有一定透声作用的饰面,如小于0.5mm的塑料薄膜、金属网、窗纱、防火布、玻璃丝布等,基本可以保持原来的吸声特性。离心玻璃棉具有防火、保温、易于切割等优良特性,是建筑吸声最常用的材料之一。但是由于离心玻璃棉表面无装饰性,而且会有纤维洒落,因此必须制成各种吸声构件隐蔽使用。最常使用也是造价最低廉的构造是穿孔纸面石膏板的吊顶或做成内填离心玻璃棉的穿孔板墙面,穿孔率大于20%时,基本能够完全发挥出离心玻璃棉的吸声性能。为了防止玻璃棉纤维洒出,需要在穿孔板背后附一层无纺布、桑皮纸等透声织物,或使用玻璃布、塑料薄膜等包裹玻璃棉。与穿孔纸面石膏板类似的面板还有穿孔金属板(如铝板)、穿孔木板、穿孔纤维水泥板、穿孔矿棉板等。

玻璃棉板经过处理后可以制成吸声吊顶板或吸声墙板。一般常见将80~120kg/m³的玻璃棉板(图10-5)周边经胶水固化处理后外包防火透声织物形成既美观又方便安装的吸声墙板,常见尺寸为1.2m×1.2m、1.2m×0.6m、0.6m×0.6m,厚度2.5cm或5cm。也有在110kg/m³的玻璃棉的表面上直接喷刷透声装饰材料形成的吸声吊顶板。无论是玻璃棉吸声墙板还是吸声吊顶板,都需要使用高容重的玻璃棉,并经过一定的强化处理,以防止板材变形或过于松软。这一类的建筑材料既有良好的装饰性又保留了离心玻璃棉良好的吸声特性,降噪系数NRC一般可以达到0.85以上。

图10-5　玻璃棉板

(2) 纸面穿孔石膏板

纸面穿孔石膏板常用于建筑装饰吸声。纸面石膏板本身并不具有良好的吸声性能，但穿孔后并安装成带有一定后空腔的吊顶或贴面墙则可形成"亥姆霍兹共振"吸声结构，因而获得较大的吸声能力。这种纸面穿孔吸声结构广泛地应用于厅堂音质及吸声降噪等声学工程中。石膏板穿孔后，石膏板上的小孔与石膏板自身及原建筑结构的面层形成了共振腔体，声音与穿孔石膏板发生作用后，圆孔处的空气柱产生强烈的共振，空气分子与石膏板孔壁剧烈摩擦，从而大量地消耗声音能量，进行吸声。这是穿孔纸面石膏板"亥姆霍兹共振"吸声的基本原理。穿孔纸面石膏板吸声对声音频率具有一定选择性，吸声频率特性曲线呈山峰形，当声音频率与共振频率接近时，吸声系数大；当声音频率远离共振频率时，吸声系数小。如果在纸面穿孔石膏板背覆一层桑皮纸或薄吸声毡时，空气分子在共振时的摩擦阻力增大，各个频率的吸声性能都将有明显提高，这就是人们常常在穿孔纸面石膏板后覆一层桑皮纸或薄吸声毡增加吸声的原因，见图10-6。

图10-6　纸面穿孔石膏板

影响纸面穿孔石膏板吸声性能的主要因素是穿孔率和后空腔大小，穿孔孔径、石膏板的厚度等对吸声性能影响较小。

(3) 吸音板

①木质吸音板。木质吸音板是根据声学原理精致加工而成，由饰面、芯材和吸音薄毡组成（图10-7）。

②矿棉吸音板。矿棉吸音板表面处理形式丰富，板材有较强的装饰效果。表面经过处理的滚花型矿棉板，俗称"毛毛虫"，表面布满深浅、形状、孔径各不相同的孔洞。

③布艺吸音板。布艺吸音板的核心材料是离心玻璃棉。离心玻璃棉作为一种在世界各地长期广泛应用的声学材料，被证明具有优异的吸声性能。

图10-7　木质吸声板

④聚酯纤维吸音板。聚酯纤维吸音板是一种理想的吸声装饰材料。其原料是100%的聚酯纤维，具有吸音、环保、阻燃、隔热、保温、防潮、防霉变、易除尘、易切割、可拼花、施工简便、稳定性好、抗冲击能力号、独立性好、性价比高等优点，有丰富多种的颜色可供选择，可满足不同风格和层次的吸引装饰需求。

⑤金属吸音板。金属吸音板主要是在一金属板体的底面密布凹设诸多锥底具有一椭圆形微细孔的三角锥，又于金属板体的顶面设具成形为微细波浪形表面，且于波浪形表面上对应椭

圆形微细孔处上方周围亦凹设成形三角锥。据此，使反射的声波相互碰撞干扰而产生衰减，同时，即使部分声波将穿透三角锥锥底的椭圆形微细孔，也会造成声波穿透损失，以达更佳的吸音及更快的组设效果。该板完美地结合了现代主义建筑理念所具有的"绿色环保、经久耐用、美观、吸音性强、隔音效果好、安装使用方便"等优点，广泛适用于演播厅、影剧院、多功能厅、会议室、音乐厅、教室等一些公共场所。

按结构可分为以下四类：

a. 吸音尖劈。吸音尖劈是一种用于强吸声场的特殊吸声结构材料，采用多孔性（或纤维性）材料成型切割，制作成锥形或尖劈状吸声体，坚挺不变形。吸音尖劈适用于强气流环境，主要对象是高质量消声室，对低频的吸收更为有效，能消除驻波，达到杜绝回声的要求，低截止频率吸声系数大于0.99。用聚酯制成的V形、W形吸音尖劈与普通吸声尖劈相比具有占用体积小价格更合理等特点。

b. 扩散体吸音板（立体扩散型吸音板）。扩散体吸音板除了具有平面吸音板的所有功能以外，还能通过它的立体表面对音波进行不同角度的传导，消除音波在扩散过程中的盲区，改善音质，平衡音响，削薄重音，削弱高音，对低音进行补偿。

产品结构：在中密度纤维板正面开立体三角或圆柱形的槽，背面开圆孔的结构吸声材料，饰面喷漆（可按客户要求选择颜色），背贴防火吸音布。

应用范围：电视台、电影院、歌剧院、音乐厅、会议中心、体育馆、音响室、家居、商场、酒店、卡拉OK、酒廊、餐厅等。

c. 铝蜂窝穿孔吸音板。铝蜂窝穿孔吸音板的构造结构为穿孔面板与穿孔背板，依靠优质胶黏剂与铝蜂窝芯直接黏结成铝蜂窝夹层结构，蜂窝芯与面板及背板间贴上一层吸音布。由于蜂窝铝板内的蜂窝芯分隔成众多的封闭小室，阻止了空气流动，使声波受到阻碍，提高了吸声系数（可达0.9以上），同时提高了板材自身强度，使单块板材的尺寸可以做到更大，进一步加大了设计自由度。可以根据室内声学设计，进行不同的穿孔率设计，在一定的范围内控制组合结构的吸音系数，既达到设计效果，又能够合理控制造价。通过控制穿孔孔径、孔距，并可根据客户使用要求改变穿孔率，最大穿孔率小于30%，孔径一般选用$\phi2.0$、$\phi2.5$、$\phi3.0$等规格，背板穿孔要求与面板相同，吸音布采用优质的无纺布等吸声材料。

d. 木质穿孔吸音板。孔石膏板有贯通于石膏板正面和背面的圆柱形孔眼，在石膏板背面粘贴具有透气性的背覆材料和能吸收入射声能的吸声材料等组合而成。吸声机理是材料内部有大量微小的连通的孔隙，声波沿着这些孔隙可以深入材料内部，与材料发生摩擦作用将声能转化为热能。多孔吸声材料的吸声特性是随着频率的增高，吸声系数逐渐增大，这意味着低频吸收没有高频吸收好。

隔声材料

1. 性能

材料一侧的入射声能与另一侧的透射声能相关的分贝数就是该材料的隔声量，通常以符号R（dB）表示。隔声材料或构件，会因使用场合不同，测试方法不同而得出不同的隔声效果。对于隔声材料，要减弱透射声能，阻挡声音的传播，就不能如同吸声材料那样多孔、疏松、透气，相反它的材质应该是重而密实的,如钢板、铅板、砖墙等一类材料。隔声材料材质的要求是密实无孔隙或缝隙,有较大的重量。由于这类隔声材料密实,难于吸收和透过声能而反射能强,所以它的吸声性能差。隔声材料可使透射声能衰减到入射声能的 $10^{-3} \sim 10^{-4}$ 或更小,为方便表达,其隔声量用分贝的计量方法表示。

2. 常用隔声材料的特点及应用

目前常用的隔墙材料和构件主要有五大类,它们的隔声状况大体如下:

(1) 混凝土墙

200mm 以上厚度的现浇实心钢筋混凝土墙的隔声量与 240mm 黏土砖墙的隔声量接近,150~180mm 厚混凝土墙的隔声量约为 47~48dB,但面密度 200kg/m² 的钢筋混凝土多孔板,隔声量在 45dB 以下。

(2) 砌块墙

砌块品种较多,按功能划分有承重和非承重砌块。常用砌块主要有陶粒、粉煤灰、炉渣、砂石等混凝土空心和实心砌块及石膏、硅酸钙等砌块。

砌块墙的隔声量随着墙体的重量厚度的不同而不同。面密度与黏土砖墙相近的承重砌块墙,其隔声性能与黏土砖墙也大体相接近。水泥砂浆抹灰轻质砌块填充隔墙的隔声性能,在很大程度上取决于墙体表面抹灰层的厚度。两面各抹 15~20mm 厚水泥砂浆后的隔声量约为 43~48dB,面密度小于 80kg/m² 的轻质砌块墙的隔声量通常在 40dB 以下。

(3) 条板墙

砌筑隔墙的条板通常厚度为 60~120mm,面密度一般小于 80kg/m²,具有质轻、施工方便等优点。

条板墙可再细划为两个分类:一类是用无机胶凝材料与集料制成的实心或多孔条板,如(增强) 轻集料混凝土条板、蒸压加气混凝土条板、钢丝网陶粒混凝土条板、石膏条板等,这类单层轻质条板墙的隔声量通常在 32~40dB 之间;另一类是由密实面层材料与轻质芯材在生产厂预复合成的预制夹芯条板,如混凝土岩棉或聚苯夹芯条板、纤维水泥板轻质夹芯板(图10-8)等,这类板墙的隔声量通常在 35~44dB 之间。

图 10-8 纤维水泥板轻质夹芯板

(4) 薄板复合墙

薄板复合墙是在施工现场将薄板固定在龙骨的两侧而构成的轻质墙体。薄板的厚度一般为 6~12mm,薄板用作墙体面层板,墙龙骨之间填充岩棉或玻璃棉。薄板品种有纸面石膏板、纤维石膏板、纤维水泥板、硅钙板、钙镁板等。

薄板本身隔声量并不高,单层板的隔声量在 26~30dB 之间,而它们和轻钢龙骨、岩棉(或玻璃棉）组成的双层中空填棉复合墙体，却能获得较好的隔声效果。它们的隔声量通常在 40~49dB 之间，增加薄板层数，墙的隔声量可大于 50dB。

(5) 现场喷水泥砂浆面层的芯材板墙

该类隔墙是在施工现场安装成品芯材板后，再在芯材板两面喷复水泥砂浆面层。常用芯材板有钢丝网架聚苯板、钢丝网架岩棉板、塑料中空内模板。这类墙体的隔声量与芯材类型及水泥砂浆面层厚度有关，它们的隔声量通常在 35~42dB 之间。

◀ 本 章 小 结 ▶

本章主要介绍了几种常见装饰材料，即建筑塑料制品、绝热材料及吸声、隔声材料。建筑塑料制品是以塑料等高分子材料为原材料加工而成的装饰制品。吸声材料是具有较强的吸收声能、减低噪声性能的材料，借自身的多孔性、薄膜作用或共振作用而对入射声能具有吸收作用的材料，是超声学检查设备的元件之一。把空气中传播的噪声隔绝、隔断、分离的一种材料、构件或结构，称之为隔声材料。材料一侧的入射声能与另一侧的透射声能相关的分贝数就是该材料的隔声量。绝热材料是指热导率低于 $0.175W/(m·K)$ 的材料。在建筑与装饰工程中用于控制室内热量外流的材料叫做保温材料，把防止室外热量进入室内的材料叫做隔热材料。保温、隔热材料统称为绝热材料。绝热材料通常是轻质、疏松、多孔、纤维状的材料。

习 题

10-1 简述塑料的组成及性质。
10-2 常见的建筑塑料制品有哪些，各有哪些应用？
10-3 什么是绝热材料，常见的绝热材料有哪些？
10-4 简述常用绝热材料的技术性能及用途。
10-5 什么是吸声材料，常见的吸声材料有哪些？
10-6 常见的隔声材料及构件有哪些？
10-7 吸声材料与隔声材料的主要区别在哪里？

第11章 建筑涂料

【职业能力目标】

通过本章的学习,学生能够为不同的建筑饰面选择合适的建筑涂料,能够对常用建筑涂料的性能、特点有一定的理解,能够说明常见建筑涂料的应用。具备建筑油漆工、涂料质检员等岗位的职业能力。

【学习目标】

1. 了解涂料的基本定义、分类、应用现状;
2. 熟悉常见建筑内外墙装饰涂料的品种、用途和功能;
3. 掌握常见建筑装饰涂料的性能、技术要求及应用范围。

第1节 概 述

一、涂料的概念

涂料,是涂于物体表面能形成具有保护装饰或特殊性能(如绝缘、防腐、防霉、耐热、标志等)的固态涂膜的一类液体或固体材料之总称。因早期的涂料大多以植物油为主要原料,故又称作油漆。现在合成树脂已大部分或全部取代了植物油,故称为涂料(图11-1)。

通俗地讲,涂料是油漆和其他涂料的总称。涂料是一种常用的材料,施工简单、装饰性好、工期短、效率高、自重轻、维修方便简单。主要运用在建筑、家具、汽车、飞机、家电等领域。

涂料,在中国传统称为油漆。中国涂料界比较权威的《涂料工艺》一书是这样定义的:"涂料是一种材料,这种材料可以用不同的施工工艺涂覆在物件表面,形成黏附牢固、具有一定强度、连续的固态薄膜。这样形成的膜通称涂膜,又称漆膜或涂层。"

图11-1 涂料施工

因能耗低、成本低、自重轻、无接缝、可防水、安全、容易更新、色彩丰富等优点，涂料被大量用来装饰建筑物，已成为目前建筑装饰的潮流。

我们把用于建筑领域的涂料，称为建筑涂料。建筑涂料是涂料中的一个重要类别，建筑涂料在国外是使用最多、产量最大的品种。其中以美国、日本、西欧等发达国家发展较快，水平最高。在我国，一般将用于建筑物内墙、外墙、顶棚、地面、卫生间、家具的涂料称为建筑涂料。

二　涂料的作用

建筑涂料具有装饰功能、保护功能和居住性改进功能。各种功能所占的比重因使用目的的不同而不尽相同。装饰功能，是通过建筑物的美化来提高它的外观价值的功能，主要包括平面色彩、图案及光泽方面的构思设计及立体花纹的构思设计，但要与建筑物本身的造型和基材本身的大小和形状相配合，才能充分发挥出来。保护功能是指保护建筑物不受环境的影响和破坏的功能。不同种类的被保护体对保护功能要求的内容也各不相同。如室内与室外涂装所要求达到的指标差别就很大。有的建筑物对防霉、防火、保温隔热、耐腐蚀等有特殊要求。居住性改进功能主要是对室内涂装而言，就是有助于改进居住环境的功能，如隔音性、吸音性、防结露性等。

简而言之，涂料的作用主要有三点：保护，装饰，及掩饰产品的缺陷，提升产品的价值。

1. 保护作用

涂料可以使材料表面形成一层保护膜，保护被涂饰物的表面，防止来自外界的光、氧、化学物质、大气、微生物、水、溶剂等的侵蚀，防止被涂覆物生锈或腐蚀，从而提高被涂覆物的使用寿命。

2. 装饰作用

涂料涂饰物质表面，改变其颜色、花纹、光泽、质感等，提高物体的美观价值。涂料可以模仿木纹、大理石等等，而且还可以模仿锤纹、皱纹、橘纹、荧光、珠光、金属。

3. 其他功能

可以做标志、防毒、杀菌、绝缘、防污、吸收声波和雷达波。

三　涂料的主要技术性能和特点

涂料产品均应符合相应标准规定的各项技术指标要求，应具有一定的黏度、细度、遮盖力、涂膜的附着力及储存稳定性。固化成膜后，还应具有一定强度、硬度、耐水、耐磨、耐老化等性能。一些特种涂料还应满足所要求的防锈、隔热、防火、防滑、防结露、防化学腐蚀等特殊性能要求。

1. 主要技术性能

（1）遮盖力：遮盖力通常用能使规定的黑白格掩盖所需的涂料重量来表示，重量越大遮盖力越小。检测涂料的遮盖能力方法是：将涂料涂饰在玻璃板上，当涂料完全将玻璃遮盖不留白调时为合格。

（2）黏度：黏度的大小影响施工性能，不同的施工方法要求涂料有不同的黏度。

可以用旋转黏度来测试,即将涂料倒入测试杯中用转子旋转来测试。

(3)细度:细度大小直接影响涂膜表面的平整性和光泽。细度是指涂料中固体颗粒的大小,可以用刮板的方式进行测定。

(4)附着力:附着力表示涂膜与基层的黏合力。检测方法是用刀子划出宽为1mm的100个方格,然后用软毛刷沿格子的对角线方向前后各刷5次,最后检查掉下的方格子的数目。

2. 主要特点

(1)耐污染性。

(2)耐久性:包括耐冻融、耐洗刷性、耐老化性。

(3)耐碱性:涂料的装饰对象主要是一些碱性材料,因此碱性是涂料的重要特性。

(4)最低成膜温度:每种涂料都具有一个最低成膜温度,不同的涂料最低成膜温度不同。

(5)耐高温性,涂料由原来的几十度发展到今天可以耐温到1800℃ ZS、节能高的涂料。

四 建筑涂料的组成

涂料是由多种不同物质经过溶解、分散、混合而组成的,各组成材料在涂料中具有的功能作用也各异。按照涂料中各组成材料在涂料生产、施工和使用中所起作用的不同,一般可分为主要成膜物质、次要成膜物质和辅助成膜物质三大类型。

1. 主要成膜物质

主要成膜物质也称基料、胶黏剂或固着剂,是涂膜的主要成分。其作用是将涂料中的其他成分黏结成一个整体,并能附着在被涂基层表面形成连续均匀、坚韧的保护膜。主要成膜物质应具有较高的化学稳定性和一定的机械强度,多属高分子化合物(如树脂)或成膜后能形成高分子化合物的有机物质(如油料)。成膜物质,主要包括油脂、油脂加工产品、纤维素衍生物、天然树脂和合成树脂。成膜物质还包括部分不挥发的活性稀释剂,它是使涂料牢固附着于被涂物面上形成连续薄膜的主要物质,是构成涂料的基础,决定着涂料的基本特性。

建筑涂料用主要成膜物质应具有以下特点:

(1)具有较好的耐碱性;

(2)能常温成膜;

(3)具有较好的耐水性;

(4)具有良好的耐候性;

(5)具有良好的耐高低温性;

(6)原料来源广,资源丰富,价格便宜。

目前我国建筑涂料所用的成膜物质主要以合成树脂为主,见表11-1。

常见的主要成膜物质　　　　　　　　　　　表11-1

油料(植物油)			树　脂		
干性油	半干性油	不干性油	天然树脂	人造树脂	合成树脂
涂于物体表面能形成坚固的油膜(如桐油、亚麻油、苏子油、梓油)	干燥时间较长,形成的油膜软而发黏(如豆油、向日葵籽油、棉籽油)	在正常情况下不能自行干燥(如花生油、蓖麻油)	如松香、虫胶、沥青等	天然有机高分子化合物(如松香甘油酯、硝化纤维)	是由单体经聚合或缩聚而得(如聚氯乙烯、环氧树脂、酚醛树脂)

2. 次要成膜物质

次要成膜物质是涂料中所用的颜料和填料,它们是构成涂膜的组成部分,并以微细粉状均匀地分散于涂料介质中,赋予涂膜以色彩、质感,使涂膜具有一定的遮盖力,减少收缩,还能增加膜层的机械强度,防止紫外线的穿透作用,提高涂膜的抗老化性、耐候性。

颜料的品种很多,可分为人造颜料与天然颜料;按其作用又可分为着色颜料、防锈颜料与体质颜料(即填料)。

(1) 着色颜料

着色颜料是建筑涂料中品种最多的一种,主要作用是着色和遮盖物面,常见的有钛白粉、铬黄等。着色颜料的颜色有红、黄、蓝、白、黑、金属光泽及中间色等。常用的品种见表11-2。

常见的着色颜料　　　　　　　　表11-2

颜料颜色	化学组成	品　种
黄色颜料	无机颜料	铅铬黄、铁黄
	有机颜料	耐晒黄、联苯胺黄等
红色颜料	无机颜料	铁红、银朱
	有机颜料	甲苯胺红、立索尔红等
蓝色颜料	无机颜料	铁蓝、钴蓝、群青
	有机颜料	酞菁蓝等
黑色颜料	无机颜料	炭黑、石墨、铁黑等
	有机颜料	苯胺黑
绿色颜料	无机颜料	铬绿、锌绿等
	有机颜料	酞菁绿等
白色颜料	无机颜料	钛白粉、氧化锌、立德粉
金属颜料	有机颜料	铝粉、铜粉等

(2) 防锈颜料

常用的有红丹、锌铬黄、氧化铁红、银粉等。根据颜料的防锈作用机理可以将其分为物理防锈颜料和化学防锈颜料两类。物理防锈颜料的化学性质较稳定,它是借助其细微颗粒的充填,提高涂膜的致密度,从而降低涂膜的可渗透性,组织阳光和水的透入,起到防锈作用。物理防锈颜料有氧化铁红、云母氧化铁、石墨、氧化锌、铝粉等。化学防锈颜料则是借助于电化学的作用,或是形成阻蚀性络合物以达到防锈的目的。化学防锈颜料如红丹、锌铬黄、偏硼酸钡、铬酸锶、铬酸钙、磷酸锌、锌粉、铅粉等。

(3) 体质颜料

体质颜料,也就是常说的填料,主要作用是增加涂膜的厚度和体质,改善涂料的涂膜性能,提高涂膜的耐磨性,同时降低成本。填料主要是一些碱土金属盐、硅酸盐和镁、铝的金属盐和重晶石粉($BaSO_4$)、轻质碳酸钙($CaCO_3$)、重碳酸钙、滑石粉($3MgO \cdot 4SiO_2 \cdot H_2O$)、云母粉($K_2O \cdot Al_2O_3 \cdot 6SiO_2 \cdot H_2O$)、硅灰石粉、膨润土、瓷土、石英石粉或砂等。

3. 辅助成膜物质

(1) 溶剂

溶剂，又称稀释剂，是挥发性液体，是涂料的挥发性组分，具有溶解、分散、乳化主要成膜物质和次要成膜物质的作用。可以降低涂料的黏稠度，提高其流动性，增强成膜物质向基层渗透的能力，以符合施工工艺的要求。

涂料所用的溶剂有两类：一类是有机溶剂，另一类是水。有机溶剂包括烃类溶剂（矿物油精、煤油、汽油、苯、甲苯、二甲苯等）、醇类、醚类、酮类和酯类物质。溶剂和水的主要作用在于使成膜基料分散而形成黏稠液体。它有助于施工和改善涂膜的某些性能。

常用的溶剂有松香水、酒精、200号溶剂汽油、苯、二甲苯、丙酮等，见表11-3。

配制溶剂型建筑涂料时，对溶剂的选择应注意以下几点：溶剂的溶解力，溶剂的挥发性，溶剂的毒性，溶剂的易燃性。

常用溶剂的闪点和着火点　　　　　表11-3

溶剂	闪点(℃)	着火点(℃)	溶剂	闪点(℃)	着火点(℃)
丙酮	-20	53.6	异丁醇	38	42.6
丁醇	—	34.3	异丙醇	21	45.5
醋酸丁酯	33	42.1	甲醇	18	46.9
乙醇	16	42.6	松香水	—	24.6
甲乙酮	-4	51.4	甲苯	5	55.0

(2) 助剂

辅助材料又称助剂，是为进一步改善或增加涂料的某些性能，在配制涂料时加入的物质，其掺量较少，一般只占涂料总量的百分之几到万分之几，但它们对改善性能、延长储存期限、扩大应用范围和便于施工等常常起到很大的作用，效果显著。

常用的助剂有如下几类：

①硬化剂、干燥剂、催化剂等；

②增塑剂、增白剂、紫外线吸收剂、抗氧化剂等；

③防污剂、防霉剂、阻燃剂、杀虫剂等。

此外还有分散剂、增稠剂、防冻剂、防锈剂、芳香剂等。

根据辅助材料的功能可分为催干剂、增塑剂、固化剂、乳化剂、稳定剂、消泡剂、流平剂、紫外线吸收剂等。还有一些特殊的功能助剂，如底材润湿剂等。这些助剂一般不能成膜，但对基料形成涂膜的过程与耐久性起着相当重要的作用。

五 建筑涂料的分类

根据《涂料产品分类和命名》(GB/T 2705—2003)，涂料分类方法有两种：

分类方法1：主要是以涂料产品的用途为主线，并辅以主要成膜物质的分类方法。将涂料产品划分为三个主要类别：建筑涂料、工业涂料和通用涂料及辅助材料。

分类方法2:除建筑涂料外,主要以涂料产品的主要成膜物质为主线,并适当辅以产品主要用途的分类方法。将涂料产品划分为以下主要类别:建筑涂料、其他涂料及辅助材料。

常见涂料品种见表11-4。

常见涂料品种及应用范围　　　　　　　表11-4

品　种	主　要　用　途
醇酸漆	一般金属、木器、家庭装修、农机、汽车、建筑等的涂装
丙烯酸乳胶漆	内外墙涂装、皮革涂装、木器家具涂装,地坪涂装
溶剂型丙烯酸漆	汽车、家具、电器、塑料、电子、建筑、地坪涂装
环氧漆	金属防腐、地坪、汽车底漆、化学防腐
聚氨酯漆	汽车、木器家具、装修、金属防腐、化学防腐、绝缘涂料、仪器仪表的涂装
硝基漆	木器家具、装修、金属装饰
氨基漆	汽车、电器、仪器仪表、木器家具、金属防护
不饱和聚酯漆	木器家具、化学防腐、金属防护、地坪
酚醛漆	绝缘、金属防腐、化学防腐、一般装饰
乙烯基漆	化学防腐、金属防腐、绝缘、金属底漆、外用涂料

第2节　内墙涂料

内墙涂料亦可用作顶棚涂料,它的主要功能是装饰及保护内墙墙面及顶棚,建立一个美观舒适的生活环境。

内墙涂料色彩丰富,质感细腻平滑,便于涂刷,有良好的透气性,耐水性和耐碱性,吸湿排湿性,不易粉化,施工方便,重涂性好,毒性低,对环境污染程度小。

内墙涂料就是我们一般装修用的乳胶漆。乳胶漆即是乳液性涂料,按照基材的不同,分为聚醋酸乙烯乳液和丙烯酸乳液两大类。乳胶漆以水为稀释剂,是一种施工方便、安全、耐水洗、透气性好的涂料,它可根据不同的配色方案调配出不同的色泽。

内墙涂料的制作成分中基本上由水、颜料、乳液、填充剂和各种助剂组成,这些原材料是不含什么毒性的。作为乳胶漆而言,可能含毒的主要是成膜剂中的乙二醇和防霉剂中的有机汞。常见内墙涂料示例及特征见表11-5。

常见内墙涂料示例及特征　　　　　　　表11-5

序号	名　称	图　片	光　泽	特　征
1	丝感墙面漆		半光	特别为装饰和保护室内墙面、顶棚及石膏板而设计。抗碱及抗菌的半光乳胶漆。适用于住宅、学校、酒店及医院等地,无气味。耗漆量:$10m^2/L$

续上表

序号	名称	图片	光泽	特征
2	幻彩涂料（梦幻涂料）		哑光	用特种树脂乳液和专门的有机、无机颜料制成的高档防水涂料，变幻奇特的质感及艳丽多变的色彩，丝状、点状、棒状等，用于办公室、住宅、宾馆、商店、会议室等内墙、格栅（小面积使用）
3	抗甲醛内墙乳胶漆		哑光	降解甲醛功能、持久亮丽；净味技术、超强耐擦洗；防水透气功能、弥盖细微裂纹；漆膜细腻、抗污；抗碱防霉、可调色；遮盖力特佳、易施工。耗漆量：13m^2/（L·单遍）（以干膜厚度30μm计）
4	抗碱内墙乳胶漆		哑光	经济型乳胶漆，特别为建筑工程而制造。适用范围：室内之混凝土、砖墙、批灰、石膏板等表面。漆膜幼滑、无不良气味、快干、遮盖力高、施工方便、抗污抗碱。耗漆量：10～12m^2/（L·单遍）（以干膜厚度30μm计）
5	抗污抗碱双效内墙乳胶漆		哑光	在漆膜表面形成强力保护屏障，具极佳的抗污抗碱功能，且耐擦洗性能优异，适用于各种室内墙面装饰。耐擦洗性能优秀；漆膜幼滑；抗污防水；抗碱防霉；持久亮丽。耗漆量：14～16m^2/（L·单遍）（以干膜厚度30μm计）
6	抗污内墙乳胶漆		哑光	具有全面的墙面漆功能，超强耐擦洗、防水透气功能、弥盖细微裂纹、持久亮丽、漆膜细腻、抗污、抗碱防霉、可调色、遮盖力特佳、易施工、流平性优异、干燥快。耗漆量：14～16m^2/（L·单遍）（以干膜厚度30μm计），适用范围：室内之混凝土、砖墙、批灰、石膏板等表面
7	负离子内墙乳胶漆		哑光	具有全面的墙面漆功能，超强耐擦洗、防水透气功能、弥盖细微裂纹、持久亮丽、漆膜细腻、抗污、抗碱防霉、可调色、遮盖力特佳、易施工、流平性优异、释放负离子耗漆量：14～16m^2/（L·单遍）（以干膜厚度30μm计）适用范围：室内之混凝土、砖墙、批灰、石膏板等表面

续上表

序号	名称	图片	光泽	特征
8	五合一内墙乳胶漆		哑光	耐擦洗、高遮盖力、抗碱功能、防霉功能、持久亮丽工具清洗。涂装中途停顿及涂装完毕后,请及时使用清水清洗所有器具。施工工具:辊涂、刷涂或无气喷涂
9	液体墙纸(乳胶漆)		哑光、平光、半光	涂抹平整、色彩柔和、遮盖力好、附着力好、防霉、耐水、耐碱、耐洗刷、流平性佳、手感细腻、绿色环保。适用于普通住宅、地下室、楼梯间、工业厂房、会议室、医院、娱乐场所、办公室等。一般 $6 \sim 8 m^2 /kg$
10	全效内墙乳胶漆		哑光、柔光	超低气味、超级耐擦洗、更强透气防水功能、超强柔韧性、弥盖细微裂纹、超强防霉、持久亮丽、抗污、抗碱、可调色、更高遮盖力、流平性优异、更细腻、干燥快、全哑光、更易施工。适用于室内墙面装饰

一 合成树脂乳液内墙涂料

合成树脂乳液内墙涂料(又称乳胶漆)是以合成树脂乳液为基料(成膜材料)的薄型内墙涂料。一般用于室内墙面装饰,但不宜用于厨房、卫生间、浴室等潮湿墙面。

目前,常用的品种有苯丙乳胶漆、乙丙乳胶漆、聚醋酸乙烯乳胶内墙涂料、氯—偏共聚乳胶内墙涂料等。

合成树脂乳液内墙涂料的技术性能应符合表11-6的要求。

合成树脂乳液内墙涂料的技术性能　　　　表11-6

项目	技术指标
在容器中的状态	无硬块,搅拌后呈均匀状态
固体含量($120℃ \pm 2℃$,2h,%)	≥45
低温稳定性	不凝聚、不结块、不分离

续上表

项　目	技术指标
遮盖力(白色及浅色,g/m^2)	≤250
颜色与外观	表面平整,符合色差范围
干燥时间(h)	≤2
耐洗刷性(次)	≥300
耐碱性(48h)	不起泡、不掉粉,允许轻微失光和变色
耐水性(96h)	同上

1. 苯丙乳胶漆

苯丙乳胶漆内墙涂料是由苯乙烯、甲基丙烯酸等三元共聚乳液为主要成膜物质,掺入适量的填料、少量的颜料和助剂,经研磨、分散后配制而成的一种各色且无光的内墙涂料。

用于内墙装饰,其耐碱、耐水、耐久性及耐擦性都优于其他内墙涂料,是一种高档内墙装饰涂料,同时也是外墙涂料中较好的一种。

2. 乙丙乳胶漆

乙丙乳胶漆是以聚醋酸乙烯与丙烯酸酯共聚乳液为主要成膜物质,掺入适量的填料及少量的颜料及助剂,经研磨、分散后配制成的半光或有光的内墙涂料。

乙丙乳胶漆可用于建筑内墙装饰,其耐碱性、耐水性和耐久性都优于聚醋酸乙烯乳胶漆,并具有光泽,是一种中高档的内墙涂料。

3. 聚醋酸乙烯乳胶漆

聚醋酸乙烯乳胶漆,是以聚醋酸乙烯乳液为主要成膜物质,加入适量填料、少量的颜料及其他助剂经加工而成的水乳型涂料。

它具有无味、无毒、不燃、易于施工、干燥快、透气性好、附着力强、耐水性好、颜色鲜艳、装饰效果明快等优点,适用于装饰要求较高的内墙。

4. 氯—偏乳液涂料

氯—偏乳液涂料属于水乳型涂料,它以氯乙烯—偏氯乙烯共聚乳液为主要成膜物质,添加少量其他合成树脂水溶液共聚液体为基料,掺入不同品种的颜料、填料及助剂等配制而成。部分合成树脂乳液内墙涂料的主要技术指标见表11-7。

部分合成树脂乳液内墙涂料的主要技术指标　　　表11-7

品　名	项　目	技术指标
苯丙乳胶漆	黏度(涂-4黏度计)(s),不小于	20
	光泽(%),不大于	10
	固含量(%),不小于	51±2
	遮盖力(g/m^2),不小于	白色及浅色:130;其他颜色:110
	最低成膜温度(℃)	>3
	冻融循环(-15~15℃,5次)	通过,无变化
	耐水性(96h)	无变化
	耐擦洗性	可耐擦洗2000次以上

续上表

品　名	项　目	技术指标
乙丙乳胶漆	黏度(涂-4黏度计)(s),不小于	20~50
	光泽(%),不大于	≤20
	固含量(%),不小于	≥45
	韧性(mm)	1
	冲击功(N·m)	≥4
	耐水性(浸水96h,板面破坏)(%)	不超过5
	最低成膜温度(℃)	≥5
	遮盖力(g/m²)	≤170
聚醋酸乙烯乳胶漆	黏度(涂-4黏度计)(s),不小于	30~40
	固含量(%)	≥45
	干燥时间(25℃,相对湿度65%±5%)(h)	实干不大于2
	遮盖力(g/m²)	白色及浅色,不大于170
	耐热性(80℃,6h)	无变化
	耐水性	96h漆膜无变化
	冲击功(N·m)	≥4
	硬度(刷于玻璃板干后,48h摆杆法)	≥0.3

二、溶剂型内墙涂料

溶剂型内墙涂料与溶剂型外墙涂料基本相同。

目前主要用于大型厅堂、室内走廊、门厅等部位。

可用作内墙装饰的溶剂型涂料主要有过氯乙烯墙面涂料、聚乙烯醇缩丁醛墙面涂料、氯化橡胶墙面涂料、丙烯酸酯墙面涂料、聚氨酯系墙面涂料及聚氨酯—丙烯酸酯系墙面涂料等。

三、水溶性内墙涂料

水溶性内墙涂料是以水溶性化合物为基料,加入适量的填料、颜料和助剂,经过研磨、分散后制成的,属低档涂料,可分为Ⅰ类和Ⅱ类。

目前,常用的水溶性内墙涂料有聚乙烯醇水玻璃内墙涂料、聚乙烯醇缩甲醛内墙涂料和改性聚乙烯醇系内墙涂料,其技术质量要求见表11-8。

水溶性内墙涂料的技术质量要求 表11-8

序　号	项　目	技术质量要求	
		Ⅰ类	Ⅱ类
1	容器中状态	无结块、沉淀和絮凝	
2	黏度(s)	30~75	
3	细度(μm)	≤100	

续上表

序号	项目	技术质量要求	
		I类	II类
4	遮盖力(g/m²)	≤300	
5	白度(%)	≥80	
6	涂膜外观	平整、色泽均匀	
7	附着力(%)	100	
8	耐水性	无脱落、起泡和皱皮	
9	耐干擦性(级)	—	≤1
10	耐洗刷性(次)	≥300	—

1. 聚乙烯醇水玻璃内墙涂料

聚乙烯醇水玻璃内墙涂料是以聚乙烯醇和水玻璃为基料,加入一定量的颜料、填料和适量的助剂,经溶解、搅拌、研磨而成的水溶性内墙涂料。

聚乙烯醇水玻璃内墙涂料被广泛用于住宅、普通公用建筑等的内墙、顶棚等,但不适合用于潮湿环境。

2. 聚乙烯醇缩甲醛内墙涂料

聚乙烯醇缩甲醛内墙涂料又称803内墙涂料,是以聚乙烯醇与甲醛进行不完全缩合醛化反应生成的聚乙烯醇缩甲醛水溶液为基料,加入颜料、填料及助剂经搅拌、研磨、过滤而成的水溶性内墙涂料。

聚乙烯醇缩甲醛内墙涂料可广泛用于住宅、一般公用建筑的内墙和顶棚。

3. 改性聚乙烯醇系内墙涂料

提高聚乙烯醇系内墙涂料耐水性和耐洗刷性的措施有:提高聚乙烯醇缩醛胶的缩醛度、采用乙二醛或丁醛部分代替或全部代替甲醛作聚乙烯醇的胶联剂、加入某些活性填料等。

另外,在聚乙烯醇内墙涂料中加入10%~20%的其他合成树脂的乳液,也能提高其耐水性。

(四) 多彩内墙涂料

多彩内墙涂料简称多彩涂料,是一种国内外较为流行的高档内墙涂料,它是经一次喷涂即可获得具有多种色彩的立体涂膜的涂料。

多彩内墙涂料按其介质可分为水包油型、油包水型、油包油型和水包水型四种,见表11-9。

多彩内墙涂料的基本类型　　　　表11-9

类型	分散相	分散介质
O/W型(水包油)	溶剂型涂料	含保护胶的水溶液
W/O型(油包水)	水性涂料	溶剂型清漆
O/O型(油包油)	溶剂型涂料	溶剂型清漆
W/W型(水包水)	水性涂料	含保护胶的水溶液

多彩内墙涂料的主要技术性能参见表 11-10。

多彩内墙涂料的主要技术性能　　　　表 11-10

项目		技术指标
涂料性能	在容器中的状态	经搅拌后均匀,无硬块
	储存稳定性,0~30℃	6 个月
	不挥发物含量(%)	≥19
	黏度(25℃)kV 值	80~100
	施工性	喷涂无困难
涂层性能	实干燥时间(h)	≤24
	外观	与标准样本基本相同
	耐水性(96h)	不起泡,不掉粉,允许轻微失光和变色
	耐碱性(48h)	不起泡,不掉粉,允许轻微失光和变色
	耐洗刷性(次)	≥300

多彩内墙涂料的涂层由底层、中层、面层涂料复合而成。

适用于建筑物内墙和顶棚水泥、混凝土、砂浆、石膏板、木材、钢、铝等多种基面的装饰。

五 幻彩内墙涂料

幻彩内墙涂料,又称梦幻涂料、云彩涂料、多彩立体涂料,是目前较为流行的一种装饰性内墙高档涂料。

幻彩涂料是用特种树脂乳液和专门的有机、无机颜料制成的高档水性内墙涂料。

按组成的不同,主要有用特殊树脂与专门的有机、无机颜料复合而成的,用特殊树脂与专门制得的多彩金属化树脂颗粒复合而成的,用特殊树脂与专门制得的多彩纤维复合而成的等。

幻彩涂料的成膜物质是经特殊聚合工艺加工而成的合成树脂乳液,具有良好的触变性及适当的光泽,涂膜具有优异的抗回黏性。

幻彩涂料具有无毒、无味、无接缝、不起皮等优点,并具有优良的耐水性、耐碱性和耐洗刷性,主要用于办公、住宅、宾馆、商店、会议室等的内墙、顶棚等的装饰。

幻彩涂料适用于混凝土、砂浆、石膏、木材、玻璃、金属等多种基层材料。

幻彩涂料施工首先是封闭底涂,其主要作用是保护涂料免受墙体碱性物质的侵蚀。中层涂层一是增加基层材料与面层的黏结,二是可作为底色。中层涂料可采用水性合成乳胶涂料、半光或有光乳胶涂料。中层涂料干燥后,再进行面层涂料的施工。面层涂料可单一使用,也可套色配合使用。施工方式有喷、涂、刷、辊、刮等。

六 其他内墙涂料

1. 静电植绒涂料

静电植绒涂料是利用高压静电感应原理,将纤维绒毛植入涂胶表面而成的高档内墙涂料,它主要由纤维绒毛和专用胶黏剂等组成。

纤维绒毛可采用胶黏丝、尼龙、涤纶、丙纶等纤维。

主要用于住宅、宾馆、办公室等的高档内墙装饰。

2. 仿瓷涂料

仿瓷涂料又称瓷釉涂料,是一种质感与装饰效果酷似陶瓷釉面层饰面的装饰涂料。仿瓷涂料分为溶剂型和乳液型两种。

溶剂型仿瓷涂料是以常温下产生交联固化的树脂为基料。

乳液型仿瓷涂料是以合成树脂乳液(主要使用丙烯酸树脂乳液)为基料。

可用于公共建筑内墙、住宅内墙、厨房、卫生间等处,还可用于电器、机械及家具的表面防腐与装饰。

3. 天然真石漆

是以天然石材为原料,经特殊加工而成的高级水溶性涂料,以防潮底漆和防水天然真石漆保护膜为配套产品,在室内外装饰、工艺美术、城市雕塑上有广泛的使用前景。

天然真石漆具有阻燃、防水、环保等特点。基层可以是混凝土、砂浆、石膏板、木材、玻璃、胶合板等。

4. 彩砂涂料

彩砂涂料由合成树脂乳液、彩色石英砂、着色颜料及各种助剂组成。

该种涂料无毒、不燃、附着力强,保色性及耐候性好,耐水性、耐酸碱腐蚀性也较好。

彩砂涂料的立体感较强,色彩丰富,适用于各种场所的室内外墙面装饰。

内墙涂料分类虽然多,但是基本性能是一样的,随着科技的发展如隐形变色发光内墙涂料、梦幻内墙涂料、纤维质内墙材料等都成为当今新型材料,在原有基础上又具有了更多艺术效果,为舞厅、迪厅、酒吧、咖啡屋等场所提供装饰。

第3节 外墙涂料

外墙装饰涂料主要功能是装饰和保护建筑物的外墙面,使建筑物外观整洁美观,达到美化环境的作用,延长其使用时间。

外墙装饰材料品种很多,常用的有聚合物水泥系涂料、溶剂型涂料、乳液型涂料、硅酸盐无机涂料、强力抗酸碱外墙涂料,纯丙烯酸弹性外墙涂料,有机硅自洁弹性外墙涂料,高级丙烯酸外墙涂料,氟碳涂料、质感漆系列等。其广泛用于涂刷建筑外立面,所以最重要的一项指标就是抗紫外线照射,要求达到长时间照射不变色。外墙涂料还要求有抗水性能,要求有自洁性。漆膜要硬而平整,脏污一冲就掉。外墙涂料的共同特点:具有耐久性、色牢度、耐水性、耐污性等,而且色彩丰富、施工方便、价格便宜、维修简便。

外墙涂料能用于内墙涂刷使用,是因为它也具有抗水性能,而内墙涂料却不具备抗晒功能,所以不能把内墙涂料当外墙涂料用。

一 聚合物水泥系涂料

聚合物水泥系涂料是在水泥中掺加有机高分子材料制成。

二、溶剂型外墙涂料

溶剂型外墙涂料是以合成树脂溶液为主要成膜物质,有机溶剂为稀释剂,加入适量的颜料、填料及助剂,经混合溶解、研磨后配制而成的一种挥发性涂料。

溶剂型外墙涂料具有较好的硬度、光泽、耐水性、耐酸碱性及良好的耐候性、耐污染性等特点。

目前国内外使用较多的溶剂型外墙涂料,主要有丙烯酸酯外墙涂料、聚氨酯系外墙涂料。

1. 丙烯酸酯外墙涂料

它是用热塑性丙烯酸酯合成树脂为主要成膜物质,加入溶剂、颜料和助剂等,经研磨而成的一种溶剂型涂料。主要适用于民用、工业、高层建筑及高级宾馆等内外装饰。

它的特点是无刺激性气味,耐候性好,不易退色、粉化、脱落,与基体之间黏结牢固;耐碱性好,且对墙面有较好的渗透作用,涂膜坚韧,附着力强;施工方便可以用涂刷、喷涂、滚涂等,也可根据工程需要配制成各种颜色。但是要注意它还具有一定毒性和易燃性,所以施工时也应注意。丙烯酸酯外墙涂料技术性能见表11-11。

丙烯酸酯外墙涂料技术性能　　　　表11-11

项　目	指　标
固体含量(%)	>45
干燥时间(h)	表干:≤2,实干:≤24
细度(mm)	≤60
遮盖力(白色及浅色)(g/m²)	≤170
耐水性(23℃±2℃,96h)	不起泡、不剥落,允许稍有变色
耐碱性(23℃±2℃,氢氧化钙浸泡)	不起泡、不剥落,允许稍有变色,不露底
耐洗刷性(0.5%皂液2000次)	未露底、不脱落
耐沾污性(白色及浅色)(5次循环反射系数下降率)	≤30%
耐候性(人工加速,200h)	不起泡、不剥落、无裂纹,变色及粉化不大于2级

2. 聚氨酯系外墙涂料

聚氨酯系外墙涂料是以聚氨酯树脂或聚氨酯与其他树脂复合物为主要成膜物质,加入颜料、填料、助剂等配制而成的优质外墙涂料。

聚氨酯系外墙涂料包括主涂层涂料和面涂层涂料。

这种涂料具有以下特点:

(1)近似橡胶弹性的性质,对基层的裂缝有很好的适应性。

(2)耐候性好。

(3)极好的耐水、耐碱、耐酸等性能。

(4)表面光洁度好,呈瓷状质感,耐污性好,使用寿命可达15年以上。

主要用于高级住宅、商业楼群、宾馆等的外墙装饰。聚氨酯—丙烯酸酯外墙涂料的主要技术指标见表11-12。

聚氨酯—丙烯酸酯外墙涂料的主要技术指标　　　　　　表 11-12

项　　目	指　　标
干燥时间(h)(表干)	不大于 2h
耐水性(23℃±2℃,96h)	无变化
耐碱性(23℃±2℃,48h)	无变化
耐洗刷性(0.5%皂液 2000 次)	无变化
耐沾污性(白色及浅色)(5 次循环反射系数下降率)	不大于 10%
耐候性(人工加速,200h)	不起泡、不剥落、无裂纹、无粉化

三　乳液型外墙涂料

以高分子合成树脂乳液为主要成膜物质的外墙涂料,称为乳液型外墙涂料。

按照涂料的质感可分为薄质乳液涂料(乳胶漆)、厚质涂料、彩色砂壁状涂料等。

乳液型外墙涂料主要特点如下:

(1)以水为分散介质,涂料中无有机溶剂,因而不会对环境造成污染,不易燃,毒性小。

(2)施工方便,可刷涂、滚涂、喷涂,施工工具可以用水清洗。

(3)涂料透气性好,可以在稍湿的基层上施工。

(4)耐候性好。

目前,薄质外墙涂料有乙—丙乳液涂料、乙—顺乳液涂料、苯—丙乳液涂料、聚丙烯酸酯乳液涂料等;厚质涂料有乙—丙厚质涂料、氯—偏厚质涂料、砂壁状涂料等。

1. 乙—丙乳液涂料

乙—丙乳液涂料是由醋酸乙烯和一种或几种丙烯酸酯类单体、乳化剂、引发剂,通过乳液聚合反应制得的共聚乳液(称为乙—丙共聚乳液),然后将这种乳液作为主要成膜物质,掺入颜料、填料、成膜助剂、防霉剂等,经分散、混合配制而成的乳液型涂料。其性能指标见表 11-13。适用于住宅、商店、宾馆和工业建筑的外墙装饰。

乙—丙外墙乳液涂料技术指标　　　　　　表 11-13

项　　目	指　　标
漆膜颜色和外观	符合标准板及其色差范围
黏度(涂-4 黏度计)(s)	≥17
固体含量(%)	≥45
遮盖力(白色及浅色)(g/m²)	≤170
干燥时间	表干(min):≤30,实干(h):≤24
耐湿性(浸水 96h)(%)	板面破坏不超过 5
耐碱性(氢氧化钙饱和溶液)(48h)(%)	板面破坏不超过 5
耐沾污性(30 次污染后反射系数下降率)	≤50%
冻融稳定性	不小于 5 次循环,不破乳

2. 苯—丙乳液涂料

苯—丙乳液涂料是以苯乙烯—丙烯酸酯共聚物为主要成膜物质,加入颜料、填料及助剂等,经分散、混合配制而成的乳液型外墙涂料。苯—丙乳液的主要技术指标见表11-14。

纯丙烯酸酯乳液配制的涂料,具有优良的耐候性、保光和保色性,适于外墙装饰。

苯—丙乳液的主要技术指标 表11-14

项 目	指 标
固体含量(%)	≥45
干燥时间(h)	表干:≤2,实干:≤12
遮盖力(白色及浅色)(g/m²)	≤200
冻融稳定性(-5℃±1℃,16h)	不变质
耐水性(23℃±2℃,96h)	不起泡、不剥落,允许稍有变色
耐碱性(氢氧化钙饱和溶液浸泡,48h)	不起泡、不剥落,允许稍有变色
耐洗刷性(0.5%皂液1000次)	不露底
耐沾污性(白色及浅色)(5次循环,反射系数下降率)(%)	<50

3. 聚丙烯酸酯乳液涂料

聚丙烯酸酯乳液涂料或称纯丙烯酸聚合物乳胶漆,是由甲基丙烯酸甲酯、丙烯酸丁酯、丙烯酸乙酯等丙烯酸系单体加入乳化剂、引发剂等,经过乳液聚合反应而得到乳液,然后以该乳液为主要成膜物质,加入颜料、填料及其他助剂,经分散、混合、过滤而成的乳液型涂料。

该涂料在性能上较其他共聚乳胶漆要好,最突出的优点是涂膜光泽柔和,耐候性与保光性都很优异。

4. 乙—丙乳液厚质涂料

乙—丙乳液厚质涂料,是以醋酸乙烯—丙烯酸共聚物乳液为主要成膜物质,掺入一定量的粗骨料组成的一种厚质外墙涂料。

这种涂料具有膜质厚实、质感强、耐候性、耐水性、冻融稳定性均较好,且保色性好,附着力强,施工速度快,操作简单,可用于各种建筑物外墙。

(四) 彩色砂壁状外墙涂料

彩色砂壁状外墙涂料又称彩砂涂料,是以合成树脂乳液和着色骨料为主体,外加增稠剂及各种助剂配制而成,其主要技术指标见表11-15。

彩色砂壁状外墙涂料的主要技术指标 表11-15

项 目	指 标
在容器中状态	经搅拌后呈均匀状态,无结块
骨料沉降率(%)	<10
干燥时间(h)	≤2
颜色及外观	颜色及外观与样本相比,无明显变化
冻融循环(10次)	涂层无裂纹、起泡、剥落现象,允许有轻微变化
黏结强度(MPa)	≥0.69
耐水性(240h)	涂层无裂纹、起泡、剥落、软化物析出,允许有轻微变化

续上表

项 目	指 标
耐碱性(240h)	涂层无裂纹、起泡、剥落、软化物析出,允许有轻微变化
耐洗刷性(1000次)	涂层无变化
耐沾污率(%)	5次沾污试验后,沾污率在45%以下
人工耐候性(500h)	涂层无裂纹、起泡、剥落、粉化、变色不大于2级

彩砂涂料的主要成膜物质有醋酸乙烯—丙烯酸酯共聚乳液、苯乙烯—丙烯酸酯共聚乳液、纯丙烯酸酯共聚乳液等。

彩砂涂料中的骨料分为着色骨料和普通骨料两种。

五 复层外墙涂料

复层涂料系以水泥系、硅酸盐系和合成树脂系等黏结料及集料为主要原料,用刷涂、滚涂或喷涂等方法,在建筑物表面上涂布2~3层,厚度(如为凹凸状,指凸部厚度)为1~5mm的凹凸或平状复层建筑涂料,简称复层涂料。复层涂料也称凹凸花纹涂料或浮雕涂料、喷塑涂料,它是由两种以上涂层组成的复合涂料。

复层涂料是由底层涂料、主层涂料和罩面涂料三部分组成。底涂层用于封闭基层和增强主涂层涂料的附着力;主涂层用于形成凹凸式平状装饰面;面涂层用于装饰面着色,提高耐候性、耐污染性和防水性等。

按主层涂料主要成膜物质的不同,可分为聚合物水泥系复层涂料(CE)、硅酸盐系复层涂料(Si)、合成树脂乳液系复层涂料(E)、反应固化型合成树脂乳液系复层涂料(RE)四大类。

底涂层涂料主要采用合成树脂乳液及无机高分子材料的混合物,也可采用溶剂型合成树脂。主层涂料主要采用以合成树脂乳液、无机硅溶胶、环氧树脂等为基料的厚质涂料以及普通硅酸盐水泥等。面涂层涂料主要采用丙烯酸系乳液涂料,也可采用溶剂型丙烯酸树脂和丙烯酸—聚氨酯的清漆和磁漆。复层涂料适用于多种基层材料,其主要性能指标见表11-16。

复层涂料的主要技术指标　　　　　表11-16

项 目		分类代号			
		CE	Si	E	RE
低温稳定性(-5℃±2℃)		3次循环不结块,无组成物分离、凝聚			
初期干燥抗裂性		不出现裂纹			
黏结强度(MPa)	标准状态	>0.49		>0.68	>0.98
	浸水后	>0.49		>0.49	>0.68
耐冷热循环(10次)		不剥落、不起泡、无裂纹、无明显变色			
透水性(mL)		溶剂型<0.5,水乳型<2.0			
耐碱性(7d)		不剥落、不起泡、不粉化、无裂纹			
耐冲击性(500g,300mm)		不剥落、不起泡、无明显变色			
耐候性(250h)		不起泡、无裂纹,粉化≤1级,变色≤2级			
耐沾污性(%)		<30			

复层建筑涂料的主要特点是外观美观,耐久性和耐污染性较好,且由于其涂层较厚,对墙体的保护功能也较佳。

六 无机外墙涂料

无机外墙涂料是以碱金属硅酸盐或硅溶胶为主要成膜物质,加入填料、颜料、助剂等配制而成的建筑外墙涂料,其主要性能见表11-17。

无机外墙涂料的技术性能 表11-17

品　名	项　目	指　标
钾水玻璃外墙涂料	耐水性(25℃,浸水60d)	无异常
	耐碱性[Ca(OH)$_2$饱和溶液浸30d]	无变化
	耐污性(循环30次)	白度下降18%~32%
	硬度(H)	≥6
	附着力	100%
	冻融循环(50次)	无变化
	人工老化(600h)	无变化
钠水玻璃改性外墙涂料	黏度(涂-4黏度计)(s)	14~15
	干燥时间(h)	0.5
	硬度(H)	6
	耐水性(浸水15d)	无明显变化
	耐碱性[Ca(OH)$_2$饱和溶液浸30d]	无明显变化
	冻融循环(30次)	无变化
钠水玻璃改性外墙涂料	黏度(涂-4黏度计)(s)	15~20
	干燥时间(h)	0.5
	pH值	8.8~9.7
	硬度(H)	>6
	耐水性(浸水1000h)	无异常
	耐碱性[Ca(OH)$_2$饱和溶液浸500h]	无异常
	人工老化(氙气1000h)	无粉化,不起泡
	冻融循环(50次)	无变化
	光泽(度)	3.5~5.5
	成膜温度(℃)	>5

按其主要成膜物质的不同可分为两类:一类是以碱金属硅酸盐;另一类是以硅溶胶为主要成膜物质。

广泛用于住宅、办公楼、商店、宾馆等的外墙装饰,也可用于内墙和顶棚等的装饰。常见外墙涂料示例及特征见表11-18。

常见外墙涂料示例及特征 表 11-18

序号	名称	图片	光泽	特征
1	成树脂外墙涂料		丝光、柔光、半光、哑光	由人工合成的一类高分子聚合物。为黏稠液体或加热可软化的固体，受热时通常有熔融或软化的温度范围，在外力作用下可呈塑性流动状态，某些性质与天然树脂相似。合成树脂最重要的应用是制造塑料。以合成树脂乳液为基料，与颜料、体质颜料及各种助剂配制而成。漆膜具有良好的耐水性、耐碱性、耐洗刷性、防霉性。色彩柔和，易于翻新
2	合成树脂乳液砂砾壁状建筑涂料		哑光	采砂涂料，是以合成树脂乳液为基料，加入彩色骨料或石粉及其他助剂，粗面厚质，简称砂壁状涂料。仿大理石、花岗岩质感，又称仿石涂料，石艺漆、真石漆，一般采用喷涂法施工，丰富的质感和色彩，耐水性、耐候性良好、涂膜坚实、骨料不易脱落。适合小面积使用，起点缀作用
3	纳米外墙涂料（防霉、抗藻）		半光、哑光	防霉抗藻；硬度高，耐擦洗；自洁抗污；耐人工老化；防水隔热；持续释放负离子。理论耗漆量：$12 \sim 14 m^2/(kg \cdot 层)$（白色及浅色漆干膜厚度 $30\mu m$）。适用范围：可涂于混凝土、砖砌墙体、水泥石棉板等表面。适用于各种做好底材处理的外墙装饰和保护
4	复合建筑涂料（浮雕涂料）		哑光	采用喷漆，由基层封闭涂料、主层封闭涂料、罩面涂料组成，广泛用于商业、办公、宾馆、饭店等外墙、内墙、顶棚等
5	丙烯酸外墙涂料		高光、平光、低光	100%丙烯酸缎面外墙乳胶漆性能优越，坚固耐用、耐候性好、长久保持。高流平性、透气性佳、持久亮丽，抗碱、抗霉、抗油污，柔韧性强。完美的缎面光泽效果，新层次100%丙烯酸缎面外墙乳胶漆

第4节 地面涂料

地面涂料的主要功能就是装饰和保护地面,使地面清洁美观,同时结合内墙面、顶棚及其他装饰,创造优雅的环境。

地面涂料一般涂饰在水泥浆、木制品等基体上,可使装饰面的表面美观清洁。为了获得良好的装饰效果,地面涂料应具有以下特点:

(1)耐碱性良好。因为地面涂料主要涂刷在水泥砂浆基层上,而基层往往带有碱性,因而要求所用的涂料具有优良的耐碱性能。

(2)与水泥砂浆有好的黏结性能。凡用作水泥地面装饰的材料,必须具备与水泥类基层可较好黏结的性能,要求在使用过程中不脱落。容易脱皮的涂料不宜用作地面涂料。

(3)耐水性良好。为了保持地面的清洁,经常需要用水擦洗,因此要求涂层有良好的耐水洗刷性能。

(4)耐磨性良好。耐磨损性能是地面涂料的主要性能之一。人的行走、重物的拖移使地面涂层经常受到摩擦,因此用作地面保护与装饰的涂料涂层应具有非常好的耐磨性能。

(5)良好的抗冲击性。地面容易受到重物的冲击,因此要求地面涂层受到重物冲击以后不易开裂或脱落,允许有少量凹痕。

(6)涂刷施工方便,重涂容易。为了保持室内地面的装饰效果,地面涂层磨损或受机械力局部被破坏后,需要进行重涂,因此要求地面涂料施工方法简单,易于重涂施工。

地面涂料种类按照基层材料不同分有木地板涂料、塑料地板涂料、水泥砂浆地面涂料等。按照涂料的组成不同分为溶剂型地面涂料、合成树脂厚质地面涂料和聚合物水泥地面涂料等。常用的地面装饰涂料有过氧乙烯地面涂料、聚氨酯—丙烯酸酯地面涂料、丙烯酸硅树脂地面涂料、环氧树脂厚质地面涂料、聚氨酯地面涂料等。

一 木地板涂料

木地板涂料又称地板漆,它的品种较多,一般只用作木地板的保护,耐磨性差,其性能和用途见表11-19。

地板漆的性能和用途　　表11-19

名　称	性能及特点	适用范围
聚氨酯清漆	耐水、耐磨、耐酸碱、易洗净,漆膜美观、光亮、装饰性好	防酸碱、耐磨损的模板表面,运动场体育馆地板,混凝土地面
酯胶磁漆 (地板清漆T80-1)	易干、涂膜光亮坚韧,对金属附着力强,有一定的耐水性	室内、外不常曝晒的木材或金属
钙酯地板漆	漆膜坚硬、平滑光亮、干燥较快、耐磨性好,有一定的耐水性	适用于显露木质纹理的地板、楼梯、扶手、栏杆等
紫红酚醛地板漆	干燥迅速、遮盖力强、附着力强、耐磨和耐水性好	适用于木质地板、楼梯、扶手、栏杆
紫红酚醛地板漆 (F80-1)	漆膜坚硬、光亮平滑,有良好的耐水性	适用于木质地板、楼梯、扶手、栏杆

二 过氯乙烯地面涂料

过氯乙烯地面涂料是以过氯乙烯树脂为主要成膜物质,掺入少量的酚醛树脂改性,加入填料、颜料、稳定剂等,经捏合、混炼、塑化切粒、溶解等工艺制成,其技术性能见表11-20。

过氯乙烯地面涂料的主要技术性能　　　　表11-20

项　目	指　标
色泽外观	稍有光,漆膜平整,无刷痕,无粗粒
黏度(涂-4黏度计)(s)	150~200
干燥时间(20℃±2℃;相对湿度<70%)(min)	表干:30~50;实干:70~180
流平性	无刷痕
遮盖力(黑白格)(g/m²)	<130
耐磨性(Teber型)(g)	<0.03
附着力(白铁皮,1mm格)(%)	100
抗冲击功(N·m)	3.5

其特点如下:
(1)施工干燥快,施工方便。常温下2h可以全干。冬季气温低时也可施工。
(2)具有良好的耐磨性,在人流多的地面其耐磨性可达1~2年。
(3)具有很好的耐水性及耐化学药品性。
(4)重涂性好,施工方便。
(5)室内施工时,因有大量有机溶剂挥发,且易燃,因此要注意通风、防火、防毒。

三 环氧树脂厚质地面涂料

环氧树脂厚质地面涂料是以环氧树脂为主要成膜物质的双组分常温固化型涂料。

这种涂料是由甲、乙两种组分组成。甲组分是以环氧树脂为主要成膜物质,加入填料、颜料、增塑剂和其他助剂等组成。乙组分是以胺类为主的固化剂组成,其技术性能见表11-21。

环氧树脂地面涂料技术性能　　　　表11-21

项　目	指　标	
	清漆	色漆
色泽外观	浅黄色	各色,漆膜平整
黏度(涂-4黏度计)(s)	14~26	16~40
细度	—	≤30
干燥时间(25℃±2℃;相对湿度<65%)(min)	表干2~4,实干24,全干72	表干2~4,实干24,全干72
抗冲击强度(N·m)	490	490
附着力(画圈法)(级)	1	1
柔韧性(mm)	1	1
耐磨系数(磨耗量/试件重)	0.0132	

环氧树脂地面涂料的特点如下：
(1)涂层坚硬、耐磨,且有一定的韧性。
(2)具有良好的耐化学腐蚀、耐油、耐水等性能。
(3)涂层与水泥基层的黏结力强,耐久性好。
(4)可涂刷成各种图案,装饰性好。
(5)双组分固化,施工复杂,且施工时应注意通风、防火,地面含水率不大于8%。

四 聚氨酯地面涂料

聚氨酯地面涂料有薄质罩面涂料与厚质弹性地面涂料两类,其技术性能见表11-22。

聚氨酯地面涂料的主要技术性能　　表11-22

项目	指标	项目	指标
BP硬度	74~91	永久变形(%)	0~12
断裂强度(MPa)	3.8~19.2	阿克隆磨耗(cm^3/1.61km)	0.108~0.160
伸长率(%)	103~272		

聚氨酯弹性地面涂料是双组分常温固化型,由甲、乙两组分组成。
该涂料有如下一些特点：
(1)涂层耐磨性很好,并且耐油、耐水、耐酸碱。
(2)涂布后地坪整体性好,装饰性好,清扫方便。
(3)涂层固化后具有一定弹性,步感舒适。
(4)重涂性好,便于维修。
(5)因是双组分涂料,施工较复杂。

聚氨酯地面涂料可用于会议室、放映厅、图书馆等的弹性装饰地面,地下室、卫生间等的防水装饰地面以及工厂车间的耐磨、耐腐蚀等地。

五 其他地面涂料

1. 氯—偏共聚乳液地面涂料

氯—偏共聚乳液地面涂料是氯乙烯—偏氯乙烯共聚乳液地面涂料的简称,它是以氯乙烯共聚物乳液为主要成膜物质的水乳型涂料。

适用于民用住宅、公用建筑、工厂企业等的地面涂层,可仿制成木纹地板、花卉图案、大理石、瓷砖等彩色地面。

2. 聚乙烯醇(PVA)缩甲醛水泥地面涂料

聚乙烯醇缩甲醛水泥地面涂料,又称"777水性厚质地面涂料",是以水溶性聚乙烯醇缩甲醛胶为主要成膜物质,与普通水泥和一定量的氧化铁系颜料组成的一种厚质涂料。

适用于公共及民用建筑水泥地面的装饰,可仿制成方格、假木纹及各种图案等。

3. 聚醋酸乙烯(PVAc)水泥地面涂料

聚醋酸乙烯(PVAc)水泥地面涂料是由聚醋酸乙烯水乳液、普通硅酸盐水泥、颜料、填料及

各种助剂配制而成的一种地面刮涂材料。

适用于民用及其他建筑地面的装饰,可代替部分水磨石和塑料地面,特别适用于水泥旧地面的翻修。

◀ 本 章 小 结 ▶

建筑装饰涂料的主要作用是装饰建筑物,并能保护主体建筑材料,提高其耐久性。本章从阐述涂料、建筑装饰涂料的功能入手,介绍了建筑装饰涂料的组成、分类、命名;较详细地介绍了建筑装饰内墙涂料、建筑装饰外墙涂料、建筑装饰地面涂料的特点、技术性能、常用品种等。

习 题

11-1 什么是涂料和建筑涂料?建筑装饰涂料具有哪些功能?

11-2 涂料由哪几部分组成?各组分的主要作用是什么?

11-3 建筑装饰内墙涂料应具有什么特点?常用的有哪些品种?简要叙述各自的特性。

11-4 建筑装饰外墙涂料应具有什么特点?常用的有哪些品种?简要叙述各自的特性。

11-5 建筑装饰地面涂料应具有什么特点?常用的有哪些品种?简要叙述各自的特性。

11-6 涂料中有哪些有害物质?

第12章 金属类装饰材料

【职业能力目标】

通过本章的学习,能够根据金属装饰材料的特点,为建筑物选择合适的金属装饰材料;能够结合具体工程,说明常见金属类装饰材料的性能与特点;具备常见金属类装饰材料的认知、判别及应用等职业能力。

【学习目标】

1. 了解金属类装饰材料的应用现状;
2. 熟悉常见金属类装饰材料的类别、标志及相应的规范规定;
3. 掌握常见金属类装饰材料的特性、技术要求及应用范围。

第1节 概 述

金属材料在建筑上的应用,从古到今,具有悠久的历史。在现代建筑中,金属材料品种繁多,尤其是钢、铁、铝、铜及其合金材料,它们耐久、轻盈、易加工、表现力强,这些特质是其他材料所无法比拟的。金属材料还具有精美、高雅、高科技并成为一种新型的所谓"机器美学"的象征。因此,在现代建筑装饰中,被广泛地采用,如柱子外包不锈钢板或铜板,墙面和顶棚镶贴铝合金板,楼梯扶手采用不锈钢管或铜管,隔墙、幕墙用不锈钢板等。

金属材料中,作为装饰应用最多的是铝材。近年来,不锈钢的应用大大增加,同时,随着防蚀技术的发展,各种普通钢材的应用也逐渐增加。铜材在历史上曾一度在装饰材料中占重要地位,但近代新型金属装饰材料的质高价廉已使它失去了竞争力。

有色金属包括有铝及其合金、铜及铜合金、金、银等,它们广泛地用于建筑装饰装修中。

现代金属装饰材料用于建筑物中更是多种多样,丰富多彩。这是因为金属装饰材料具有独特的光泽和颜色作为建筑装饰材料,金属庄重华贵,经久耐用,均优于其他各类建筑装饰材料。

现代常用的金属装饰材料包括有铝及铝合金、不锈钢、铜及铜合金,常见装饰钢材见表12-1。

常见装饰钢材表 表12-1

名称	图片	规格	特征
普通不锈钢板		规格尺寸较多,有大板型,也有卷板型,规格定做	不锈钢具有多种其他金属没有的优异性能,是一种具有优异耐久性和再循环性的材料,不锈耐酸钢简称不锈钢,能抵抗大气腐蚀,耐热性好。但不锈钢并非绝对不生锈。 拉丝板,也有称为哑光不锈钢板;拉丝只是一种工艺,而与不锈钢的种类没有关系,也就是说普通钢板也可以做成拉丝板
不锈钢拉丝板			
不锈钢雾面板			
不锈钢凹凸板(金属马赛克)			
不锈钢管材		圆管:φ6~630 厚:0.1~5.0 方管:10×10~150×150 厚:0.7~6.0 矩管:10×20~100×200 厚:0.4~6.0 花管:15.9~76.2 厚度:1.0~1.5 角钢:15×15~75×75 厚度:1.2~6.0	不锈钢具有多种其他金属没有的优异性能,是一种具有优异耐久性和再循环性的材料,不锈耐酸钢简称不锈钢,能抵抗大气腐蚀,耐热性好。但不锈钢并非绝对不生锈。不锈钢管是一种中空的长条钢材,大量用作输送流体的管道,如石油、天然气、水、煤气、蒸汽等。另外,在抗弯、抗扭强度相同时,重量较轻,所以广泛用于制造机械零件和工程结构,也常用作生产各种常规武器、枪管、炮弹等
(彩色)压型板		多种规格	重量轻、强度高、承重大、抗震性好;施工简单快捷、拼装方便;取代传统模板、改善传统模板缺点;可作为结构强度一部分、减低材料成本;易于配筋、配线、配管之施工;外观整洁美观

第 2 节　铝及铝合金制品

建筑铝合金型材的生产方法分为挤压和轧制两类。

经挤压成型的建筑铝型材表面存在着不同的污垢和缺陷,同时自然氧化膜薄而软,耐蚀性差,因此必须对表面进行清洗和阳极氧化处理,以提高表面硬度、耐磨性、耐蚀性。然后进行表面着色,使铝合金型材获得多种美观大方的色泽。

建筑铝合金型材使用的合金,主要是铝镁硅合金(LD30、LD31),它具有良好的耐蚀性能和机械加工性能,广泛用于加工各种门窗及建筑工程的内外装饰制品。

建筑铝合金型材的物理、机械性能、型号规格、质量标准必须符合规范规定。

一　铝合金门窗

铝合金门窗,是采用经表面处理的铝合金型材,经过下料、打孔、铣槽、攻丝、制窗等加工工艺而制成的门窗框架,再与玻璃、连接件、密封件、五金配件等组合装配而成。它具有质轻、省材、密封性好、色调美观、耐腐蚀、使用维修方便、便于进行工业化生产的特点。

铝合金门窗的种类按照结构与开闭方式的不同分为推拉门窗、平开门窗、固定窗、悬挂窗、回转门窗、百叶窗、纱窗等,铝合金门还有地弹簧门、自动门、旋转门、卷闸门等。铝合金门窗产品的主要品种与代号见表 12-2。

铝合金门窗产品的主要品种与代号　　　　　　表 12-2

产品名称	平开铝合金窗		平开铝合金门		推拉铝合金窗		推拉铝合金门	
	不带纱扇	带纱扇	不带纱扇	带纱扇	不带纱扇	带纱扇	不带纱扇	带纱扇
代号	PLC	APLC	PLM	APLM	TLC	ATLC	TLM	ATLM
产品名称	滑轴平开窗	固定窗	上悬窗	中悬窗	下悬窗	立转窗		
代号	HPLC	GLC	SLC	CLC	XLC	LLC		

铝合金门窗在出厂前需经过严格的性能试验,达到规定的性能指标后才能安装使用。铝合金门窗通常要进行抗风压性能、气密性能、水密性能、启闭力、空气声隔声性能、保温性能等主要性能的检验。

根据铝合金门的抗风压强度、空气渗透和雨水渗透性可分为 A、B、C 三类,分别表示为高性能、中性能、低性能。每一类又按抗风压强度、空气渗透和雨水渗透性分为优等品、一等品、合格品。

铝合金门窗的生产工艺过程大致分成四个阶段:铝合金锭坯的熔炼及铸锭,铝合金型材挤压成形,铝合金型材的表面处理,铝合金门窗的加工和装配。

铝合金门窗虽然在造价上要比普通门窗贵,但是用于长期维修费用低,性能好,可以节约能源,特别是富有装饰性、质量轻、密封性好、防腐蚀、色调美观、便于进行工业化生产等。

二、铝合金装饰板

铝合金装饰板具有重量轻、不燃烧、耐久性好、施工方便、装饰华丽等优点,适用于公共建筑室内外墙面和柱面的装饰,颜色有本色、古铜色、金黄色、茶色等。

1. 铝合金花纹板

花纹板总共有七种图案:1号方格花纹板、2号扁豆形花纹板、3号五条形花纹板、4号三条形花纹板、5号指针形花纹板、6号菱形花纹板、7号四条形花纹板。

2. 铝制浅花纹板

以冷作硬化后的铝材为基础,表面加以浅花纹处理后得到的装饰板,称为铝制浅花纹板。它具有花纹精巧别致,色泽美观大方,比一般普通铝板刚度提高20%,抗污垢、抗划伤、能够增强立体图案和美丽的色彩,更使建筑物生辉。

3. 铝合金波纹板和铝合金压型板

4. 铝及铝合金穿孔板

5. 铝合金吊顶材料

铝合金吊顶材料有质轻、不锈蚀、美观、防火、安装方便等优点,适用于较高的室内吊顶。全套部件包括铝龙骨、铝平顶筋、铝天花板以及相应的配套吊挂件等。

6. 铝及铝合金箔

铝箔是纯铝或铝合金加工成的 6.3~200μm 的薄片制品。铝和铝合金箔不仅是优良的装饰材料,还具有防潮、绝热的功能。铝合金穿孔板及装饰板的规格见表12-3。

铝合金穿孔板及装饰板的规格　　　　表12-3

产品名称	性能和特点	规格(mm×mm×mm)
穿孔平面式吸声板	穿孔平面式吸声板 材质:防锈铝(LF21) 板厚:1mm 孔径:6mm 孔距:10mm 降噪系数:1.16 工程使用降噪效果:4~8dB	495×495×(50~100)
穿孔块体式吸声体	穿孔块体式吸声体 材质:防锈铝(LF21) 板厚:1mm 孔径:6mm 孔距:10mm 降噪系数:2.17 工程使用降噪效果:4~8dB	750×750×100
铝合金穿孔压花吸声板	材质:电化铝板 孔径:6~8mm 工程使用降噪效果:4~8dB	500×500×(0.8~1) 1000×1000×(0.8~1) 可根据用户要求加工

续上表

产品名称	性能和特点	规格(mm×mm×mm)
铝合金装饰板	采用光电制板技术、色彩阳极氧化表面处理工艺，图案深度为5~8μm、10~12μm。颜色有铝本色、金黄色、淡蓝色等，立体感强，可制成名人字画、古董古币、湖光山色图案，并具有耐腐蚀、耐热、耐磨损特性，能长期保持光亮如新	500×500×0.5 500×500×0.8
铝合金装饰吸声板	材质：LF21	500×500×0.8
吸声吊顶墙面穿孔护面板	材质、规格、穿孔率可根据需要任选，孔形有圆孔、方孔、长圆孔、长方孔、三角孔、菱形孔、大小组合孔等	

第3节 铜及铜合金制品

一、铜的特性及应用

纯铜的密度为 $8.9g/cm^3$，熔点为 1083℃，电导性、热导性好（仅次于银），耐腐蚀性好，其强度较低、塑性较高（$\sigma_b \approx 230 \sim 250MPa$，$\delta$ 约 40%~50%），不适宜用作结构材料，主要用于制造导电器材或配制各种铜合金。

根据铜中的杂质含量不同，工业纯铜可分为四种：T1、T2、T3、T4。

我国纯铜应用分为两类：一类属于冶炼产品，包括铜锭、铜线锭和电解铜；另一类属于加工产品，是指铜锭经过加工变形后获得的各种形状的纯铜材。纯铜牌号、成分及用途见表12-4。

纯铜牌号、成分及用途　　　　　　　　　　表12-4

牌号	代号		铜量，不小于	杂质含量，不大于				用途举例
	冶炼	加工		铋	铅	氧	总和	
一号铜	Cu-1	T1	99.95	0.002	0.005	0.02	0.05	导电材料
二号铜	Cu-2	T2	99.90	0.002	0.005	0.06	0.10	导电材料
三号铜	Cu-3	T3	99.70	0.002	0.010	0.10	0.30	一般用铜材
四号铜	Cu-4	T4	99.50	0.003	0.050	0.10	0.50	一般用铜材

二、铜合金的特性与应用

按照化学成分的不同，铜合金可以分为黄铜、青铜和白铜。工业上广泛应用的是黄铜合金。

1. 黄铜

黄铜是指以铜、锌为主要合金元素的铜合金。黄铜分为普通黄铜和特殊黄铜。

2. 青铜

锡青铜是由铜与锡组成的合金,无锡青铜是含铝、硅、铅、钡、锰等合金元素的铜基合金,包括铝青铜、硅青铜、铅青铜等。

三 铜合金装饰制品

铜合金经挤制或压制可形成不同横断面形状的型材,有空心型材和实心型材。

铜合金型材也具有铝合金型材类似的特点,可用于门窗的制作。另外,利用铜合金板材制成铜合金压型板应用于建筑物外墙装饰。

铜合金具有金色感,常替代稀有的、价值昂贵的金在建筑装饰中作为点缀使用。

铜合金的另一应用是铜粉(俗称"金粉"),是一种由铜合金制成的金色颜料。

第4节 装饰五金配件

居室金属件就是装饰五金件。优质的装饰五金件不仅能够成为极佳的装饰品,而且也是居室陈设正常使用的前提。许多户主以为只要大面积装饰材料质优,看不见的小五金差点没关系,其实这种观点有误。居室装修,小小一副合叶会成为每一扇门能否长久灵活开启的关键,更不用说优质小五金所固有的装饰美化效果了。

随着装饰材料及装饰设备品种的不断更新换代,与之相配套的装饰五金配件的品种与功能也在不断地提高和完善。

五金件按使用功能分为普通五金类和特殊五金类。

一 普通五金类

普通五金类按设置方式分三种。

1. 合叶滑轨类

品名:豪华型门合叶(木门金属合叶)、三节钢珠滑轨(家具专用抽屉滑轨)、钢滑槽(推拉门、窗专用滑槽)、不锈钢门夹(室内地弹门专用门夹)、钛金门夹(室内地弹门专用门夹)。

(1)合叶

合叶的重要性不仅在于防盗,要结实,还要注意不要有噪声出现(图12-1)。挑选无噪声合叶的关键在于它的中轴,工艺不好,不光滑或金属硬度不够的合叶会造成开关门时刺耳的摩擦声。选用合叶的大小厚薄与门的重量成正比,越重的门就越需要重力大的合叶。为了美观,合叶所用金属的颜色最好与门上其他金属制品(如门锁等)的颜色一致。另外,涂油漆时不要涂到合叶上,油漆渗入叶片内更会增加摩擦力,阻碍门的正常开关。

值得一提的是,时下有一种新式的提升式合叶,能使门在开启或关闭时自动作有限度的升高,以免碰着地毯。这种合叶的结构与普通的合叶不同,左右两个叶片在中轴接口处有一定的斜度。开门时,门就自动升起,避免了地毯对门脚的阻碍。

(2)滑轨

在我们肉眼所无法看到的滑轨内部,是它的轴承结构,这部分直接关系到它的承重能力。

目前市场上既有钢珠滑轨,也有硅轮滑轨(图12-2)。前者通过钢珠的滚动,自动排除滑轨上的灰尘和脏物,从而保证滑轨的清洁,不会因脏物进入内部而影响其滑动功能。同时钢珠可以使作用力向四周扩散,确保了抽屉水平和垂直方向的稳定性。

图12-1　合叶

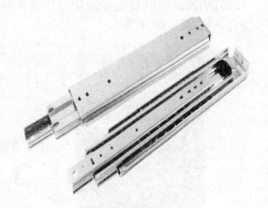

图12-2　滑轨

硅轮滑轨在长期使用、摩擦过程中产生的碎屑呈雪片状,并且通过滚动还可以将其带起来,同样不会影响抽屉的滑动自如。

(3)定门器

就是将门打开后能够与墙面固定在一起以防止门被风吹合上导致门的破裂,常见的有普通定门器、橡皮门碰头、门轧头、脚踏门。

普通定门器一般安装在下门角部位,但开门时将门通过吸铁石的力量固定在墙体上(家庭)。

(4)闭门器

就是门打开后能够自动地将门闭合,而且不会有声音或将门碰坏的现象。闭门器的种类有地弹簧、门顶弹簧、门夹、门底弹簧、鼠尾弹簧等。

①地弹簧。地弹簧是落地式闭门器的简称。装有地弹簧后开门只要在90°以内,门会自动关闭。

②门顶弹簧。它是一种液压装置,内部装有缓冲油泵,在门扇开启后可以自动关闭。因为装于门顶所以不适合用于双向开启的门上。

在安装时需要注意安装的位置与门开启的方向之间的关系。

③门夹。门夹是用于无框玻璃门上的一种五金配件。

④门地弹簧。门地弹簧有横式和竖式两种,它的性能与双面弹簧合页相同,能够使门自动关闭。门底弹簧一般装在门扇的下角,门扇上角用顶轴套板与门框连接,可不设门铰链。

2.装饰拉手类

常见的装饰拉手类有:金属木门拉手(用于木门,无锁式)、木纹木门拉手(用于木门,无锁式)、高级长形家具拉手(用于家具)、高级圆形拉手(用于家具)。

拉手及执手的品种较多,一般有圆角覆板夹角弯执手、圆角覆板弯角弯执手、双角覆板弯角弯执手、凹圆形拉手和球型拉手等,如图12-3所示。

门扇拉手有铁拉手、锌合金拉手、铜拉手、底板拉手、管子拉手、圆盘拉手和方型拉手等。

3. 装饰锁具类

品名:小波浪锁(门拉手,锁合一)、金属球形门锁(门拉手,锁合一)、石材球形门锁(门拉手,锁合一),如图12-4所示。

图12-3 拉手

图12-4 锁具

锁是各种锁的总称,它的种类主要有以下几种:

(1)外装门锁;

(2)插芯门锁;

(3)球形门锁:能够起到防风作用;

(4)其他门锁:防火门锁、电子卡片门锁、电子报警门锁。

二 特殊五金类

特殊五金类按设置方式分两类。

1. 浴室五金类

品名:浴室环形拉手、浴缸一点挂、吸盘式手巾杆、吸盘式盥洗板、纸巾架、口杯架、烟缸架、防雾镜及镜架。

卫生间的五金配件造型美观、质感强、装饰性好、使用卫生方便、噪声小、节水等。

(1)洗面器配件

洗面器配件由洗面器水嘴、进水阀和排水阀组成。

(2)淋浴器配件

有便器配件、卫生洁具小配件等等。

2. 厨房挂件类

品名:双"S"挂钩、挂式双层调味品架、挂式转角架、挂式双层置物架、挂式锅盖架、挂式砧板菜刀架、挂式纸巾架。应采用防腐蚀、耐酸碱且防潮的不锈钢、全铬或特种塑料等材质的挂件。

第5节　装饰铝塑板

铝塑板是一种新型装饰材料,具有一系列优异的性能,问世后很快就在幕墙、室内外装饰等领域得到了广泛应用,开创了当代建筑装饰的新天地。

铝塑板,又称铝塑复合板,是指由铝和塑料复合而成的板材。具体地说,是铝板和塑料芯材在一定工艺条件下通过专用黏合剂黏结复合而成的板材;是以经过化学处理的涂装铝板为表层材料,用聚乙烯塑料为芯材,在专用铝塑板生产设备上加工而成的复合材料。实际上一般是先将用作正、背面铝板进行涂装,然后再与塑料芯材复合。正面板一般涂覆装饰性涂层,背面板涂覆保护性涂层。铝塑复合板本身所具有的独特性能,决定了其广泛用途:它可以用于大楼外墙、帷幕墙板、旧楼改造翻新、室内墙壁及天花板装修、广告招牌、展示台架、净化防尘工程。铝塑复合板在国内已大量使用,属于一种新型建筑装饰材料。

作为一种新型装饰材料,铝塑板,自20世纪80年代末90年代初从韩国引进到中国,便以其经济性、可选色彩的多样性、便捷的施工方法、优良的加工性能、绝佳的防火性及高贵的品质,迅速受到人们的青睐。

在国外,铝塑板的名称有好多种,有叫铝复合板(Aluminum Composite Panels)的,有叫铝复合材料(Aluminum Composite Materials)的;在欧洲许多国家称铝塑板为Alucobond,源于铝塑板的一种商标名称。国外生产铝塑板的企业并不是很多,但生产规模都很大。著名的有总部设在瑞士的Alusuisse公司、美国的雷诺兹金属公司、日本三菱公司、韩国大明等。国内有名的有台湾吉祥,大陆的著名企业有宁波爱佳建材等。

一　铝塑板的性能及用途

1. 铝塑板的结构

铝塑板的结构,一般来说是三明治式结构,这是一种比较形象的比喻,两层铝板中间夹了一层塑料芯材。实际上铝塑板的结构要复杂得多。

铝塑板是由多层材料复合而成,上下层为高纯度铝合金板,中间为无毒低密度聚乙烯(PE)芯板,其正面还粘贴一层保护膜。对于室外,铝塑板正面涂覆氟碳树脂(PVDF)涂层,对于室内,其正面可采用非氟碳树脂涂层。

铝塑板由性质截然不同的两种材料(金属和非金属)组成,它既保留了原组成材料(金属铝、非金属聚乙烯塑料)的主要特性,又克服了原组材料的不足,进而获得了众多优异的材料性质,如豪华性、艳丽多彩的装饰性、耐候、耐蚀、耐创击、防火、防潮、隔音、隔热、抗震性、质轻、易加工成型、易搬运安装等特性,因此,被广泛应用于各种建筑装饰上,如天花板、包柱、柜台、家具、电话亭、电梯、店面、广告牌、厂房壁材等,已成为三大幕墙中(天然石材、玻璃幕墙、金属幕墙)金属幕墙的代表,在发达国家,铝塑板还被用于巴士、火车厢、飞机、船舶的隔音材料、设计仪器箱体等。

2. 铝塑板的性能

铝塑板是一种新型装饰材料,与其他装饰材料相比,具有许多无可比拟的优越性。其原因一方面是因为铝塑板是一种复合材料,通过复合可获得许多原组分材料所没有的新性能。另一方面铝塑板是一种高技术产品,无论是生产还是应用,都含有很高的技术含量。在生产中采用了许多先进的工艺,例如滚涂工艺、连续热复合工艺,保证了材料性能的充分发挥。

铝塑板的主要特点表现在以下几个方面:

(1)超强剥离度:铝塑板采用了新工艺,将铝塑复合板最关键的技术指标——剥离强度,提高到了极佳状态,使铝塑复合板的平整度、耐候性方面的性能都相应提高。

(2)材质轻,易加工:铝塑板是由铝和密度比较小的塑料芯材复合而成的,每平方米的重量仅在3.5~5.5kg,与具有相同刚性或相同厚度的铝(或其他金属)相比,其质量小,与玻璃、石材相比,质量更是小得多。故可减轻震灾所造成的危害,且易于搬运。铝塑板是由铝和塑料复合而成的,易于加工,可用铝材或木材专用的加工设备进行加工。因此,不仅能在生产厂加工,还可进行现场加工。其优越的施工性只需简单的木工工具即可完成切割、切断、打孔、挖槽、裁剪、刨边、弯曲成弧形、直角的各种造型,可配合设计人员,做出各种变化,安装简便、快捷,减少了施工成本。

(3)防火性能卓越:铝塑板中间是阻燃的物质PE塑料芯材,两面是极难燃烧的铝层。在铝塑板系列中,防火铝塑板采用了新研发的芯料,这种芯料填充了不燃无机填充料,因此防火性能的提高取得了飞跃,可达到B1级标准。因此,是一种安全防火材料,符合建筑法规的耐火需要。

(4)耐冲击性,强度高:铝塑板巧妙地利用了工字钢结构的力学原理,巧妙地赋予其独有的力学性能,加之铝塑板是在高温条件下实现复合,并在整个加工过程中铝塑板两层铝板处在一定的张力状态下,当成型冷却后,因上下对称的铝板与芯材在收缩率上的差别,形成板材稳定的内应力而具有良好的刚性。与单层铝板相比,其弹性限度较大,不易产生变形,在没有太大外力作用的自然状态下,能够长久地保持良好的平整性能。耐冲击性强、韧性高、弯曲不损面漆,抗冲击力强,在风沙较大的地区也不会出现因风沙造成的破损。

(5)表面平整度高:铝塑板是采用连续热复合生产工艺生产的,因此与单一材料的金属板比较,其表面平整度高,特别是大尺寸的板材更为明显。用于建筑物装饰,具有浑然一体的平整外观。

(6)超耐候性:铝塑板采用了金属与芯材热复合技术,黏结牢固,其表面涂层根据使用环境的不同选用不同材料,一般采用三类涂料,即氟碳涂料、聚酯涂料、丙烯酸涂料,其中氟碳涂料具有更为优异的耐候性,多用在幕墙装饰与特定场合。试验研究表明,无论在炎热的阳光下或严寒的风雪中都无损于漂亮的外观,在室外恶劣环境下可使用20年以上,不褪色。

(7)涂层均匀:经过化成处理及汉高皮膜技术的应用,使油漆与铝塑板间的附着力均匀一致。

(8)颜色丰富、装饰性强:铝塑板的图层面可以做成各种各样的颜色,可对所有用途匹配的图案进行设计。此外,还为利用照相复印技术仿真图案花岗岩、木纹及金属等的花纹,提供单色得不到的、具有精密质感、高质量的图案设计。丰富的颜色与图案设计满足了适应不同环境要求的协调性,使不同的建筑风格与环境相适应,选用的色彩与环境相和谐,在整体艺术效果上达到完美的统一,给人们一种鲜艳柔美的视觉享受。颜色多样,选择空间更大,尽显个性化。用铝塑板装饰的幕墙与绚丽的玻璃幕墙和典雅的石材幕墙比起来毫不逊色。在阳光照射下,它的层面既绚丽又凝重,同时又避免了光污染。

(9)易保养:铝塑板在耐污染方面有了明显的提高。我国的城市污染较为严重,使用几年后需要保养和清理,由于自洁性好,只需用中性的清洗剂和清水即可,清洗后使板材永久如新。

(10)成本特性好:铝塑板生产采用预涂连续涂装以及金属/芯材的连续热复合工艺,与一般的金属单板相比,生产效率高,原料成本低,是一种成本特性好的材料。

(11)环境协调性好:废弃的铝塑板中的铝和塑料芯材均可100%再生使用,环境负荷低。此外,幕墙铝塑板和室外装饰铝塑板采用了氟碳涂料,制品具有很高的耐久性,日常保养费低,降低了整个生命周期成本。

简而言之,铝塑板具有如下特性:
①耐候性佳、强度高、易保养;
②施工便捷、工期短;
③优良的加工性、断热性、隔音性和绝佳的防火性能;
④可塑性好,耐撞击,可减轻建筑物负荷,防震性佳;
⑤平整性好,轻而坚;
⑥可供选择颜色多;
⑦加工机具简单,可现场加工。

3. 铝塑板的用途

铝塑板性价比好,用途十分广泛,大量应用于幕墙、内外墙、门厅、饭店、商店、会议室等的装饰。
(1)大楼外墙、帷幕墙板;
(2)旧的大楼外墙改装和翻新;
(3)阳台、设备单元、室内隔间;
(4)面板、标志板、展示台架;
(5)柜台、家具的面层、车辆的内外壁;
(6)内墙装饰面板、天花板、广告招牌;
(7)工业用材、冷藏车的车体。

二 铝塑板的分类

铝塑板品种比较多,而且是一种新型材料,因此至今还没有统一的分类方法,通常按用途、产品功能和表面装饰效果进行分类。

1. 按用途分类

(1)建筑幕墙用铝塑板

其上、下铝板的最小厚度不小于0.50mm,总厚度应不小于4mm。铝材材质应符合GB/T 3880的要求,一般要采用3000、5000等系列的铝合金板材,涂层应采用氟碳树脂涂层。

(2)外墙装饰与广告用铝塑板

上、下铝板采用厚度不小于0.20mm的防锈铝,总厚度应不小于4mm。涂层一般采用氟碳涂层或聚酯涂层。

(3)室内用铝塑板

上、下铝板一般采用厚度为0.20mm,最小厚度不小于0.10mm的铝板,总厚度一般为

3mm。涂层采用聚酯涂层或丙烯酸涂层。

2.按产品功能分类

(1)防火板

选用阻燃芯材,产品燃烧性能达到难燃级(B1级)或不燃级(A级);同时其他性能指标也需符合铝塑板的技术指标要求。

(2)抗菌防霉铝塑板

将具有抗菌、杀菌作用的涂料涂覆在铝塑板上,使其具有控制微生物活动繁殖和最终杀灭细菌的作用。

(3)抗静电铝塑板

抗静电铝塑板采用抗静电涂料涂覆铝塑板,表面电阻率在109Ω以下,比普通铝塑板表面电阻率小,因此不易产生静电,空气中尘埃也不易附着在其表面。

3.按表面装饰效果分类

(1)涂层装饰铝塑板

在铝板表面涂覆各种装饰性涂层。普遍采用的有氟碳、聚酯、丙烯酸涂层,主要包括金属色、素色、珠光色、荧光色等颜色,具有装饰性作用,是市面最常见的品种。

(2)氧化着色铝塑板

采用阳极氧化及时处理铝合金面板拥有玫瑰红、古铜色等别致的颜色,起到特殊的装饰效果。

(3)贴膜装饰复合板

即将彩纹膜按设定的工艺条件,依靠黏合剂的作用,使彩纹膜黏合剂在涂有底漆的铝板上或直接贴在经脱脂处理的铝板上。主要品种有岗纹、木纹板等。

(4)彩色印花铝塑板

将不同的图案通过先进的计算机照排印刷技术,将彩色油墨在转印纸上印刷出各种仿天然花纹,然后通过热转印技术间接在铝塑板上复制出各种仿天然花纹。可以满足设计师的创意和业主的个性化选择。

(5)拉丝铝塑板

采用表面经拉丝处理的铝合金面板,常见的是金拉丝和银拉丝产品,给人带来不同的视觉感受。

(6)镜面铝塑板

铝合金面板表面经磨光处理,宛如镜面。

本章小结

金属类材料,不仅是主要的建筑材料,也是重要的建筑装饰材料。建筑装饰中主要采用各种碳素钢、低合金钢以及不锈钢型钢、板材用作各种构造骨架和覆面用材。铝及铝合金,是价格较高的建筑装饰材料,但因其优良的轻质高强性、抗腐蚀性、成型性、特殊的着色装饰性和金属光泽等技术特性而在装饰工程中得到广泛应用。

习 题

12-1 什么是金属装饰材料？金属装饰材料可以分为哪几类？
12-2 铝、铝合金及其装饰制品的特点有哪些？在建筑装饰工程中主要应用于哪些方面？
12-3 什么是彩色涂层钢板？有哪些特性？主要用于哪些方面？
12-4 铝合金门窗有哪些特点？
12-5 铝合金装饰板有哪些种类？各有什么特性？
12-6 常用的装饰五金配件有哪些？
12-7 简述铝塑板的性能及用途。

附 录

常用建筑与装饰材料的试验与检测方法

试验一 水泥技术性质检测

第1节 水泥性能检测的一般规定

一、水泥现场取样方法

1. 检验批的确定

对同一水泥厂同期出厂的同品种、同强度等级的水泥,以一次进场的同一出厂编号的水泥为一检验批。散装水泥同一检验批的总量不得超过500t,袋装水泥的同一检验批的总量不得超过200t,超过时应当分批检验。

2. 同一检验批中的取样方法与取样数量

散装水泥,应当随机地从不少于3个车罐中,各采取等量水泥,经混拌均匀后,再从中称取不少于12kg水泥作为检验试样。取样工具为"槽形管状取样器"(附图1)。

袋装水泥,应当随机地从不少于20袋中各采取等量水泥,经混拌均匀后,再从中称取不少于12kg水泥作为检验试样。取样工具为"取样管"(附图2)。

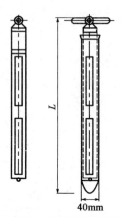

附图1 散装水泥取样管
槽形管状取样器,$L = 1000 \sim 2000$mm

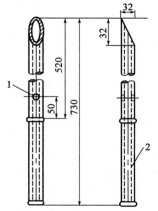

附图2 袋装水泥取样管(尺寸单位:mm)
1-气孔;2-手柄

检验前,把上述方法取得的水泥,按标准规定将其分成两等份。一份用于标准检测,另一份密封保管三个月,以备有疑问时复验用。

二 试验前的准备及注意事项

(1)试验前,应将水泥试样充分拌匀,并通过0.9mm方孔筛,记录筛余百分率及筛余物情况。

(2)实验室温度应为20℃±2℃,相对湿度大于50%;养护箱温度应为20℃±1℃,相对湿度应大于90%。养护池水温应在20℃±1℃范围内。

(3)试验用材料及试验用仪器、试模、用具均应与实验室温度相同。

(4)试验用水必须是洁净的饮用水,重要试验、仲裁试验应以蒸馏水为准。

(5)试验时不得使用铝制或锌制模具、钵器和匙具等(因铝、锌的器皿易与水泥发生化学作用并易磨损变形,以使用铜、铁具较好)。

第2节 水泥密度试验

一 试验目的

通过试验测定水泥密度,计算水泥孔隙率和密实度,为混凝土配合比设计提供依据。

二 仪器设备

(1)李氏密度瓶(附图3)。

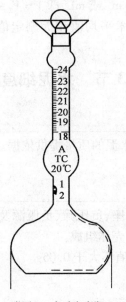

附图3 李氏密度瓶

(2)烘箱:能使温度控制在105℃±5℃。

(3)天平:感量0.01g。

(4)干燥器、恒温水槽、温度计、小勺。
(5)无水煤油:应符合 GB 253 要求。

三 试样制备

将试样通过 0.9mm 方孔筛,除去筛余物,放在 105℃ ±5℃ 的烘箱中,烘至恒量,再放入干燥器内冷却至室温。

四 试验步骤

(1)在李氏密度瓶中注入无水煤油至 0 刻度线(以弯月面最低处为准),盖上瓶塞放入恒温水槽内,在 20℃ 下使刻度部分浸入水中恒温 30min,从恒温水槽中取出李氏瓶,记下第一次读数 V_1。

(2)用天平称取水泥试样 $m=60$g,用小勺将试样慢慢装入李氏密度瓶中,反复摇动至没有气泡排出,再次将李氏密度瓶放入恒温水槽中恒温 30min,取出李氏密度瓶,记下第二次读数 V_2,两次读数时恒温水槽温度差不大于 0.2℃。

五 试验结果计算及评定

(1)水泥密度按下式计算,精确至 0.01g/cm³。

$$\rho_c = \frac{m}{V}$$

式中:ρ_c——水泥的密度,g/cm³;

m——水泥的质量,g;

V——水泥试体的绝对体积,cm³ 或 mL,即 $V = V_2 - V_1$。

(2)以两个试样试验结果的算术平均值作为测定值。两个试样试验结果之差不得超过 0.02g/cm³。

第3节 水泥细度试验

一 试验目的

通过水泥细度的测定,为评定水泥的质量提供依据。

二 仪器设备

(1)负压筛析仪(附图4):由筛座、负压筛、负压源及收尘器组成。筛座由转速 30r/min ± 2r/min 的喷气嘴、负压表、微电机及壳体组成。

(2)天平:最大称量 100g,分度值不大于 0.05g。

三 试验步骤

(1)测定前应先把负压筛安装好,接通电源,进行控制系统检查,然后将负压调整到 4000~6000Pa 的范围。

（2）称取试样25g，置于洁净的负压筛中，盖好筛盖，放在筛座上，开动筛析仪连续筛析2min。筛析期间，如有试样附着在筛盖上，可轻轻地敲击使试样落下。筛毕，在天平上称取筛余物的质量。

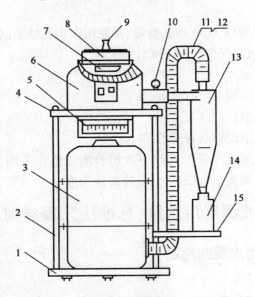

附图4　负压筛示意

1-底座；2-立柱；3-吸尘器；4-面板；5-真空负压筛；6-筛析仪；7-喷嘴；8-试验筛；9-筛盖；10-气压接头；11-吸尘软管；12-所压调节阀；13-收尘筒；14-收集容器；15-把座

（3）当工作负压小于4000Pa时，应清理吸尘器内的水泥，使负压恢复正常。

四　试验结果计算及评定

（1）水泥试样筛余百分数按下式计算：

$$F = \frac{R_s}{m} \times 100\%$$

式中：F——水泥试样的筛余百分数，%；

R_s——水泥筛余物的质量，g；

m——水泥试样的质量，g。

试验结果计算至0.1%。

（2）筛余结果的修正。为使试验结果具有可比性，应采用试验筛修正系数方法修正按上式计算的结果。修正系数的测定按下列方法进行：

①用一种已知0.080mm标准筛筛余百分数的粉状试样作为标准样。按前述试验操作程序测定标准样在试验筛上的筛余百分数。

②试验筛修正系数按下式计算：

$$C = \frac{F_n}{F_t}$$

式中：C——试验筛修正系数；

F_n——标准样品的筛余标准值,%；

F_t——标准样品在试验筛上的筛余值,%。

修正系数计算至 0.01。

注：修正系数 C 超出 0.80~1.20 的试验筛,不能用作水泥细度试验。

③水泥试样筛余百分数结果修正按下式计算：

$$F_c = C \cdot F$$

式中：F_c——水泥试样修正后的筛余百分数,%；

C——试验筛修正系数；

F——水泥试样修正前的筛余百分数,%。

(3)负压筛法、水筛法、手工干筛法均以一次检验测定值作为测定结果。当负压筛法、水筛法、手工干筛法测定的结果发生争议时,以负压筛法为准。

第4节 水泥标准稠度用水量(标准法)、凝结时间、安定性试验

一 水泥标准稠度用水量的测定

1. 试验目的

水泥的凝结时间和安定性都与用水量有关,为了消除试验条件的差别而有利于比较,水泥净浆必须有一个标准的稠度。本试验就是为了测定水泥净浆达到标准稠度时的用水量,作为测定水泥的凝结时间和安定性试验用水量的标准。

2. 仪器设备

(1)水泥净浆搅拌机：符合 JC/T 729—2005 的要求。

(2)标准法维卡仪(附图5)：标准稠度测定用试杆(图5c)其有效长度为 50±1mm,由直径为 10mm±0.05mm 的圆柱形耐腐蚀金属制成。测定凝结时间时用试针(附图5d、e)。试针由钢制成,其有效长度初凝针 50mm±1mm,终凝针为 30mm±1mm,直径为 1.13mm±0.05mm 的圆柱体。滑动部分的总质量为 300g±1g。与试杆、试针联结的滑动杆表面应光滑,能靠重力自由下落,不得有紧涩和摇动现象。

(3)盛装水泥净浆的试模(图5a)应由耐腐蚀的、有足够硬度的金属制成。每只试模应配有一块厚度≥2.5mm、大于试模底面的平板玻璃底板。

(4)量筒：最小刻度 0.1mL,精度 1%。

(5)天平：最大称量不小于 1000g,分度值不大于 1g。

3. 试验步骤

(1)标准稠度用水量可用调整水量和不变水量两种方法中的一种测定,当发生争议时,以前者为准。

(2)试验前检查：维卡仪的滑动杆是否能自由下落,试杆降至试模顶面时,指针应对准标尺零点；搅拌机能否正常运转。

(3)水泥净浆的拌制：

拌制前,将搅拌锅、搅拌叶片用湿布擦净,将拌和水倒入搅拌锅内,在 5~10s 内将称好的

500g水泥加入水中,防止水和水泥溅出;拌和时,先将搅拌锅固定在搅拌机锅座上,升至搅拌位置,开动搅拌机,先低速搅拌120s,停拌15s,同时将叶片和锅壁上的水泥浆刮入锅中间,接着高速搅拌120s停机。

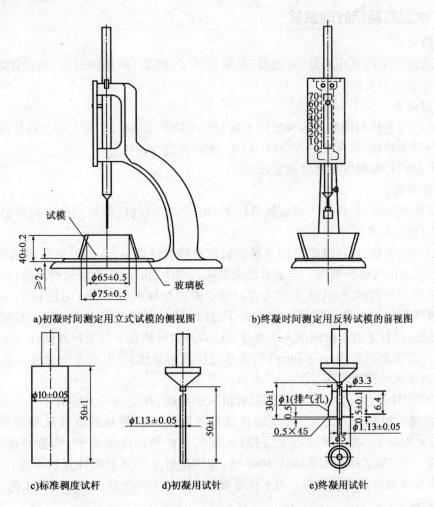

附图5 测定水泥标准稠度和凝结时间用的维卡仪(尺寸单位:mm)

(4)标准稠度用水量的测定。拌和完毕后,立即将拌制好的水泥净浆装入已置于玻璃底板上的试模中,用小刀插捣并轻轻振动数次,刮去多余净浆并抹平后,速将试模和玻璃底板移至维卡仪上,并将其中心定在试杆下,降低试杆至水泥净浆表面接触,拧紧螺丝1~2s后,突然放松,使试杆垂直自由地沉入水泥净浆中。在试杆停止沉入或释放试杆30s时记录试杆距底板之间的距离,升起试杆后,立即擦净;整个操作应在搅拌后1.5min内完成。

(5)结果评定:

①以试杆沉入水泥净浆并距底板6mm±1mm的水泥净浆为标准稠度净浆。其拌和用水量为该水泥的标准稠度用水量(P),以水泥质量的百分比计。按下式计算:

$$P = \frac{拌和用水量}{水泥用量} \times 100\%$$

②如超出范围,须另称试样,调整水量,重做试验,直至达到试杆沉入水泥净浆并距底板6mm±1mm时为止。

二 水泥的凝结时间试验

1. 试验目的

测定水泥加水后至开始凝结(初凝)及凝结终了(终凝)所用的时间,用以评定水泥质量,以确定其能否用于工程中。

2. 仪器设备

(1)标准维卡仪与测定标准稠度用水量时所用的测定仪相同,只是将试杆换成试针。

(2)湿气养护箱:温度控制在20℃±1℃,相对湿度>90%。

(3)其他同标准稠度用水量测定试验。

3. 试验步骤

(1)试验前的准备:将维卡仪金属滑杆下的试杆改为试针,调整凝结时间测定仪的试针接触玻璃板时指针对准标尺零点。

(2)试件的制备:以标准稠度用水量制成标准稠度净浆后,立即一次装满试模,振动数次刮平,然后放入湿气养护箱内。记录水泥全部加入水中的时间作为凝结时间的初始时间。

(3)初凝时间的测定:试件在湿气养护箱中养护至加水后30min时进行第一次测定。测定时,从湿气养护箱中取出试模放到试针下,使试针与水泥净浆表面接触。拧紧螺丝1~2s后,突然放松,试针垂直自由地沉入水泥净浆。观察试针停止下沉或释放试针30s时指针的读数。当试针沉至距底板4mm±1mm时,为水泥达到初凝状态;由水泥全部加入水中至初凝状态的时间为水泥的初凝时间,用"min"表示。

(4)终凝时间测定:为了准确观测试针沉入的状况,在终凝针上安装了一个环形附件(附图5e)。在完成初凝时间测定后,立即将试模连同浆体以平移的方式从玻璃板取下,翻转180°,直径大端向上,放在玻璃板上,再放入湿气养护箱中继续养护,临近终凝时间时每隔15min测定一次,当试针沉入浆体0.5mm时,即终凝针上的环形附件开始不能在试体上留下痕迹时,认为水泥达到终凝状态。由水泥全部加入水中至终凝状态的时间为水泥的终凝时间,用"min"表示。

(5)测定时应注意的事项:在最初测定的操作时应轻轻扶持金属滑杆,使其徐徐下降,以防试针撞弯,但结果必须以自由下落为准;在整个测试过程中试针沉入的位置至少要距试模内壁10mm。临近初凝时,每隔5min测定一次,临近终凝时,每隔15min测定一次,每次测定不能让试针落入原针孔,每次测试完毕须将试针擦净并将试模放回湿气养护箱内,整个测试过程中试模要轻拿轻放,不得受任何振动。

4. 试验结果及评定

(1)到达初凝或终凝状态时应立即重做一次,当两次结果相同时才能定为初凝或终凝状态。

(2)在确定初凝时间性时,如有疑问,应连续测三个点,以其中结果相同的两个点来判定。

三、水泥安定性试验

1. 试验目的

检验水泥硬化后体积变化的均匀性。用以评定水泥质量,以确定其能否用于工程中。

2. 仪器设备

(1)沸煮箱:有效容积约为 410mm×240mm×310mm,箅板的结构应不影响试验结果,箅板与加热器之间的距离大于 50mm。箱的内层由不易锈蚀的金属材料制成,能在 30min±5min 内将箱内的试验用水由室温加热至沸腾并可保持沸腾状态 3h 以上。

(2)雷氏夹如图 6:由标准弹性铜板制成。当一根指针的根部先悬挂在一根金属丝或尼龙丝上,另一根指针的根部再挂上 300g 质量的砝码时,两根指针针尖距离增加应在 17.5mm±2.5mm 范围以内,即 $2x = 17.5mm \pm 2.5mm$(附图 7)。当去掉砝码后针尖的距离能恢复至挂砝码前的状态。

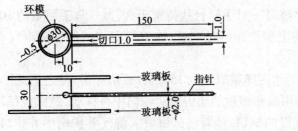

附图 6 雷氏夹

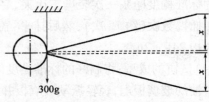

附图 7 雷氏夹受力示意

(3)雷氏夹膨胀测定仪(附图 8):标尺最小刻度为 0.5mm。

(4)湿气养护箱:温度控制在 20℃±1℃,相对湿度>90%。

(5)其他同标准稠度用水量测定试验。

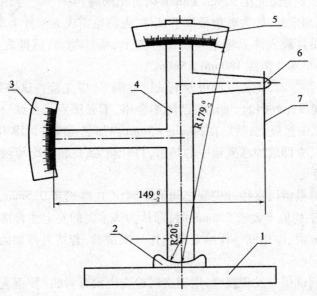

附图 8 雷氏夹膨胀测定仪

1-底座;2-模子座;3-测弹性标尺;4-立柱;5-测膨胀值标尺;6-悬臂;7-悬丝

3. 试验方法

水泥安定性的测定方法有标准法（雷氏法）和代用法（试饼法）两种，有争议时以标准法为准。

(1) 标准法

是测定水泥净浆在雷氏夹中煮沸后膨胀值。据此检验水泥的体积安定性。

(2) 代用法

是以观察水泥净浆试饼沸煮后的外形变化来检验水泥的体积安定性。

4. 试样制备

(1) 水泥标准稠度净浆的制备：按标准稠度用水量测定方法制成标准稠度的水泥净浆。

(2) 测定前的准备工作：每个试样需成型两个试件，每个雷氏夹应配备质量约75~85g的玻璃板两块，一垫一盖，凡是与水泥净浆接触的玻璃板和雷氏夹内表面都要稍稍涂上一层油。

(3) 雷氏夹试件的成型：将预先准备好的雷氏夹放在已稍涂油的玻璃板上，并立即将已制备好的标准稠度净浆一次装满雷氏夹，装浆时一只手轻轻扶持雷氏夹，另一只手用宽约10mm的小刀插捣数次（约15次），然后抹平，盖上稍涂油的玻璃板，接着立即将试件移至湿气养护箱中养护24h±2h。

(4) 试饼的成型：将制好的标准稠度的水泥净浆取出约150g，分成两等份，使之呈球形，放在涂过油的玻璃板上，轻轻振动玻璃板并用湿布擦过的小刀由边缘向中央抹动，做成直径70~80mm、中心厚约10mm、边缘渐薄、表面光滑的试饼，接着将试饼放入湿气养护箱中养护24h±2h。

5. 试验步骤

(1) 沸煮：调整好沸煮箱内的水位，使水能保证在整个沸煮过程中都超过试件，不需中途增加试验用水。同时又能保证在30min±5min内升至沸腾。

(2) 当用雷氏法测定时，脱去玻璃板取下试件，先测量雷氏夹指针尖端间的距离（A），精确至0.5mm。接着将试件放入沸煮箱水中的试件架上，指针朝上，试件之间互不交叉，然后在30min±5min内加热至沸并恒沸180min±5min。

(3) 当用试饼法测定时，脱去玻璃板取下试饼并编号，应先检查试饼是否完整，如已开裂、翘曲，要检查原因，确认无外因时，该试饼已属不合格，不必沸煮。在试饼无缺陷的情况下，将试饼放在沸煮箱的水中篦板上，然后在30min±5min内加热至沸并恒沸180min±5min。

(4) 沸煮结束后，立即放掉沸煮箱中的热水，打开箱盖，待箱体冷却至室温，取出试件。

6. 试验结果及评定

(1) 雷氏夹法：测量雷氏夹指针尖端之间的距离（C），准确至0.5mm。当两个试件沸煮后增加距离（$C-A$）的平均值不大于5.0mm时，即认为该水泥的安定性合格。当两个试件的$C-A$值相差超过4.0mm时，应用同一样品立即重作一次试验，若结果再如此，则认为该水泥的安定性不合格。

(2) 试饼法：目测试饼未发现裂缝，用钢直尺检查也没有弯曲（使钢直尺和试饼底部紧靠，以两者间不透光为不弯曲）的试饼为安定性合格，反之为不合格。当两个试饼的判定结果有争议时，该水泥的安定性不合格。

第5节 水泥胶砂强度检测(ISO 法)

一 试验目的

通过试验测定水泥的胶砂强度,评定水泥的强度等级或判定水泥的质量。

二 仪器设备

(1)胶砂搅拌机:属行星式,应符合(ISO 法)GB/T 17671—1999 要求(附图9)。

(2)水泥胶砂试体成型振实台:应符合(ISO 法)GB/T 17671—1999 要求(附图10)。

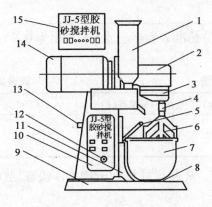

附图9 胶砂搅拌机结构示意图
1-砂斗;2-减速箱;3-行星机构及叶片公标志;4-叶片紧固螺母;5-升降柄;6-叶片;7-搅拌锅;8-锅座;9-机座;10-立柱;11-升降机构;12-面板自动手动切换开关;13-接口;14-立式双速电机;15 程控器

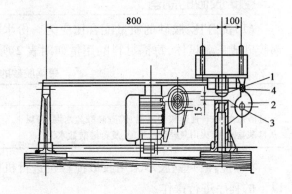

附图10 胶砂振动台(尺寸单位:mm)
1-突头;2-凸轮;3-止动器;4-随动轮

(3)试模:由三个水平的模槽组成(附图11),可同时成型三条截面为 40mm × 40mm × 160mm 的棱形试体。成型操作时,为了控制试模内料层厚度和刮平胶砂,应备有两个播料器和一个金属刮平直尺。

(4)抗折强度试验机:抗折夹具的加荷与支撑圆柱直径均为 10mm ± 0.2mm,两个支撑圆柱中心距为 100mm ± 0.2mm,其性能应符合 JC/T 724—2005 的要求。

(5)抗压强度试验机:以 100 ~ 300kN 为宜,误差不得超过 2%,并应具有 2400N/s ± 200N/s 速率的加荷能力。

(6)抗压夹具:由硬质钢材制成,加压板面积为 40mm × 40mm,其性能应符合 JC/T 683—2005 的要求。

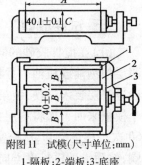

附图11 试模(尺寸单位:mm)
1-隔板;2-端板;3-底座
$A = 160mm$;$B = C = 40mm$

三 胶砂组成

(1)中国 ISO 标准砂:应完全符合附表1规定的颗粒分布和湿含量。可以单级分包装,也可以各级预混以 1350g ± 5g 量的塑料袋混合包装,但所用塑料袋材料不得影响试验结果。

ISO 标准砂颗粒分布 附表1

方孔边长(mm)	累计筛余(%)	方孔边长(mm)	累计筛余(%)
2.0	0	0.5	67±5
1.6	7±5	0.16	87±5
1.0	33±5	0.08	99±1

(2)水泥:从取样至试验要保持24h以上时,应把试样存放在密封干燥的容器内,容器不得与水泥起反应。

(3)水:仲裁检验或其他重要检验用蒸馏水,其他试验用饮用水。

四 胶砂的制备

(1)配合比:胶砂的质量配合比应为一份水泥,三份标准砂和半份水(水灰比为0.5)。一锅胶砂成三条试体,每锅材料的用量如附表2所示。

每锅胶砂的材料用量 附表2

水泥品种	水泥(g)	标准砂(g)	水(mL)
硅酸盐水泥、普通硅酸盐水泥、矿渣硅酸盐水泥、粉煤灰硅酸盐水泥、火山灰硅酸盐水泥、复合硅酸盐水泥	450±2	1350±5	225±1

(2)搅拌:每锅胶砂采用胶砂搅拌机进行机械搅拌。先将搅拌机处于待工作状态,然后按以下的程序进行操作:

先把水加入锅里,再加入水泥,把锅放在固定架上,上升至固定位置,然后立即开动机器,低速搅拌30s后,在第二个30s开始的同时均匀地将砂子加入。当各级砂是分装时,从最粗粒级开始,依次将所需的每级砂量加完。把机器转至高速再拌30s,停拌90s。在第一个15s内用一胶皮刮具将叶片和锅壁上的胶砂刮入锅中间,在高速下继续搅拌60s。各个搅拌阶段,时间误差应在±1s以内。

五 试件成型

(1)在搅拌胶砂的同时,应用黄油等密封材料涂覆试模的外接缝,试模的内表面应涂上一薄层模型油或机油。并将试模和模套固定在振实台上,用一个适当勺子直接从搅拌锅里将胶砂分二层装入试模,装第一层时,每个槽里约放300g胶砂,用大播料器垂直架在模套顶部沿每个模槽来回一次将料层播平,接着振实60次。再装入第二层胶砂,用小播料器播平,再振实60次。移走模套,从振实台上取下试模,用一金属直尺以近似90°的角度架在试模模顶的一端,然后沿试模长度方向以横向锯割动作慢慢向另一端移动,一次将超过试模部分的胶砂刮去,并用同一直尺以近似水平的情况下将试体表面抹平。去掉留在试模四周的胶砂。

(2)在试模上作标记或加字条标明试件编号和试件相对于振实台的位置。

六 试件的养护

(1)脱模前的处理和养护:将作好标记的试模放入雾室或湿气养护箱的水平架子上养护,

湿空气应能与试模各边接触,养护时不应将试模放在其他试模上。一直养护到规定的脱模时间时取出脱模。脱模前,用防水墨汁或颜料笔对试体进行编号和做其他标记。两个龄期以上的试体,在编号时应将同一试模中的三条试体分在两个以上的龄期内。

(2)脱模:脱模应当非常小心,脱模时可用塑料锤或橡皮榔头或专门的脱模器。对于24h龄期的,应在破型试验前20min脱模。对于24h以上龄期的,应在成型后20~24h之间脱模。已确定作为24h龄期试验(或其他不下水直接试验)的已脱模试体,应用湿布覆盖至做试验时为止。

(3)水中养护:将做好标记的试件立即水平或竖直放在20℃±1℃水中养护,水平放置时刮平面应朝上。试件放在不易腐烂的篦子上,并彼此间保持一定间距,以让水与试件的六个面接触。养护期间试件之间间隔或试体上表面的水深不得小于5mm。每个养护池只养护同类型的试件,不允许在养护期间全部换水。除24h龄期或延迟至48h脱模的试体外,任何到龄期的试体应在试验(破型)前15min从水中取出。揩去试体表面沉积物,并用湿布覆盖至做试验为止。

(4)强度试验试体的龄期:试体龄期从水泥加水搅拌开始算起。不同龄期强度试验在附表3所列时间进行。

不同龄期强度试验的时间 附表3

试体龄期	24h	48h	72h	7d	>28d
试验时间	24h±15min	48h±30min	72h±45min	7d±2h	>28d±8h

七 强度检验

(1)抗折强度测定:将试体一个侧面放在试验机支撑圆柱上,试体长轴垂直于支撑圆柱,通过加荷圆柱以50N/s±10N/s的速率均匀地将荷载垂直地加在棱柱体相对侧面上,直至折断,分别记下三个试体的抗折破坏荷载。保持两个半截棱柱体处于潮湿状态直至抗压试验。

①每个试件的抗折强度$f_{ce,m}$按下式计算(精确至0.1MPa)。

$$f_{ce,m} = \frac{3FL}{2b^3}$$

式中:F——折断时施加于棱柱体中部的荷载,N;
  L——支撑圆柱之间的距离,mm,L=100mm;
  b——棱柱体截面正方形的边长,mm,b=40mm。

②以一组三个棱柱体抗折结果的平均值作为试验结果。当三个强度值中有一个超出平均值±10%时,应剔除后再取平均值作为抗折强度的测定值。如有两个试件的测定结果超过平均值的±10%时,应重做试验。试验结果,精确至0.1MPa。

(2)抗压强度测定:抗折强度试验后的断块应立即进行抗压试验,抗压试验须用抗压夹具进行,试验时以试件的侧面为受压面,试件的底面靠紧夹具定位销,并使夹具对准压力机压板中,抗压强度试验在整个加荷过程中以2400N/s±200N/s的速率均匀地加荷直至破坏,分别记下抗压破坏荷载。

①每个试件的抗压强度$f_{ce,c}$按下式计算,精确至0.1MPa。

$$f_{ce,c} = \frac{F}{A}$$

式中：F——试件最大破坏荷载，N；

A——受压部分面积，mm^2，$40mm \times 40mm = 1600mm^2$。

②以一组三个棱柱体上得到的六个抗压强度测定值的算术平均值作为试验结果。如六个测定值中有一个超出六个平均值的 ±10%，应剔除这个结果，以剩下五个的平均值作为结果。如果五个测定值中再有超过它们平均值 ±10% 的，则此组结果作废，应重做。试验结果，精确至 0.1MPa。

八 试验结果评定

《水泥胶砂强度检验方法（ISO 法）》（GB/T 17671—1999）规定抗折强度记录至 0.01MPa，平均值计算精确至 0.1MPa。单块抗压强度结果计算至 0.1MPa，平均值计算精确至 0.1MPa。为使记录精度与平均值计算精度相一致，抗折强度及其平均值的计算精度可取小数点后两位，即 0.01MPa，抗压单块强度结果和平均值可计算到 0.1MPa。报告的时候再修约和标准值精度一样。

九 通用硅酸盐水泥各龄期强度标准

不同品种不同强度等级的通用硅酸盐水泥，其不同各龄期的强度应符合本书表 2-8 的规定。

试验二 混凝土用骨料检测

第1节 混凝土用骨料检测的一般规定

一 混凝土用细骨料检测的一般规定

(一)细骨料取样方法

混凝土用细骨料一般以砂为代表,其检测样品的取样工作应按同一产地、同一规格、同一进厂(场)时间分批验收。

1. 检验批的确定

(1)采用大型工具(如火车、货船、汽车)运输的,以 400m^3 或 600t 为一验收批;不足 400m^3 或 600t 为一验收批。

(2)采用小型工具(如拖拉机)运输的,以 200m^3 或 300t 为一验收批;不足 200m^3 或 300t 为一验收批。

2. 砂的取样方法

(1)在堆料上取样时,取样部位应均匀分布。取样前先将取样部位表层铲除,然后由各部位抽取大致相等的砂 8 份,搅拌均匀后组成各自一组样品。

(2)从皮带运输机上取样时,应用接料器在皮带运输机机尾的出料处定时抽取大致等量的砂 4 份,搅拌均匀后组成各自一组样品。

(3)从火车、汽车、货船上取样时,应从不同部位和深度抽取大致等量的砂 8 份,组成各自一组样品。

3. 试样数量

单项试验的最少取样数量应符合附表4的规定。当做多项试验时,可在确保试样经一项试验后不致影响其他试验结果的前提下,可用同一试样进行多项不同的试验。

砂的单项试验最少取样数量　　　　　　　　　　　　附表4

试 验 项 目	最少取样数量(g)	试 验 项 目	最少取样数量(g)
颗粒级配	4400	硫化物与硫酸盐含量	50
含泥量	4400	氯离子含量	2000
石粉含量	1600	坚固性	每个粒级各需100
泥块含量	20000	人工砂压碎值指标	每个粒级各需1000
云母含量	600	堆积密度与紧密密度	5000
轻物资含量	3200	碱活性	20000
有机物含量	2000	表观密度	2600

4. 试样处理

（1）分料器法：将样品在潮湿状态下拌和均匀，然后通过分料器，取接料斗中的其中一份再次通过分料器。重复上述过程，直至把样品缩分到试验所需量为止。

（2）人工四分法：将所取样品置于平板上，在潮湿状态下将砂样拌和均匀，并堆成厚度约为20mm的圆饼状，然后沿互相垂直的两条直径把圆饼分为大致相等的四份，取其中对角线的两份重新拌匀，再堆成圆饼，重复上述过程，直至把砂样缩分到试验所需数量为止。

（3）堆积密度、紧密密度、含水率检验所用试样可不经缩分，在拌匀后直接进行试验外，其他试验用试样须经处理。

（二）试验环境和试验用筛

1. 试验环境

试验室的温度应保持在15~30℃。

2. 试验用筛

应满足 GB/T 6003.1、GB/T 6003.2 中方孔筛的规定，筛孔大于4.00mm的试验筛采用穿孔板试验筛。

二 混凝土用粗骨料检测的一般规定

（一）粗骨料的取样方法

混凝土用粗骨料一般以碎石、卵石为代表，其检测样品的取样工作应按同一产地、同一规格、同一进厂（场）时间分批验收。

1. 检验批的确定

（1）采用大型工具（如火车、货船、汽车）运输的，以400m^3或600t为一验收批；不足400m^3或600t为一验收批。

（2）采用小型工具（如拖拉机）运输的，以200m^3或300t为一验收批；不足200m^3或300t为一验收批。

2. 石子的取样方法

（1）取样应有代表性。在堆料上取样时，取样部位应均匀分布。取样前先将取样部位表层铲除，然后从不同部位抽取大致相等量的石子16份，组成各自一组样品。

（2）从皮带运输机上取样时，应用接料器在皮带运输机机尾的出料处定时抽取大致等量的石子8份，组成各自一组样品。

（3）从火车、汽车、货船上取样时，从不同部位和深度抽取大致等量的石子16份，组成各自一组样品。

3. 试样数量

单项试验的最少取样数量应符合附表5的规定。做多项试验时，可在确保试样经一项试验后不致影响其他试验结果的前提下，可用同一试样进行多项不同的试验。

石子单项试验最小取样数量(单位:kg)　　　　　　　附表5

试验项目	最大公称粒径(mm)							
	10.0	16.0	20.0	25.0	31.5	40.0	63.0	80.0
颗粒级配	8	15	16	20	25	32	50	64
含泥量	8	8	24	24	40	40	80	80
泥块含量	8	8	24	24	40	40	80	80
针片状颗粒含量	1.2	4	8	12	20	40	—	—
表观密度	8	8	8	8	12	16	24	24
堆积密度与紧密密度	40	40	40	40	80	80	120	120
硫化物与硫酸盐含量	1.0							

4.试样处理

(1)将所取样品置于平板上,在自然状态下拌和均匀,并堆成锥体,然后沿互相垂直的两条直径把锥体分为大致相等的四份,取其中对角线的两份重新拌匀,再堆成锥体。重复上述过程,直至把样品缩分到试验所需量为止。

(2)含水率、堆积密度、紧密密度检验所用试样可不经缩分,在拌匀后直接进行试验。

(二)试验环境和试验用筛

1.试验环境

试验室的温度应保持在15~30℃。

2.试验用筛

应满足GB/T 6003.1、GB/T 6003.2中方孔筛的规定,筛孔大于4.00mm的试验筛采用穿孔板试验筛。

第2节　砂子的颗粒级配试验

一　试验目的

测定砂的颗粒级配,计算细度模数,评定砂的粗细程度。

二　仪器设备

(1)鼓风烘箱:能使温度控制在105℃±5℃。

(2)天平:称量1000g,感量1g。

(3)摇筛机。

(4)方孔筛:孔径为160μm、315μm、630μm、1.25mm、2.50mm、5.00mm、10.0mm的筛各一只,并附有筛底和筛盖。

(5)搪瓷盘、毛刷等。

三　试样制备

按规定方法取样,筛除大于10.0mm的颗粒并计算其筛余百分率,称取过筛后的砂约

1100g分成两份,分别放入烘箱内烘干至恒量,待冷却至室温后备用。

四 试验步骤

(1)称取试样500g,精确至1g。将试样倒入按孔径大小从上到下组合的套筛(附有筛底)中,盖好筛盖。

(2)将套筛置于摇筛机上固紧,摇10min取下套筛,按孔径大小顺序再逐个用手筛,筛至每分钟通过量小于试验总量的0.1%为止。通过的试样并入下一号筛中,并和下一号筛中的试样一起过筛;依次按顺序进行,直至各号筛全部筛完为止。

(3)试样在各号筛上的筛余量不得超过下式计算出的筛余量。否则应将该筛的筛余试样分成两份或数份,再进行筛分,并以其筛余量之和作为该筛的筛余量。

$$m_r = \frac{A \cdot \sqrt{d}}{300}$$

式中:m_r——在一个筛上的筛余量,g;
   A——筛的面积,mm^2;
   d——筛孔边长,mm。

(4)称取各号筛的筛余量,精确至1g。所有各筛的分计筛余量与筛底的剩余量之和与原试样总量相比,相差不得超过1%。

五 结果计算与评定

(1)计算分计筛余百分率:各号筛的筛余量除以试样总量的百分率,计算精确至0.1%。

(2)计算累计筛余百分率:该号筛的分计筛余百分率加上该号筛以上各筛的分计筛余百分率之和,精确至0.1%。

(3)砂的细度模数(M_x)按下式计算,精确至0.01。

$$M_x = \frac{(A_2 + A_3 + A_4 + A_5 + A_6) - 5A_1}{100 - A_1}$$

式中: M_x——细度模数;
A_1、A_2、A_3、A_4、A_5、A_6——5.00mm、2.50mm、1.25mm、630μm、315μm、160μm 筛的累计筛余百分率。

(4)细度模数取两次试验结果的算术平均值作为测定值,精确至0.1;如两次试验的细度模数之差超过0.20时,须重新试验。

第3节 砂子含泥量和泥块含量检测

一 砂的含泥量测定

(一)试验目的

通过试验测定砂中含泥量,评定砂的质量,以配制符合要求的混凝土。

(二)仪器设备

(1)鼓风烘箱:能使温度控制在105℃±5℃。
(2)天平:称量1000g,感量1g。
(3)方孔筛:孔径为80μm、1.25mm的筛各一只。
(4)容器:要求淘洗试样时,保持试样不溅出(深度大于250mm)。
(5)搪瓷盘、毛刷等。

(三)试样制备

按规定取样,并将试样缩分至约1100g,置于烘箱内烘干至恒量,待冷却至室温后,立即称取400g的试样两份备用,称量精确0.1g。

(四)试验步骤

(1)取烘干试样一份放入淘洗容器中,注入清水,使水面高于试样面约150mm,充分搅拌均匀后,浸泡2h,然后用手在水中淘洗试样,使尘屑、淤泥、黏土与砂粒分离,把浑水缓缓倒入1.25mm及80μm的套筛上(1.25mm筛放在80μm筛上面),滤去小于80μm的颗粒。试验前筛子的两面应先用水润湿,在整个过程中应小心防止砂粒流失。
(2)再次加水于容器中,重复上述操作,直至容器内的水目测清澈为止。
(3)用水淋洗剩余在筛上的细粒,并将80μm筛放在水中(使水面略高出筛中砂粒的上表面)来回摇动,以充分洗掉小于80μm的颗粒,然后将两只筛的筛余颗粒和容器中已经洗净的试样一并倒入搪瓷盘,放在烘箱中烘干至恒量,待冷却至室温后称出其质量,精确至0.1g。

(五)结果计算与评定

(1)含泥量按下式计算,精确至0.1%。

$$Q_a = \frac{G_0 - G_1}{G_0} \times 100$$

式中:Q_a——砂中含泥量,%;
G_0——试验前烘干试样的质量,g;
G_1——试验后烘干试样的质量,g。

(2)含泥量取两个试样的试验结果的算术平均值作为测定值。两次结果的差值大于0.5%时,应重新取样进行试验。

二 砂的泥块含量的测定

(一)试验目的

通过试验测定砂中泥块含量,评定砂的质量。以配制符合要求的混凝土。

(二)仪器设备

(1)鼓风烘箱:能使温度控制在105℃±5℃。

(2)天平:称量1000g,感量1g;称量5000g,感量5g。

(3)方孔筛:孔径为630μm、1.25mm的筛各一只。

(4)容器:要求淘洗试样时,保持试样不溅出(深度大于250mm)。

(5)搪瓷盘、毛刷等。

(三)试样制备

按规定取样,并将试样缩分至约5000g,放在烘箱内烘干至恒量,待冷却至室温后,筛除小于1.25mm的颗粒,称取400g的砂样分成大致相等的两份备用。

(四)试验步骤

(1)称取试样200g,精确至0.1g。将试样倒入淘洗容器中,并注入清水,使水面高于试样表面约150mm,充分搅拌均匀后,浸泡24h。然后用手在水中碾碎泥块,再把试样放在630μm筛上,用水淘洗,直至容器内的水目测清澈为止。

(2)将筛中保留下来的试样小心取出,装入搪瓷盘,放在烘箱中烘干至恒量,待冷却至室温后,称出其质量,精确至0.1g。

(五)结果计算与评定

(1)砂中泥块含量按下式计算,精确至0.1%。

$$Q_b = \frac{G_1 - G_2}{G_1} \times 100\%$$

式中:Q_b——砂中泥块含量,%;

G_1——试验前的烘干试样质量,g;

G_2——试验后的烘干试样质量,g。

(2)取两次试验结果的算术平均值作为测定值。

第4节 砂子表观密度、堆积密度与紧密密度测定

一 砂的表观密度

(一)试验目的

通过试验测定砂的表观密度,评定砂的质量,为计算砂的孔隙率和混凝土配合比设计提供依据。

(二)仪器设备

(1)鼓风烘箱:能使温度控制在105℃±5℃。

(2)天平:称量1000g,感量1g。

(3)容量瓶:500mL。

(4)干燥器、搪瓷盘、滴管、毛刷等。

(三)试样备制

按规定取样,并将试样缩分至650g装入搪瓷盘,放在烘箱内烘干至恒量,并在干燥器中冷却至室温后,分为大致相等的两份备用。

(四)试验步骤

(1)称取试样300g,精确至1g。将试样装入盛有半瓶冷开水的容量瓶,用手旋转摇动容量瓶使砂样充分摇动,排除气泡,塞紧瓶盖,静置24h。然后用滴管小心加水至容量瓶500mL刻度处,塞紧瓶盖,擦干瓶外水分,称出其质量,精确至1g。

(2)倒出瓶内水和试样,洗净容量瓶,再向容量瓶内注入水温相差不超过2℃的冷开水至500mL处,塞紧瓶盖,擦干瓶外水分,称出其质量,精确至1g。

(五)结果计算与评定

(1)砂的表观密度按下式计算,精确至$10kg/m^3$。

$$\rho = \left(\frac{G_0}{G_0 + G_2 - G_1} - \alpha_t\right) \cdot \rho_水$$

式中:ρ——砂的表观密度,kg/m^3;
$\rho_水$——水的密度,$1000g/cm^3$;
G_0——试样的烘干质量,g;
G_1——试样、水、容量瓶的总质量,g;
G_2——水、容量瓶的总质量,g;
α_t——水温对砂的表观密度影响的修正系数,见附表6。

不同水温对砂、石的表观密度影响的修正系数　　　　附表6

水温(℃)	15	16	17	18	19	20
α_t	0.002	0.003	0.003	0.004	0.004	0.005
水温(℃)	21	22	23	24	25	
α_t	0.005	0.006	0.006	0.007	0.008	

(2)取两次试验结果的算术平均值作为测定值。如两次试验的结果之差大于$20kg/m^3$,须重新试验。

二 堆积密度与紧密密度

(一)试验目的

通过试验测定砂的堆积密度,计算砂的空隙率,为混凝土配合比设计提供依据。

(二)仪器设备

(1)鼓风烘箱:能使温度控制在105℃±5℃。

(2)天平:称量5kg,感量5g。

(3)容量筒:内径108mm,净高109mm,筒底厚约5mm,壁厚2mm,容积为1L。

(4)方孔筛:孔径为5.00mm的筛一只。

(5)垫棒:直径10mm,长500mm的圆钢。

(6)漏斗、直尺或料勺、搪瓷盘、毛刷等。

(三)试样备制

按规定取样,筛除大于5.00mm的颗粒,经缩分后的砂样不少于3L,装入搪瓷盘,放在烘箱内烘干至恒量,待冷却至室温后,分为大致相等的两份备用。

(四)试验步骤

(1)堆积密度:取试样一份,用料勺或漏斗将试样从容量筒中心上方50mm处徐徐倒入,让试样以自由落体落下,当容量筒上试样呈锥体,且容量筒四周溢满时,即停止加料。然后用直尺沿筒中心线向两边刮平(试验过程中应防止触动容量筒),称出试样和容量筒总质量,精确至1g。倒出试样,称取空容量筒质量。

(2)紧密密度:取试样一份,分两次装入容量筒。装完第一层后,在筒底垫放一根直径为10mm的垫棒,将筒按住,左右交替颠击地面各25次。然后装入第二层,第二层装满后用同样方法颠实(但筒底所垫垫棒的方向与第一层时的方向垂直)后,再加试样直至超过筒口,然后用直尺沿筒中心线向两边刮平,称出试样和容量筒总质量。倒出试样,称取空容量筒质量。

(五)结果计算与评定

(1)堆积密度或紧密密度按下式计算,精确至10kg/m³。

$$\rho_L(\rho_c) = \frac{G_1 - G_2}{V} \times 1000$$

式中:$\rho_L(\rho_c)$——堆积密度或紧密密度,kg/m³;

G_1——试样和容量筒总质量,kg;

G_2——容量筒质量,kg;

V——容量筒的容积,L。

(2)堆积密度与紧密密度取两次试验结果的算术平均值。

第5节 砂的含水率试验

试验目的

通过试验测定砂的含水率,供调整混凝土的施工配合比用。

仪器设备

(1)鼓风烘箱:能使温度控制在105℃±5℃。

(2)天平:称量1000g,感量1g。
(3)容器:如搪瓷盘等。

三 试验步骤

(1)由密封的样品中称取500g的试样两份。
(2)将试样分别倒入已知质量的容器中称重,记录每盘试样与容器的总质量。放在烘箱中烘干至恒量,待冷却至室温后,再称出试样与容器的总质量。

四 结果计算与评定

(1)砂的含水率按下式计算,精确至0.1%。

$$w_s = \frac{G_2 - G_3}{G_3 - G_1} \times 100\%$$

式中:w_s——砂的含水率,%;
　　　G_1——容器质量,g;
　　　G_2——烘干前的试样与容器的总质量,g;
　　　G_3——烘干后的试样与容器的总质量,g。
(2)以两次试验结果的算术平均值作为测定值。

第6节　石子的颗粒级配试验

一 试验目的

通过测定石子的颗粒级配,作为混凝土配合比设计时合理选择和使用粗骨料的依据。

二 仪器设备

(1)试验筛:孔径为2.50mm、5.0mm、10.0mm、16.0mm、20.0mm、25.0mm、31.5mm、40.0mm、50.0mm、63.0mm、80.0mm、100.0mm的方孔筛各一只,并附有筛底和盖(筛框内径为300mm)。
(2)台秤:称量20kg,感量20g。
(3)鼓风烘箱:能使温度控制在105℃±5℃。
(4)浅盘、毛刷等。

三 试样备制

按规定取样,并将试样缩分至略大于附表7规定的数量,烘干或风干后用。

颗粒级配试验所需试样的最少数量　　　　　　　　　　　　　　附表7

粒径(mm)	10.0	16.0	20.0	25.0	31.5	40.0	63.0	80.0
试样最少质量(kg)	2.0	3.2	4.0	5.0	6.3	80.	12.6	16.0

四 试验步骤

(1)称取按附表7中规定数量的试样一份。

(2)将试样按筛孔大小顺序过筛,当每只筛上的筛余层厚度大于试样的最大粒径值时,应将该筛上的筛余试样分成两份,再次进行筛分。筛至每分钟通过量不超过试样总量的0.1%时为止(注:当筛余试样粒径大于20.0mm时,筛分时允许用手拨动试样颗粒,使其能通过筛孔)。通过的颗粒并入下一号筛中,并和下一号筛中的试样一起过筛。

(3)称出各号筛的筛余量。如每号筛的筛余量与筛底的筛余量之和同原试样之差超过1%时,须重新试验。

五 结果计算与评定

(1)计算各筛的分计筛余百分率:各号筛的筛余量除以试样总质量的百分率,精确至0.1%。

(2)计算各筛的累计筛余百分率:该号筛的筛余百分率加上该号筛以上各分计筛余百分率之总和,精确至0.1%。

(3)根据各号筛的累计筛余百分率,评定该试样的颗粒级配。

第7节　石子含泥量和泥块含量检测

一 石子的含泥量试验

(一)试验目的

通过试验测定石子中含泥量,评定石子的质量,以配制符合要求的混凝土。

(二)仪器设备

(1)鼓风烘箱:能使温度控制在105℃±5℃。

(2)秤:称量20kg,感量20g。

(3)方孔筛:孔径为80μm、1.25mm的筛各一只。

(4)容器:容积约10L的瓷盘或金属盒。

(5)搪瓷盘等。

(三)试样制备

按规定取样,并将试样缩分至附表8规定的数量(注意防止细粉丢失)。放在烘箱中烘干至恒量,待冷却至室温后,分成大致相等的两份备用。

含泥量试验所需试样最少质量　　　　附表8

最大公称粒径(mm)	10.0	16.0	20.0	25.0	31.5	40.0	63.0	80.0
试样最少质量(kg)	2.0	2.0	6.0	6.0	10.0	10.0	20.0	20.0

(四)试验步骤

(1)称取按附表 8 中规定质量的试样一份。将试样放入容器中摊平,并注入饮用水,使水面高于石子表面约 150mm,充分拌匀后浸泡 2h。用手在水中淘洗试样,使尘屑、淤泥、黏土与石子颗粒分离,并使之溶解于水。把浑水缓缓倒入 1.25mm 及 80μm 的套筛上(1.25mm 筛放在 80μm 筛上面),滤去小于 80μm 的颗粒。试验前筛子的两面应先用水润湿,在整个过程中应小心防止大于 80μm 的颗粒流失。

(2)再次加水于容器中,重复上述操作,直至洗出的水清澈为止。

(3)用水冲洗剩余在筛上的细粒,并将 80μm 筛放在水中(使水面略高出筛内颗粒)来回摇动,以充分洗掉小于 80μm 的颗粒,然后将两只筛上的筛余颗粒和容器中已经洗净的试样一并倒入搪瓷盘中,放在烘箱中烘干至恒量,待冷却至室温后,称出其质量,精确至 1g。

(五)结果计算与评定

(1)含泥量按下式计算,精确至 0.1%。

$$Q_a = \frac{G_1 - G_2}{G_1} \times 100\%$$

式中:Q_a——石子的含泥量,%;
  G_1——试验前烘干试样的质量,g;
  G_2——试验后烘干试样的质量,g。

(2)含泥量取两次的试验结果的算术平均值作为测定值。两次结果之差大于 0.2% 时,应重新取样进行试验。

二 泥块含量的测定

(一)试验目的

通过试验测定石子中泥块含量,评定石子的质量。

(二)仪器设备

(1)鼓风烘箱:能使温度控制在 105℃±5℃。
(2)秤:称量 20kg,感量 20g。
(3)方孔筛:孔径为 2.50mm、5.00mm 的筛各一只。
(4)水筒及搪瓷盘。

(三)试样制备

按规定取样,并将试样缩分至略大于附表 8 中规定的数量(缩分时应防止所含黏土块被压碎)后,置于烘箱内烘干至恒量,待冷却至室温后,分成大致相等的两份备用。

(四)试验步骤

(1)筛除小于 5.00mm 的颗粒,称取质量。

(2)将试样中容器中摊平,加入饮用水使水面高出试样表面,24h 后把水放出,用手碾压泥块,然后把试样放在直径为 2.50mm 筛上摇动淘洗,直至洗出的水清澈为止。

(3)将筛中保留下来的试样小心地从筛中取出,装入搪瓷盘后,放在烘箱中烘干至恒重,待冷却至室温后,称出其质量,精确至 1g。

(五)结果计算与评定

(1)石子中泥块含量按下式计算,精确至 0.1%。

$$Q_b = \frac{G_1 - G_2}{G_1} \times 100\%$$

式中:Q_b——泥块含量,%;

G_1——5.00mm 筛筛余试样的质量,g;

G_2——试验后烘干试样的质量,g。

(2)取两次试验结果的算术平均值作为测定值,精确至 0.1%。

第8节 石子表观密度、堆积密度与紧密密度测定

一 石子表观密度试验(标准法)

(一)试验目的

通过石子的表观密度,作为评定石子质量和计算试样孔隙率及混凝土配合比设计的依据。

(二)仪器设备

(1)鼓风烘箱:能使温度控制在 105℃±5℃。

(2)液体天平:称量 5kg,感量 5g。

(3)方孔筛:孔径为 5.00mm 的筛一只。

(4)吊篮:直径和高度均为 150mm,由孔径为 1~2mm 的筛网或钻有 2~3mm 孔洞的耐锈蚀金属板制成。

(5)盛水容器:有溢水孔。

(6)温度计:0~100℃。

(7)搪瓷盘、毛巾等。

(三)试样备制

按规定取样,风干后再将试样筛除 5.00mm 以下的颗粒,并缩分至略大于附表9所规定的质量,刷洗干净后分成两份备用。

石子表观密度试验所需试样最少质量 附表9

最大公称粒径(mm)	10.0	16.0	20.0	25.0	31.5	40.0	63.0	80.0
试样最少质量(kg)	2.0	2.0	2.0	2.0	3.0	4.0	6.0	6.0

(四)试验步骤

(1)取试样一份装入吊篮,并浸入盛水的容器中,水面至少高出试样50mm,浸水24h后,移放到称量用的盛水容器中,并用上下升降吊篮的方法排出气泡(试样不得露出水面),吊篮每升降一次约为1s,升降高度为30~50mm。

(2)测定水温(此时吊篮应全浸在水中),用天平称取吊篮及试样在水中的质量,称量时盛水容器中水面的高度由容器的溢流孔控制。

(3)提起吊篮,将试样倒入浅盘,放在烘箱中烘干至恒量,取出放在带盖的容器中冷却至室温后,称出其质量。

(4)称取吊篮在同样温度的水中的质量,称量时盛水容器的水面高度仍由溢流口控制。

注:试验的各项称量可以在15~25℃的温度范围内进行,但从试样加水静置的最后2h起直至试验结束,其温度相差不应超过2℃。

(五)结果计算与评定

(1)石子的表观密度按下式计算,精确至10kg/m³。

$$\rho_0 = \left(\frac{G_0}{G_0 + G_2 - G_1} - \alpha_t \right) \cdot \rho_水$$

式中:ρ_0——表观密度,kg/m³;

$\rho_水$——水的密度,1000kg/m³;

G_0——烘干后试样的质量,g;

G_1——吊篮及试样在水中的质量,g;

G_2——吊篮在水中的质量,g。

α_t——水温对表观密度影响的修正系数,见表6。

(2)取两次试验结果的算术平均值作为测定值。如两次试验的结果之差大于20kg/m³,须重新试验。对颗粒材质不均匀的石子试样,如两次试验结果之差超过20kg/m³时,可取四次测定结果的算术平均值作为测定值。

二 石子堆积密度与紧密密度

(一)试验目的

通过试验测定石子的堆积密度和紧密密度,作为计算空隙率及混凝土配合比设计的依据。

(二)仪器设备

(1)秤:称量100kg,感量100g。

(2)容量筒:按石子最大粒径不同依附表10选用。

(3)垫棒：直径25mm，长600mm的圆钢。
(4)平头铁锹。

容量筒的规格要求 附表10

最大粒径(mm)	容量筒容积(L)	容量筒规格		壁厚(mm)
		内径(mm)	净高(mm)	
10.0，16.0，20.0，25.0	10	208	294	2
31.5，40.0	20	294	294	3
63.0，80.0	30	360	294	4

（三）试样备制

按规定取样，烘干或风干后，拌匀后分成大致相等的两份备用。

（四）试验步骤

(1)堆积密度：取试样一份。置于平整干净的铁板上，用平头铁锹铲起试样，使试样自由落入容量筒内。此时，从铁锹的齐口至容量筒上口的距离应保持为50mm左右。装满容量筒除去筒口表面以上的颗粒，并以合适的颗粒填入凹陷处，使凹凸部分体积大致相等。称出试样和容量筒总质量。

(2)紧密密度：取试样一份。分三层装入容量筒。装完一层后，在筒底垫放一根垫棒，将筒按住，左右交替颠击地面各25次，然后装第二层。第二层装满后，用同样的方法颠实（但筒底垫放的圆钢方向与上一次垂直），然后再装第三层，如法颠实。当三层试样装填完毕，再加试样直至超出筒口，然后用钢筋沿筒口边缘滚转，刮去高出的试样，并用合适的颗粒填平凹陷处，使凹凸部分体积大致相等。称出试样和容量筒总质量。

（五）结果计算与评定

(1)堆积密度或紧密密度按下式计算，精确至10kg/m³。

$$\rho_L(\rho_c) = \frac{G_1 - G_2}{V} \times 1000$$

式中：$\rho_L(\rho_c)$——堆积密度或紧密密度，kg/m³；

G_1——试样和容量筒总质量，kg；

G_2——容量筒总质量，kg；

V——容量筒的容积，L。

(2)堆积密度与紧密密度取两次试验结果的算术平均值。

第9节 石子的含水率试验

一、试验目的

通过试验测定石子的含水率，计算混凝土的施工配合比，以确保混凝土配合比的准确。

二 仪器设备

(1)鼓风烘箱:能使温度控制在 105℃ ±5℃。
(2)秤:称量 20kg,感量 20g。
(3)容器:如浅盘。
(4)小铲、毛巾、刷子等。

三 试验步骤

(1)按规定取样,并将试样分成两份备用。
(2)将试样置于干净的容器中,称取试样和容器的总质量 m_1,并在烘箱中烘干至恒量。
(3)取出试样,冷却后称取试样和容器的总质量 m_2,并称取容器的质量 m_3。

四 结果计算与评定

(1)碎石或卵石的含水率按下式计算,精确至 0.1%。

$$w_g = \frac{G_1 - G_2}{G_2 - G_3} \times 100\%$$

式中:w_g——含水率,%。
  G_1——烘干前的试样与容器总质量,g;
  G_2——烘干后的试样与容器总质量,g;
  G_3——容器的质量,g。

(2)以两次试验结果的算术平均值作为测定值。

第 10 节　石子的压碎指标试验

一 试验目的

通过测定石子的压碎指标值,评定石子的质量。

二 仪器设备

(1)压力试验机:荷载 300kN。
(2)压碎值测定仪:见附图 12。
(3)秤:称量 5kg,感量 5g。
(4)方孔筛:孔径为 10.0mm、20.0mm 筛各一只。
(5)垫棒:直径 10mm,长 500mm 圆钢。

三 试样备制

(1)标准试样一律采用公称粒级为 10.0~20.0mm 的颗粒,并在风干状态下进行试验。
(2)对多种岩石组成的卵石,当其公称粒径大于 20.0mm 颗粒的岩石矿物成分与 10.0~

20.0mm 粒级有显著差异时,应将大于 20.0mm 的颗粒经人工破碎后,筛取 10.0～20.0mm 标准粒级另外进行压碎值指标试验。

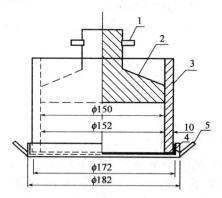

附图 12　压碎值测定仪(尺寸单位:mm)
1-把手;2-加压头;3-圆模;4-底盘;5-手把

(3)将缩分后的样品先筛除试样中公称粒径 10.0mm 以下及 20.0mm 以上的颗粒,再用针状和片状规准仪剔除针状和片状颗粒,然后称取每份 3kg 的试样 3 份备用。

四　试验步骤

(1)置圆筒于底盘上,取试样一份,分两层装入圆筒内。每装完一层试样后,在底盘下垫放一根圆钢,将筒按住左右交替颠击地面各 25 次。第二层颠实后,试样表面距盘底的高度应控制在 100mm 左右。

(2)平整筒内试样表面,把加压头装好,放到试验机上在 160～300s 内均匀地加荷到 200kN,并稳荷 5s,然后卸荷。取出测定筒。倒出试样并称其质量 G_1,用公称直径为 2.50mm 的方孔筛筛除被压碎的颗粒,并称取筛余量 G_2。

五　结果计算与评定

(1)压碎指标值按下式计算,精确至 0.1%。

$$Q_e = \frac{G_1 - G_2}{G_1} \times 100\%$$

式中:Q_e——压碎指标值,%;
　　G_1——试样的质量,g;
　　G_2——试样压碎后的筛余量,g。

(2)取三次测定的算术平均值作为测定值。

第 11 节　石子的针片状颗粒含量试验

一　试验目的

通过测定石子的针片状颗粒含量,评定石子的质量。

仪器设备

（1）针状规准仪，见附图13。
（2）片状规准仪，见附图14。

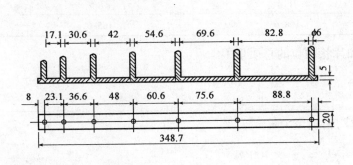

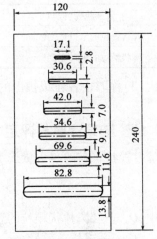

附图13　针状规准仪（尺寸单位：mm）

附图14　片状规准仪（3mm钢板做基板）（尺寸单位：mm）

（3）方孔筛：孔径为5.00mm、10.0mm、20.0mm、25.0mm、31.5mm、40.0mm、63.0mm和80.0mm的筛各一个，根据需要选用。
（4）天平和秤：天平的称量2kg，感量2g；秤的称量20kg，感量20g。
（5）卡尺。

试样制备

将试样在室内风干至表面干燥，并缩分至附表11规定的数量，称量G_1，然后筛分成附表12所规定的粒级备用。

针、片状颗粒的总含量试验所需试样最少质量　　　　附表11

最大粒径（mm）	≥40.0	31.5	25.0	20.0	16.0	10.0
试样最少质量（kg）	10	5	3	2	1	0.3

针、片状颗粒的总含量试验的粒级划分及其相应的规准仪孔宽或间距（单位：mm）　附表12

公 称 粒 级	5.00~10.0	10.0~16.0	16.0~20.0	20.0~25.0	25.0~31.5	31.5~40.0
片状规准仪上相对应的孔宽（mm）	2.8	5.1	7.0	9.1	11.6	13.8
针状规准仪上相对应的间距（mm）	17.1	30.6	42.0	54.6	69.6	82.8

四 试验步骤

（1）按附表12中规定的粒级用规准仪逐粒对试样进行鉴定，凡颗粒长度大于针状规准仪上相对应的间距者,为针状颗粒;厚度小于片状规准仪上相应孔宽的,为片状颗粒。

(2)公称粒径大于40.0mm的可由卡尺检验针片状颗粒,卡尺卡口的设定宽度应符合附表13的规定。

公称粒径大于40mm用卡尺卡口的设定宽度　　　　附表13

公称粒级(mm)	40.0~63.0	63.0~80.0
片状颗粒的卡口宽度(mm)	18.1	27.6
针状颗粒的卡口宽度(mm)	108.6	165.6

(3)称取由各粒级挑出的针状和片状颗粒的总质量 G_2。

五 结果计算与评定

针片状颗粒的总含量按下式计算,精确至1%。

$$Q_c = \frac{G_2}{G_1} \times 100\%$$

式中:Q_c——针、片状颗粒的总含量,%;

G_1——试样总质量,g;

G_2——试样中所含针片状颗粒的总质量,g。

试验三　普通混凝土性能检测

第1节　普通混凝土试验的基本规定

一、混凝土拌和物取样方法

(1) 同一组混凝土拌和物的取样应从同一盘混凝土或同一车的混凝土中取出。取样量应多于试验所需的1.5倍,且宜不小于20L。

(2) 混凝土拌和物的取样应具代表性,宜采用多次采样的方法。一般在同一盘混凝土或同一车混凝土中的约1/4处、1/2处、3/4处之间分别取样,从第一次取样到最后一次取样不宜超过15min,然后人工搅拌均匀。

(3) 从取样完毕到开始做各项性能试验不宜超过5min。

(4) 用以检验现浇混凝土工程或预制构件质量的试件分组及取样原则应按《混凝土结构工程施工质量验收规范》(GB 50204—2002)以及其他有关规定执行。具体要求如下:

① 每拌制100盘且不超过100m^3的同配合比的混凝土取样不得少于一次。

② 每工作班拌制的同一配合比的混凝土不足100盘时,取样不得少于一次。

③ 当一次连续浇筑超过1000m^3时,同一配合比的混凝土每200m^3取样不得少于一次。

④ 每一楼层、同一配合比的混凝土取样不得少于一次。

⑤ 每次取样应至少留置一组标准养护试件,同条件养护试件的留置组数应根据实际需要确定。

试样制备及养护

1. 一般规定

(1) 在试验室制备混凝土拌和物时,拌和用的原材料应符合有关技术要求。并提前24h搬进试验室,使材料的温度与试验室的温度相同。试验室的温度应保持在20℃±5℃。

(2) 试验室拌和混凝土时,材料用量应以质量计。称量精度:骨料为±1%;水、水泥、掺合料、外加剂均为±0.5%。施工(生产)单位拌制的混凝土,其材料用量也应以质量计,各组成材料计算结果的偏差:水泥、水和外加剂均为±2%,骨料为±3%。

(3) 拌制混凝土所用的各种用具(如搅拌机、拌和钢板和铁铲、抹刀等),应预先用水湿润,使用完毕后必须清洗干净,上面不得有混凝土残渣。

2. 仪器设备

(1) 搅拌机:容量50～100L,转速为18～22r/min。

(2) 称量设备:磅秤,称量50～100kg,感量50g;天平:称量5kg,感量1g。

(3) 拌和钢板或盘:(1.5×2)m,厚5mm左右。

(4) 量筒:200mL、1000mL各一只。

(5) 其他:拌和铲、抹刀、抹布、盛器等。

3. 拌和方法

(1) 人工拌和法

①按所定的配合比将各种材料称好备用。

②用湿布将拌和钢板、铁铲润湿，将砂倒在拌和钢板上，然后加入水泥，用铁铲自拌和钢板一端翻拌至另一端，然后再翻拌回来，如此重复直至颜色均匀，再加入石子翻拌至混合为止，然后堆成锥形。将中间扒成凹坑，倒入已量好的拌和用水（外加剂应先溶于水），小心拌和，至少翻拌6次，每翻拌一次，用铲将全部拌和物铲切一次。拌和从加水完毕时算起，应在10min内完成。

(2) 机械拌和法

①按所定的配合比将各种材料称好备用。

②预拌一次，即用按配合比的水泥、砂和水组成的砂浆和少量石子，在搅拌机内涮膛，然后倒出多余的砂浆，其目的是使水泥砂浆先黏附在搅拌机的筒壁，以免正式拌和时影响混凝土配合比。

③将石子、水泥、砂、水（外加剂应先溶于水）依次加入搅拌机内，开动搅拌机，拌和2~3min。

④将拌和物从搅拌机中卸出，倒在拌和钢板上，再经人工拌和2~3次，使之均匀。

4. 试件制作

所有试件应在取样后立即制作，试件的成型方法应根据混凝土的稠度而定。当坍落度不大于70mm的混凝土，宜用振动台振实；当坍落度大于70mm的宜用捣棒人工捣实。

(1) 采用振动台成型时，应将混凝土拌和物一次装入试模，装料时应用抹刀沿试模内壁略加插捣并使混凝土拌和物高出试模上口。振动时应防止试模在振动台上自由跳动，振动应持续到混凝土表面出浆为止，刮除多余的混凝土，并用抹刀抹平。

(2) 采用人工插捣成型时，混凝土拌和物分两层装入试模，每层的装料厚度大致相等。插捣应按螺旋方向从边缘向中心均匀进行，插捣底层时，捣棒应达到试模底面，插捣上层时，捣棒应穿入下层深度为20~30mm，插捣时捣棒应保持垂直，不得倾斜。同时，还应用抹刀沿试模内壁插入数次。每层的插捣次数应根据试件的截面而定，一般每100cm² 截面积不应少于12次。插捣完后，刮除多余混凝土，并用抹刀抹平。

5. 试件养护

试件成型后应覆盖表面，以防止水分蒸发，并在20℃±5℃的条件下静置1~2d，然后编号拆模。拆模后应立即放入温度为20℃±2℃，湿度在95%以上的标准养护室进行养护，在标准养护室内试件应放在支架上，彼此间隔为10~20mm，试件表面应保持潮湿，并避免被水直接冲淋，当无标准养护室时，混凝土试件可在温度为20℃±2℃的不流动的$Ca(OH)_2$饱和溶液中养护。直至试验龄期28d。但也可按工程需要养护到所需的龄期。

第2节　普通混凝土拌和物的稠度检测

  一、试验目的

通过稠度试验，测定出流动性指标，并判断保水性和黏聚性是否满足要求。

二、仪器设备

1. 坍落度法

(1)坍落度筒:用 2mm±3mm 厚的薄钢板制成。底部内径 200mm±2mm,顶部内径 100mm±2mm,高度 300mm±2mm 的截圆锥形金属筒,内壁必须光滑(附图15)。

(2)捣棒:端部应磨圆,直径 16mm,长度 650mm 的钢棒(附图15)。

(3)筛:40mm 方孔筛。

(4)钢直尺、小铲、漏斗、抹刀等。

2. 维勃稠度法

(1)维勃稠度仪:振幅频率为 50Hz±3Hz,装有空容器时台面的振幅为 0.5mm±0.1mm(附图16);

(2)秒表;

(3)其他与坍落度法相同。

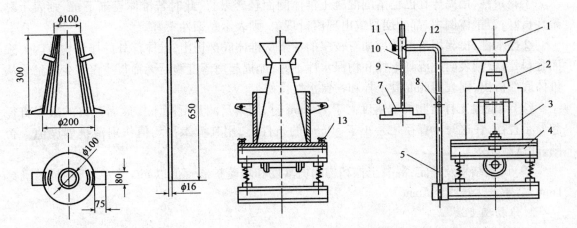

附图15 坍落度筒及捣棒(尺寸单位:mm)

附图16 维勃稠度仪

1-喂料斗;2-坍落度筒;3-容器;4-振动台;5-支柱;6-透明圆盘;7-荷重块;8-定位螺丝;9-测杆;10-套管;11-测杆螺丝;12-旋转架;13-固定螺丝

三、试验方法

(1)坍落度法:适用于集料最大粒径不大于 40mm、坍落度不小于 10mm 的混凝土。

(2)维勃稠度法:适用于集料最大粒径不大于 40mm,维勃稠度在 5~30s 之间的混凝土。

四、试验步骤

1. 坍落度法

(1)用湿布湿润坍落度筒及其他用具(应无明水),并把坍落度筒放在钢板上,然后用脚踩紧二边脚踏板,使坍落度筒在装料时保持固定的位置。

(2)把按要求取得的混凝土试样用小铲分三层均匀地装入筒内,每层体积大致相等。

使捣实后每层高度为筒高的1/3左右。每装一层用捣棒沿螺旋方向由外向中心均匀插捣25次。插捣筒边混凝土时,捣棒可以稍稍倾斜。插捣底层时,捣棒应贯穿整个深度,插捣第二层和第三层时,捣棒应插透本层至下一层的表面。顶层装填应灌至高出筒口,插捣过程中,如混凝土沉落到低于筒口,则应随时添加,顶层插捣完后,刮去多余的混凝土,并用抹刀抹平。

(3)清除筒边底板上的混凝土后,垂直平稳地提起坍落度筒,应在5~10s内完成,从开始装料到提起坍落度筒的整个过程应不间断地进行,并应在150s内完成。

(4)提起坍落度筒后,将筒放在混凝土试体一旁,用钢直尺测量筒高与坍落后混凝土试体最高点之间的高度差,即为该混凝土拌和物的坍落度值。精确至1mm。

(5)坍落度筒提离后,如混凝土发生崩坍或一边剪坏现象,则应重新取样另行测定。第二次试验仍出现上述现象,则表示该混凝土的和易性不好,应记录备查。

(6)整个坍落度试验应连续进行,并在2~3min内完成任务。

(7)在测定坍落度的同时,可目测评定混凝土拌和物的黏聚性和保水性。

①黏聚性:用捣棒在已坍落的混凝土锥体侧面轻轻敲打,此时若锥体逐渐下沉,则表示黏聚性良好;若锥体倒坍、部分崩裂或出现离析现象,则表示黏聚性不好。

②保水性:提起坍落度筒后如有较多的稀浆从锥体底部析出,锥体部分的拌和物也因失浆而骨料外露,则表明此混凝土拌和物保水性不好;如提起坍落度筒后无稀浆或仅有少量稀浆从锥体底部析出,则表明此混凝土拌和物保水性良好。

(8)当混凝土拌合物的坍落度大于220mm时,用钢尺测量混凝土扩展后最终的最大直径和最小直径,在这两个直径之差小于50mm的条件下,用其算术平均值作坍落扩展度值。否则,此试验无效。

(9)试验结果及评定:混凝土拌和物的坍落度和坍落扩展度值以mm为单位,测量精确至1mm,结果表达修约至5mm。

2.维勃稠度法

(1)将维勃稠度仪放置在坚实水平的地面上,用湿布将容器、坍落度筒、喂料斗内壁及其他用具润湿。

(2)将喂料斗提到坍落度筒上方扣紧,校正容器位置,使其中心与喂料中心重合,然后拧紧固定螺丝。

(3)把混凝土拌和物用小铲分三层经喂料斗均匀地装入筒内,装料及插捣的方法同坍落度法中的规定。

(4)把喂料斗转离坍落度筒,垂直地提起坍落度筒,此时应注意不使混凝土试体产生横向的扭动。

(5)把透明圆盘转到混凝土圆台体顶面,放松测杆螺丝降下圆盘,使其轻轻接触到混凝土顶面。

(6)拧紧定位螺丝,并检查测杆螺丝是否已经完全放松。

(7)在开动振动台的同时用秒表计时,当振动到透明圆盘的底面被水泥浆布满时停止计时,并关闭振动台。

(8)由秒表读出的时间(s),即为该混凝土拌和物的维勃稠度值。

第3节 混凝土拌和物表观密度试验

一、试验目的

通过试验测定混凝土拌和物捣实后的单位体积质量,为试验室混凝土配合比设计提供依据。

二、仪器设备

(1)容量筒:金属制成的圆筒,两旁装有提手。对骨料最大粒径不大于40mm的拌和物采用容积为5L的容量筒,其内径与筒高均为186mm±2mm,筒壁厚为3mm;骨料最大粒径大于40mm时,容量筒的内径与筒高均应大于骨料最大粒径的4倍。容量筒上缘及内壁应光滑平整,顶面与底面应平行并与圆柱体的轴垂直。

(2)振动台:频率为50Hz±3Hz,空载振幅为0.5mm±0.1mm。

(3)台秤:称量50kg,感量50g。

(4)捣棒:端部应磨圆,直径16mm,长度650mm的钢棒。

三、试验步骤

(1)用湿布擦净容量筒内外,称出容量筒质量,精确至50g。

(2)混凝土的装料及捣实方法应根据拌和物的稠度而定。当坍落度大于70mm的混凝土时,用捣棒捣实为宜。采用捣棒捣实时,应根据容量筒的大小决定分层与插捣次数:用5L容量筒时,分两层装入,每层插捣25次;用大于5L的容量筒时,每层混凝土的高度不应大于100mm,每层插捣次数应按每10000mm² 截面不小于12次计算。每层插捣应由外向中心均匀插捣,插捣底层时,捣棒应贯穿整个深度,插捣第二层时,捣棒应插透本层至下一层的表面;每一层捣完后用橡皮锤轻轻沿容器外壁敲打5~10次,进行振实,直到拌和物表面插捣孔消失并不见大气泡为止。

当坍落度不大于70mm的混凝土时,用振动台振实为宜。一次将拌和物灌到高出容量筒口,装料时可用捣棒稍加插捣,振动过程中如混凝土低于筒口,则应随时添加混凝土,振动直至表面出浆为止。

(3)用刮刀刮平筒口,表面若有凹陷应填平。将容量筒外壁擦净,称出试样和容量筒总质量,精确至50g。

四、结果计算与评定

混凝土拌和物的表观密度按下式计算,精确至10kg/m³。

$$\rho_h = \frac{m_2 - m_1}{V}$$

式中:ρ_h——表观密度,kg/m³;

m_1——容量筒的质量,kg;

m_2——容量筒与试样总质量,kg;

V——容量筒的体积,L。

试验结果的计算精确至 $10kg/m^3$。

第4节 普通混凝土立方体抗压强度试验

一、试验目的

通过试验测定混凝土立方体抗压强度,确定、校核混凝土配合比,确定混凝土强度等级,并作为评定混凝土质量的主要依据。

二、仪器设备

(1)压力试验机:其测量精度为 ±1%,试验时据试件最大荷载选择压力机量程。使试件破坏时的荷载位于全量程的 20%~80% 范围内。

(2)试模:由铸铁和钢制成,应具有足够的刚度并便于拆装。试模尺寸应根据集料最大粒径按附表 14 确定。

不同骨料最大粒径选用的试件尺寸、插捣次数及强度换算系数　　　　附表 14

试件尺寸(mm)	粗骨料最大粒径(mm)	每层插捣次数	抗压强度换算系数
100×100×100	31.5	12	0.95
150×150×150	40	25	1.0
200×200×200	63	50	1.05

(3)捣实设备:

①振动台:频率 50Hz±3Hz,空载时振幅约为 0.5mm。

②捣棒:直径 16mm,长度 650mm,一端为弹头形。

(4)养护室:标准养护室温度应为 20℃±2℃,相对湿度在 95% 以上。在没有标准养护室时,试件可在 20℃±2℃ 的静水中养护,但应在报告中注明。

(5)其他:搅拌机、抹刀、抹布等。

三、试件制备

(1)混凝土立方体抗压强度测定,以三个试件为一组。每组试件所用的拌和物的取样或拌制应按规定的方法进行。

(2)制作试件前检查试模,拧紧螺栓并清刷干净,在其内壁涂上一薄层脱模剂或矿物油。

(3)对于坍落度小于 70mm 的混凝土拌和物,将其一次装入试模并高出试模表面,将试件移至振动台上,开动振动台振至混凝土拌和物表面出现水泥浆为止,记录振动时间。振动时应防止试模在振动台上跳动。刮去多余的混凝土,用抹刀抹平。

对于坍落度大于 70mm 的混凝土拌和物,分两层装入试模,每层装料厚度大致相等,用捣棒按螺旋方向从边缘向中心均匀插捣,每层插捣次数详见表 14。一般每 $100cm^2$ 面积应不少于 12 次。用抹刀沿试模内壁插入数次,最后刮去多余的混凝土并抹平。

四 试件养护

(1)试件成型后,在混凝土初凝前1~2h需将表面抹平。用湿布或塑料布覆盖,以防止水分蒸发,并在20℃±5℃的条件下静置1~2d,然后编号拆模。

(2)拆模后应立即放入温度为20℃±2℃,湿度在95%以上的标准养护室进行养护,在标准养护室内试件应放在支架上,彼此间10~20mm,试件表面应保持潮湿,并避免被水直接冲淋。

(3)当无标准养护室时,混凝土试件可在温度为20℃±2℃的不流动的$Ca(OH)_2$饱和溶液中养护。直至试验龄期28d。

五 试验步骤

(1)试件从养护室取出后应尽快试验,以免试件内部温度和湿度发生变化。

(2)试验前应将试件表面与上下承压板面擦净。测量其尺寸,精确至1mm,并计算出试件的受压面积。

(3)将试件安放在试验机的下承压板正中间,试件的承压面与成型面垂直。开动试验机,当上压板与试件接近时,调整球座,使其接触均匀。

(4)加荷时应连续而均匀,加荷速度为:

当混凝土强度等级<C30时,加荷速度取0.3~0.5MPa/s;

当混凝土强度等级≥C30且小于C60时,加荷速度取0.5~0.8MPa/s;

当混凝土强度等级≥C60时,加荷速度取0.8~1.0MPa/s。

(5)当试件接近破坏而开始急剧变形时,应停止调整试验机油门,直至破坏,记录破坏荷载。

六 结果计算与评定

(1)混凝土立方体抗压强度按下式计算,精确至0.1MPa。

$$f_{cu} = \frac{P}{A}$$

式中:P——试件破坏荷载,N;

A——试件受压面积,mm^2。

(2)试验结果评定:

①以三个试件测值的算术平均值作为该组试件的强度值。

②三个测值中最大值和最小值中若有一个与中间值的差值超过中间值的15%时,则把最大值及最小值一并舍去,取中间值作为该组试件的抗压强度值。

③若有两个测值与中间值的差均超过中间值的15%,则该组试件的试验结果无效。

(3)若混凝土强度等级小于C60时,边长为150mm的立方体试件是标准试件;其他尺寸的试件测定结果均应换算成边长为150mm的立方体试件的标准抗压强度。换算时应分别乘以附表14中所规定的换算系数。

试验四　建筑砂浆性能检测

第1节　建筑砂浆检测的一般规定

取样方法

（1）建筑砂浆试验用料应从同一盘砂浆或同一车的砂浆中取出。取样量不应少于试验所需量的4倍。

（2）当施工过程中进行砂浆试验时，砂浆取样方法应按相应的施工验收规范执行，并宜在现场搅拌点或预拌砂浆卸料点的至少3个不同部位及时取样。对于现场取得的试样，试验前应人工搅拌均匀。

（3）从取样完毕到开始进行各项性能试验，不宜超过15min。

试样制备

（1）在试验室拌制砂浆时，试验用材料应提前24h运入室内。拌和时，室温应保持在20℃±5℃。当需要模拟施工条件所用的砂浆时，所用原材料的温度应与施工现场保持一致。

（2）试验用原材料应与现场材料一致，砂应通过4.75mm筛。

（3）在试验室拌制砂浆时，材料用量应以质量计。水泥、外加剂、掺合料等的称量精度为±0.5%，细骨料的称量精度为±1%。

（4）在试验室搅拌砂浆时应采用机械搅拌，搅拌机应符合标准规定，搅拌的用量宜为搅拌机容量的30%~70%，搅拌时间不得少于120s。掺有外加剂、掺合料的砂浆，其搅拌时间不得少于180s。

第2节　建筑砂浆稠度检测

试验目的

通过稠度的试验，便于施工过程中控制砂浆的稠度，以保证工程质量。

仪器设备

（1）砂浆稠度仪：由试锥、容器和支座三部分组成。试锥由钢材或铜材制成。试锥和滑杆的总质量为300g±2g。试锥高度应为145mm，锥底直径应为75mm（附图17）。

（2）钢制捣棒：直径10mm，长度350mm，端部应磨圆。

（3）其他：量筒、拌和锅、拌铲、秒表等。

三　试验步骤

（1）盛浆容器和试锥表面用湿布擦干净，并用少量润滑油轻擦滑杆，使滑杆能自由滑动。

(2)将拌和好的砂浆拌合物一次装入容器,砂浆表面约低于筒口 10mm 左右。用捣棒自容器中心向边缘均匀地插捣 25 次,然后轻轻地将容器摇动或敲击 5~6 次,使砂浆表面平整。

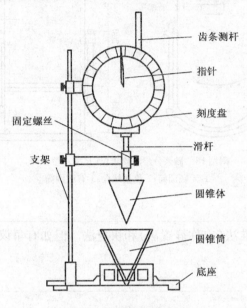

附图 17　砂浆稠度测定仪

(3)然后将容器置于砂浆稠度仪底座上,放松固定螺丝并向下移动滑杆,当试锥尖端与砂浆表面接触时,拧紧固定螺丝,使齿条测杆下端刚接触滑杆上端,并将指针对准零点上。

(4)拧开固定螺丝,同时按下秒表,待 10s 时立即紧螺丝,将齿条测杆下端接触滑杆上端,从刻度盘上读出下沉深度,精确至 1mm,即为砂浆稠度值。

(5)盛浆容器内的砂浆只允许测定一次稠度,重复测定时,应重新取样测定。

四 试验结果及评定

(1)同盘砂浆应取两次试验结果的算术平均值作为砂浆的稠度值,精确至 1mm。
(2)当两次测定值之差大于 10mm 时,则应重新取样砂测定。

第 3 节　建筑砂浆分层度试验

一 试验目的

通过分层度试验测定,评定砂浆保水性。

二 仪器设备

(1)砂浆分层度筒(附图 18):应由钢板制成。内径为 150mm,上节高度为 200mm,下节带底净高为 100mm。上、下层连接处需加宽到 3~5mm,并设有橡胶垫圈。
(2)振动台:振幅 0.5mm±0.05mm,频率 50Hz±3Hz。
(3)砂浆稠度仪、木楗等。

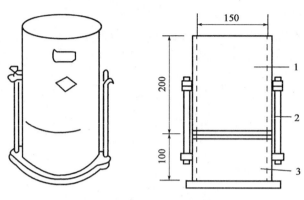

附图18 砂浆分层度测定仪(尺寸单位:mm)
1-无底圆筒;2-连接螺栓;3-有底圆筒

三 试验方法

分层度试验可采用标准法(也称静置法)和快速法。但如有争议时,以标准法为准。

四 试验步骤

1. 标准法

(1)将砂浆拌合物按砂浆稠度试验方法测定稠度 K_1。

(2)将砂浆重新拌匀后一次装入分层度筒内,待装满后,用木棰在分层度筒周围距离大致相等的4个不同位置分别轻轻敲击1～2下,当砂浆沉落到低于筒口时,应随时添加,然后刮去多余的砂浆并用抹刀抹平。

(3)静置30min,去掉上层200mm砂浆,然后将剩余的100mm砂浆倒入拌和锅内拌2min,再测定砂浆稠度 K_2。

2. 快速法

(1)按稠度试验方法测定稠度值 K_1。

(2)将分层度筒预先固定在振动台上,砂浆一次装入分层度筒内,振动20s。

(3)去掉上节200mm砂浆,剩余的100mm砂浆倒入拌和锅拌和2min,再测定砂浆稠度 K_2。

五 结果评定

(1)两次测得的稠度的差值,即为砂浆的分层度,以mm计。即 $\Delta = K_1 - K_2$。

(2)取两次试验结果的算术平均值作为砂浆的分层度值,精确至1mm。

(3)如两次分层度测定值之差大于10mm时,应重新取样测定。

第4节 建筑砂浆立方体抗压强度检测

一 试验目的

通过砂浆抗压强度试验,检验砂浆质量,确定、校核配合比是否满足设计、施工要求。并确定砂浆强度等级。

二、仪器设备

(1) 试模：为 7.07mm × 7.07mm × 7.07mm 的带底试模。由铸铁或钢制成，具有足够的刚度并便于拆装。试模内表面应机械加工，其不平度为每 100mm 不超过 0.05mm，组装后各相邻面的不垂直度不应超过 ±0.5°。

(2) 压力试验机：精度应为 1%，试件破坏荷载应不小于压力机量程的 20%，也不大于全量程的 80%。

(3) 捣棒：直径 10mm，长度 350mm，端部磨圆的钢棒。

(4) 垫板：试验机上、下压板及试件之间可垫以钢垫板，垫板的尺寸应大于试件的承压面，其不平度应为每 100mm 不超过 0.02mm。

(5) 振动台：空载频率应为 50Hz ± 3Hz。

三、试件制备

(1) 采用立方体试件，每组试件应为 3 个。

(2) 用密封材料涂抹试模的外接缝，试模内应涂刷薄层机油或隔离剂。将拌和好的砂浆一次装满试模，成型方法应根据稠度而确定。当稠度大于 50mm 时，宜采用人工插捣成型，当稠度不大于 50mm 时，宜采用振动台振实成型。

① 人工插捣：用捣棒均匀地由边缘向中心按螺旋方向插捣 25 次，插捣过程中当砂浆沉落低于试模口时，应随时添加砂浆，可用油灰刀插捣数次，并用手将试模一边抬高 5~10mm 各振动 5 次，砂浆应高出试模顶面 6~10mm。

② 机械振动：将拌和好的砂浆一次装满试模，放置到振动台上，振动时试模不得跳动，振动 5~10s 或持续到表面泛浆为止，不得过振。

(3) 待表面水分稍干后，再将高出试模部分的砂浆沿试模顶面刮去并抹平。

四、试件养护

(1) 试件成型后，应在 20℃ ± 5℃ 的温度环境下静置 24h ± 2h，当气温较低时，可适当延长时间，但不应超过 48h。然后对试件进行编号、拆模。

(2) 试件拆模后应在标准养护室（温度为 20℃ ± 2℃，相对湿度在 90%）养护 28d，养护期间，试件彼此间隔不得小于 10mm。

五、试验步骤

(1) 试件从标准养护室取出后，应立即进行试验，首先将试件表面擦净，测量尺寸，精确至 1mm，以此计算试件的承压面积，并检查其外观。若实测尺寸与公称尺寸之差不超过 1mm 时，可按公称尺寸进行计算。

(2) 将试件安放在试验机下压板上，试件的承压面应与成型面垂直，试件中心应与下压板中心对准。

(3) 开动试验机，当上压板与试件接近时，调整球座，使接触面均匀受压。加荷应均匀而连续进行,加荷速度应为 0.25~1.5kN/s,砂浆强度不大于 2.5MPa 时,取下限。当试件接近破坏而开始变形时,停止调整压力机油门,直至试件破坏,记录破坏荷载。

六 试验结果计算与评定

(1)砂浆的抗压强度按下式计算,精确至 0.1MPa。

$$f_{m,cu} = K\frac{N_U}{A}$$

式中:$f_{m,cu}$——砂浆立方体试件抗压强度,MPa;
  N_U——试件破坏荷载,N;
  A——试件承压面积,mm^2;
  K——换算系数,取 1.35。

(2)试验结果评定:

①以三个试件测值的算术平均值作为该组试件的砂浆抗压强度测定值。

②当三个测值的最大值或最小值中有一个与中间值的差值超过中间值的 15%时,应把最大值或最小值一并舍去,取中间值作为该组试件的抗压强度测定值。

③当两个测值与中间值的差值超过中间值的 15%时,该组试验结果应为无效。

试验五　砌墙砖性能检测

第1节　砌墙砖性能检测的一般规定

检验批的确定、取样方法及抽取数量见附表15。

砌墙砖检验批确定、取样方法及抽取数量　　　　　　　附表15

序号	材料及标准规范	检验批的确定	取样方法	取样数量
1	烧结普通砖、烧结多孔砖 GB/T 5101—2003 GB 13544—2000 GB/T 2542—2003	通常3.5~15万块为一个检验批,不足3.5万块的按一个检验批计	尺寸偏差在每一检验批的产品堆垛中随机抽取;强度从外观质量检验合格的样品中随机抽取	尺寸偏差从外观合格的砖样中随机抽取20块 强度等级10块
2	烧结空心砖、空心砌块 GB 13545—2003 GB/T 2542—2003			随机抽取100块砖进行尺寸偏差检验 强度等级10块
3	粉煤灰砖、蒸压灰砂砖 GB 11945—1999 JC 239—2001 GB/T 2542—2003	以10万块为一个检验批,不足10万块的按一个检验批计	随机抽取50块砖进行尺寸偏差、外观质量检验,并从中随机抽取抗折、抗压试验试样	从尺寸偏差、外观质量合格的砖样中随机抽取5块进行抗折、抗压试验
4	蒸压加气混凝土砌块 GB/T 11968—2006	每1万块为一个检验批,不足1万块的按一个检验批计	每批从尺寸偏差、外观质量检验合格的砌块中抽取	制作3组试件进行抗压强度试验,制作3组试件进行干体积密度检验

第2节　砌墙砖性能检测

一、尺寸偏差

(一)试验目的

通过对砖的外观尺寸的测量、检查,评定其质量等级。

(二)仪器设备

砖用卡尺:分度值为0.5mm(附图19)。

(三)试验步骤

(1)按规定方法抽取检验样品数20块,其中每一尺寸测量不足0.5mm的按0.5mm计。每一方向尺寸以两个测量值的算术平均值表示。

(2)砖样的长度和宽度应在砖的两个大面的中间处分别测量两个尺寸;高度应在砖的两

个条面的中间处分别测量两个尺寸(附图20)。当被测处有缺损或凸出时,可在其旁测量,但应选择不利的一侧进行测量。精确至0.5mm。

(3)样本平均偏差是20块试样同一方向测量尺寸的算术平均值与公称尺寸之差值;

(4)样本极差是抽检的20块试样中同一方向最大测量值与最小测量值之差值。

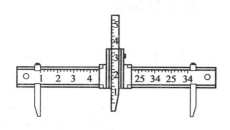

附图19 砖用卡尺

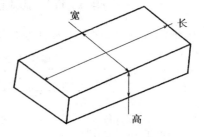

附图20 尺寸量法示意

(四)试验结果评定

(1)结果分别以长度、宽度和高度的最大偏差值表示,不足1mm者,按1mm计。

(2)依据测量结果按附表16中的规定对照检查和评定。

尺寸允许偏差(单位:mm)　　　　附表16

公称尺寸	优等品		一等品		合格品	
	样本平均偏差	样本极差	样本平均偏差	样本极差	样本平均偏差	样本极差
240	±2.0	≤6	±2.5	≤7	±3.0	≤8
115	±1.5	≤5	±2.0	≤6	±2.5	≤7
53	±1.5	≤4	±1.6	≤5	±2.0	≤6

二 外观质量检查

(一)试验目的

通过对砖的外观质量的测量、检查,评定其质量等级。

(二)仪器设备

(1)砖用卡尺:分度值为0.5mm(附图19)。

(2)钢直尺:分度值为1mm。

(三)试验步骤

1. 缺损

(1)缺棱掉角在砖上造成的破损程度,以破损部分对长、宽、高三个棱边的投影尺寸来度量,称为破坏尺寸(附图21)。

(2)缺损所造成的破坏面,是指缺损部分对条、顶面(空心砖为条、大面)的投影面积(附图

22)空心砖内壁残缺及肋残缺尺寸,以长度方向的投影尺寸来度量。

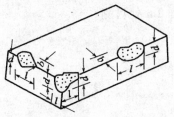 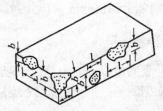

附图21 缺棱掉角破坏尺寸量法
l-长度方向的投影量;b-宽度方向的投影量;
d-高度方向的投影量

附图22 缺损在条、顶面上造成破坏量法
l-长度方向的投影量;b-高度方向的投影量
(破坏面－l·b)

2. 裂纹

(1)裂纹分为长度方向、宽度方向、水平方向 3 种,以被测方向的投影长度表示。如果裂纹从一个面延伸至其他面上时,则累计其延伸的投影长度(附图23)。多孔砖的孔洞与裂纹相通时,则将孔洞包括在裂纹内一并测量(附图24)。

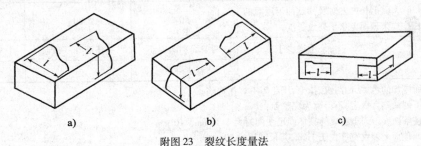

附图23 裂纹长度量法

(2)裂纹长度以在三个方向上分别测得的最长裂纹作为测量结果。

3. 弯曲

(1)分别在大面和条面上测量,测量时将砖用卡尺的两支脚沿棱边两端放置,择其弯曲最大处将垂直尺推至砖面(附图25)。但不应将因杂质或碰伤造成的凹处计算在内。

(2)以弯曲中测得的较大者作为测量结果。

4. 杂质凸出高度

杂质在砖面上造成的凸出高度,以杂质距砖面的最大距离表示。测量时将砖用卡尺的两支脚置于凸出两边的砖平面上,以垂直尺测量(附图26)。

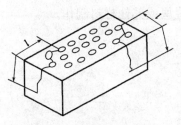 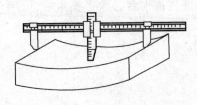 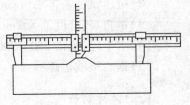

附图24 多孔砖裂纹通过孔洞时长度量法

附图25 弯曲量法

附图26 杂质凸出量法

附录 常用建筑与装饰材料的试验与检测方法

5. 色差

装饰面朝上随机分成两排并列,在自然光下距离砖样2m处目测。

(四)结果评定

(1)外观测量以mm为单位,不足1mm者,按1mm计。

(2)依据测量结果按附表17规定对照检查和评定。

外观质量(单位:mm)　　　　　　　　　附表17

项　　目			优等品	一等品	合　格
两条面高度差		≤	2	3	4
弯曲		≤	2	3	4
杂质凸出高度		≤	2	3	4
缺棱掉角的三个破坏尺寸		不得同时大于	5	20	30
列纹长度≤	1.大面上宽度方向及其延伸至条面的长度		30	60	80
	2.大面上长度方向及其延伸至顶面的长度或条顶面上水平列纹长度		50	80	100
完整面①		不得少于	两条面和两顶面	一条面和一顶面	—
颜色			基本一致	—	—

注:为装饰而施加的色差、凹凸纹、拉毛、压花等不算作缺陷。

①凡有下列缺陷之一者,不得称为完整面:

a.缺损在条面或顶面上造成的破坏面尺寸同时大于10mm×10mm;

b.条面或顶面上裂纹宽度大于1mm,其长度超过30mm;

c.压陷、黏底、焦花在条面或顶面上的凹陷或凸出超过2mm,区域尺寸同时大于10mm×10mm。

三 砌墙砖立方体抗压强度试验

(一)试验目的

通过试验测定砖的抗压强度,为评定砖的强度等级提供依据。

(二)仪器设备

(1)试验压力机:示值相对误差不大于±1%,其下压板应为球铰支座。预期最大破坏荷载应在量程的20%~80%。

(2)抗压试件制备平台:试件制备平台必须平整水平,可用金属或其他材料制作。

(3)钢直尺:分度值为1mm。

(4)水平尺,规格250~300mm。

(5)锯砖机或切砖器。

(三)试样制备

1.烧结普通砖

(1)将砖样切断或锯成两个半截砖,断开后的半截砖长不得小于100mm(附图27)。如果不足 100mm，应另取备用试样补足。

（2）在试样制备平台上，将已断开的两个半截砖放入室温的净水中浸泡 10～20min 后取出，并以断口相反的方向叠放，两者中间用厚度不超过 5mm 的水泥净浆黏结，水泥净浆采用强度等级为 32.5MPa 或 42.5MPa 的普通硅酸盐水泥调制而成，要求稠度适宜。上下两面用厚度不超过 3mm 的同种水泥净浆抹平。制成的试件上、下两面须相互平行，并垂直于侧面（附图28）。

附图27　半截砖尺寸要求　　　　附图28　砖抗压试件示意

2. 多孔砖、空心砖

（1）多孔砖以单块整砖沿竖孔方向加压，空心砖以单块整砖沿大面和条面方向分别加压。

（2）试样制作采用坐浆法操作。即将玻璃板置于试件制备平台上，其上铺一张湿的垫纸，纸上铺一层厚度不超过 5mm 的水泥净浆，水泥净浆采用 32.5MPa 或 42.5MPa 的普通硅酸盐水泥制成，要求稠度适宜。再将试件在水中浸泡 10～20min，在钢丝网架上滴水 3～5min 后，将试样受压面平稳地坐放在水泥浆上，在另一受压面上稍加压力，使整个水泥层与砖受压面相互黏结，砖的侧面应垂直于玻璃板。待水泥浆适当凝固后，连同玻璃板翻放在另一铺纸放浆的玻璃板上，再进行坐浆，并用水平尺校正玻璃板的水平。

3. 非烧结砖

将同一块试样的两个半截砖断口相反叠放，叠合部分不得小于 100mm，即成为抗压强度试件。若不足 100mm 时，则应剔除，另取备用试样补足。

（四）试件养护

（1）制成的抹面试件应置于不低于 10℃ 的不通风室内养护 3d，再进行试验。

（2）非烧结砖试件，不需养护，直接进行试验。

（五）试验步骤

（1）测量每个试件连接面或受压面的长、宽尺寸各两个，分别取其平均值，精确至 1mm。

（2）将试件平放在加压板的中央，垂直于受压面加荷，加荷过程中应均匀平稳，不得发生冲击或振动。加荷速度以 5kN/s±0.5kN/s 为宜，直至试件破坏为止，记录最大破坏荷载。

（六）结果计算与评定

（1）每块试件的抗压强度按下式计算，精确至 0.01MPa。

$$f_p = \frac{P}{LB}$$

式中：f_p——砖样试件的抗压强度，MPa；
$\quad P$——最大破坏荷载，N；
$\quad L$——试件受压面（连接面）的长度，mm；
$\quad B$——试件受压面（连接面）的宽度，mm。

（2）计算10块砖的抗压强度平均值（$\bar{f}$、标准差（S）、标准值（f_k）及变异系数（δ）。

抗压强度平均值：
$$\bar{f} = \frac{1}{10}(f_1 + f_2 + \cdots + f_{10}) = \frac{1}{10}\sum_{i=1}^{10} f_i$$

抗压强度标准差：
$$S = \sqrt{\frac{1}{9}\sum_{i=1}^{10}(f_i - \bar{f})^2}$$

抗压强度标准值：
$$f_k = \bar{f} - 1.8S$$

抗压强度变异系数：
$$\delta = \frac{S}{\bar{f}}$$

式中：$\bar{f}$——10块砖样抗压强度算术平均值，MPa，精确至0.01MPa；
$\quad f_i$——单块砖样抗压强度的测定值，MPa，精确至0.01MPa；
$\quad S$——10块砖样抗压强度标准差，MPa，精确至0.01MPa；
$\quad f_k$——10块砖抗压强度标准值，MPa，精确至0.1MPa；
$\quad \delta$——砖强度变异系数，精确至0.01MPa。

（3）强度等级的评定。

平均值—标准值方法评定：当变异系数 $\delta \leq 0.21$ 时，按实际测定的抗压强度平均值（$\bar{f}$）和强度标准值（f_k），评定砖的强度等级。按附表18中的规定对照检查和评定。

强　度（单位：MPa）　　　　　　　　　　附表18

强度等级	抗压强度平均值 $\bar{f}$	变异系数 $\delta \leq 0.21$ 强度标准值 f_k	变异系数 $\delta > 0.21$ 单块最小抗压强度值 f_{min}
MU30	≥30.0	≥22.0	≥25.0
MU25	≥25.0	≥18.0	≥22.0
MU20	≥20.0	≥14.0	≥16.0
MU15	≥15.0	≥10.0	≥12.0
MU10	≥10.0	≥6.5	≥7.5

平均值—最小值方法评定：当变异系数 $\delta > 0.21$ 时，按抗压强度平均值（$\bar{f}$）和单块最小抗压强度值（f_{min}），评定砖的强度等级。单块最小抗压强度值精确至0.1MPa。按附表18中的规定对照检查和评定。

（4）强度试验结果符合国家标准的规定，判强度合格，且定为相应等级。否则，判为不合格。

试验六 建筑钢材性能检测

第1节 建筑钢材试验一般规定

一 试验环境

试验应在 10~35℃室温下进行。对温度要求严格的试验,试验温度在 23℃ ±5℃进行。

二 检验批的确定

(1)热轧光圆钢筋、余热处理钢筋每批由质量不大于 60t 的同一牌号、同一炉罐号、同一规格、同一交货状态的钢筋组成。

(2)热轧带肋钢筋、低碳钢热轧圆盘条每批由质量不大于 60t 的同一级别、同一炉罐号、同一规格的钢筋组成。

(3)碳素结构钢每批由质量不大于 60t 的同一级别、同一炉罐号、同一品种、同一尺寸、同一交货状态的钢筋组成。

(4)冷轧带肋钢筋每批由质量不大于 60t 的同一级别、同一外形、同一规格、同一生产工艺、同一交货状态的钢筋组成。

三 取样方法

取样时,应将钢筋端头截去 500mm 后再取样,圆盘条钢筋应在同盘两端截去,然后截取约 200mm +5d 和 200mm +10d 和长的钢筋各 1 根(d 为钢筋直径)。重复同样的方法在另一根钢筋截取相同的数量,组成一组试件。其中两根长的做拉伸试验,两根短的做冷弯检测。

每批钢筋的检验项目、取样方法和取样数量见附表 19。

钢筋的检验项目、取样方法和取样数量 附表 19

序号	钢筋种类	取样方法	检验项目和取样数量	试验方法
1	直条钢筋	任选两根钢筋截取	2 根拉伸 2 根弯曲	GB/T 228—2002 GB/T 232—1999
2	盘条钢筋	同盘两端截取	1 根拉伸 2 根弯曲	
3	冷轧带肋钢筋 CRB550	逐盘或逐捆两端截取	1 根拉伸 2 根弯曲	
	冷轧带肋钢筋 CRB650 及以上	逐盘或逐捆两端截取	1 根拉伸 2 根反复弯曲	

第2节 钢筋拉伸试验

一 试验目的

通过拉伸试验,注意观察拉力与变形之间的变化。确定应力与应变之间的关系曲线。测定钢筋的屈服强度、抗拉强度、伸长率,评定钢筋的质量是否合格,并确定钢筋的强度等级。

二、仪器设备

(1)万能试验机:根据相应的荷载能力,选择合理的型号或量程,应有Ⅰ级或优于Ⅰ级准确度。

(2)引伸计:其可夹持标距与示值范围应与试样要求相吻合,准确度不劣于Ⅰ级。

(3)游标卡尺:精确度为0.1mm。

(4)钢直尺。

三、试验前的准备

1. 核实试样

确认试样的外观质量、规格、品种、数量和检验项目。

2. 试样制备

可采用机加工试样或不经机加工的试样进行试验。钢筋拉伸试验时一般采用不经机械加工的试样。但当直径大于50mm时可经车削加工成直径为20mm的标准试件。

(1)通常,试样进行机加工,平行长度和夹持头部之间应以过渡弧连接,过渡弧半径应不小于$0.75d$。平行长度(L_c)的直径(d)一般不应小于3mm。平行长度应不小于$L_0+d/2$。机加工试样形状和尺寸见附图29。

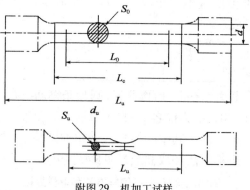

附图29 机加工试样

试样原始标距(施力前,测量伸长用的试样圆柱或棱柱部分的长度,用L_0表示)应用小标记、细墨线标记,但不得用引起过早断裂的缺口作标记。

(2)直径$d \geqslant 4mm$的钢筋试样可不进行机加工,根据钢筋直径(d)确定试样的原始标距(L_0),一般取$L_0=5d$或$L_0=10d$。试样原始标距(L_0)的标记与最接近夹头间的距离不小于$1.5d$。可在平行长度方向标记一系列套叠的原始标距,不经机加工试样形状与尺寸见附图30。

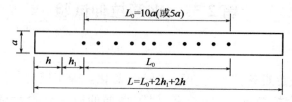

附图30 不经机加工试样

3. 测量原始标距长度(L_0)

精确至 ±0.5%。

4. 原始横截面积(S_0)的测定

应根据测量的原始试样尺寸计算原始横截面积,测量每个尺寸应精确至 ±0.5%。

(1)对于圆形横截面试样,应在标距的两端及中间三处两个相互垂直的方向测量直径,取其算术平均值,取用三处测得的最小横截面积,按下式计算:

$$S_0 = \frac{1}{4}\pi d^2$$

式中:S_0——原始横截面积,mm^2;
π——圆周率,为3.14;
d——试样的直径,mm。

(2)对于矩形横截面试样,应在标距的两端及中间三处测量宽度和厚度,取用三处测得的最小横截面积,按下式计算:

$$S_0 = ab$$

式中:S_0——原始横截面积,mm^2;
a——试样厚度,mm;
b——试样宽度,mm。

(3)对于恒定横截面试样,可根据测量的试样长度、试样质量和材料密度确定其原始横截面积。试样长度的测量应准确至 ±0.5%,试样质量的测定应准确到 ±0.5%,宽度应至少取3位有效数字。原始横截面积按下式计算:

$$S_0 = \frac{m}{\rho L_t} \times 1000$$

式中:S_0——原始横截面积,mm^2;
m——试样质量,g;
ρ——钢筋的密度,g/cm^3;
L_t——试样总长度,mm。

5. 试验速率

除非产品另有规定,试验速率取决于材料特性并应符合 GB/T 228—2002 的规定,在试件屈服前应力速率控制在 $6\sim60N/(mm^2 \cdot s)$;在屈服阶段应变速率应控制在 $0.00025\sim0.0025/s$ 之间,如不能直接调节应变速率,可通过调节屈服开始前的应力速率来调整,在屈服完成之前不再调节试验机的控制;规定非比例延伸强度的测定应力速率应控制在 $6\sim60N/(mm^2 \cdot s)$,应变速率不得超过 $0.0025/s$;抗拉强度的测定其应变速率不应超过 $0.008/s$。

(四)试验步骤

(1)检查调整好试验设备,使试验机处于启动工作状态。

(2)将试样固定在试验机夹头内,确保试样中心受拉。

(3)启动试验机,按 GB/T 228 中规定测屈服强度和抗拉强度要求的加荷速度进行加荷。

(4)加荷拉伸过程中,当试样发生屈服力首次下降前的最高应力就是上屈服荷载,当试验机测力盘指针停止转动时的恒定荷载或第一次回转时的最小荷载即为屈服荷载。并记录屈服荷载。

(5)继续加荷至试件拉断,记录最大荷载。

(6)将拉断的试件在断裂处对齐,并保持在同一轴线上,测量断后试件标距的长度。

五 试验结果计算

屈服强度与抗拉强度计算结果的数值修约:

当 R_{eL}、R_m 计算结果不大于 $200N/mm^2$ 时,修约间隔为 $1N/mm^2$;

当 R_{eL}、R_m 计算结果介于 $200\sim1000N/mm^2$ 时,修约间隔为 $5N/mm^2$;

当 R_{eL}、R_m 计算结果大于 $1000N/mm^2$ 时,修约间隔为 $10N/mm^2$。

(1)试件的屈服强度按下式计算:

$$R_{eL} = F_s / S_0$$

式中:R_{eL}——屈服强度,MPa;

F_s——屈服荷载,N;

S_0——原始横截面积,mm^2。

(2)试件的抗拉强度按下式计算:

$$R_m = F_m / S_0$$

式中:R_m——抗拉强度,MPa;

F_m——最大荷载,N;

S_0——原始横截面积,mm^2。

(3)计算断后伸长率按下式计算:

$$A = \frac{L_u - L_0}{L_0} \times 100\%$$

式中:A——断后伸长率,%。

L_u——试样断后标距,mm;

L_0——试样原始标距,mm。

原则上只有断裂处与最接近的标距标记的距离不小于原始标距的1/3情况方为有效。但断后伸长率大于或等于规定值,不管断裂位置处于何处测量均为有效。

为了避免由于试样断裂处与最接近的标距标记的距离小于原始标距的1/3时而必须报废试样,可用移位法测定断后伸长率。

(1)试验前,将原始标距(L_0)细分为 N 等分。

(2)试验后,以符号 X 表示断裂后试样短段的标距标记,以符号 Y 表示断裂试样长段的等分标记,此标记与断裂处的距离最接近于断裂处至标距标记 X 的距离。如 X 与 Y 之间的分格数为 n,则断后伸长率计算如下:

①当 $N-n$ 为偶数(附图31a),测量 X 与 Y 之间的距离和测量从 Y 至距离为 $\frac{1}{2}(N-n)$ 个分格的 Z 标记之间的距离。按下式计算断后伸长率:

$$A = \frac{XY + 2YZ - L_0}{L_0} \times 100$$

②当 $N-n$ 为奇数(附图31b),测量 X 与 Y 之间的距离和测量从 Y 至距离分别为 $\frac{1}{2}(N-n-1)$ 和 $\frac{1}{2}(N-n+1)$ 个分格的 Z' 和 Z'' 标记之间的距离。按下式计算断后伸长率:

$$A = \frac{XY + YZ' + YZ'' - L_0}{L_0} \times 100\%$$

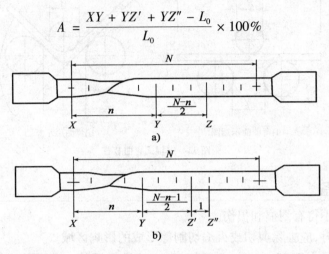

附图31　位移法的图示说明(试样头部形状仅为示意性)

六 试验结果评定

(1)试验出现下列情况之一时,试验结果无效,应重做同样数量试样的试验。
①试样断在标距外或断在机械刻划的标距标记上,而且断后伸长率小于规定最小值。
②试验期间设备发生故障,影响了试验结果。
(2)试验后试样出现两个或两个以上的缩颈以及显示出肉眼可见的冶金缺陷(如分层、气泡、夹渣、缩孔等),应在试验记录和报告中注明。

第3节　钢筋的冷弯试验

一 试验目的

检验钢筋的塑性,间接地检验钢筋内部的缺陷及可焊性。

二 仪器设备

万能材料试验机;应配有支辊式弯曲装置(附图32)、V形模具式弯曲装置、虎钳式弯曲装置、翻板式弯曲装置,试验时任选一种弯曲装置完成试验。这里以支辊式弯曲装置为例介绍弯曲试验的有关规定:

(1)支辊的要求:支辊长度应大于试样宽度或直径。支辊半径应为 1~10 倍试样厚度。支辊应有具足够的硬度。支辊间距离应能调节并在试验过程中保持不变。除非另有规定,支辊间距离应按下式确定:

$$L = (d + 3a) \pm 0.5a$$

(2)弯曲压头的要求：弯曲压头宽度应大于试样宽度或直径。弯曲压头应具有足够的硬度。

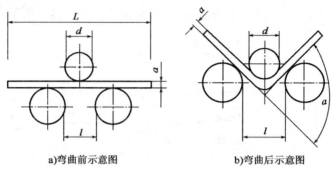

a)弯曲前示意图　　　　　b)弯曲后示意图

附图32　支辊式弯曲装置

三　试样制备

(1)试样表面不得有划痕和损伤。

(2)试样加工时，应去除剪切或火焰切割等形成的影响区域。

(3)当钢筋直径小于35mm时，不需加工，直接进行试验。若试验机能量允许时，直径不大于50mm的试件也可用全截面的试件进行试验。

(4)当钢筋直径大于35mm时，应加工成直径25mm的试件。加工时应保留一侧原表面，弯曲时，原表面应位于弯曲的外侧。

(5)试样长度应根据试样厚度和所使用的试验设备确定。采用支辊式弯曲装置和翻板式弯曲装置时，可按照下式确定：

$$L = 0.5\pi(d + a) + 140\text{mm}$$

式中：π——圆周率，其值取3.1；

　　　d——弯心直径，mm；

　　　a——试样直径，mm。

四　试验步骤

1. 试样弯曲至规定弯曲角度的试验

(1)根据试样直径选择压头和调整支辊间距，将试样放于两支辊上，试样轴线应与弯曲压头轴线垂直，见附图32a)。

(2)启动试验机加荷，弯曲压头在两支座之间的中点处对试样连续施加力使其弯曲，直至达到规定的弯曲角度，见附图32b)。

2. 试样弯曲至180°角两臂相距规定距离且相互平行的试验

(1)首先对试样进行初步弯曲(弯曲角度应尽可能大)，见附图33。

(2)然后将试样置于两平行压板之间，启动试验机加荷，连续施加力压其两端，使其进一步弯曲，直至两臂平行，见附图34。

试验时可以加或不加垫块,除非产品标准另有规定,垫块厚度等于规定的弯曲压头直径。

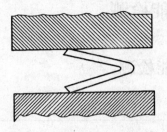

附图33 试样置于两平行压板之间

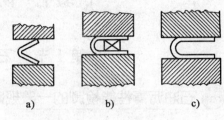

附图34 试样弯曲至两臂平行

3. 试样弯曲至两臂直接接触的试验

（1）首先将试样进行初步弯曲（弯曲角度应尽可能大）,见附图33。

（2）然后将其置于两平行压板之间启动试验机加荷,连续施加力压其两端使其进一步弯曲,直至两臂直接接触,见附图35。

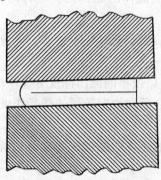

附图35 试样弯曲至两臂直接接触

五 结果评定

应按照相关产品标准的要求评定弯曲试验结果。如未规定具体要求,弯曲试验后试样弯曲外表面无肉眼可见裂纹,即评定冷弯检测合格,否则为不合格。

试验七　防水材料性能检测

第1节　石油沥青性能检测

一　石油沥青性能检测的一般规定

(一)石油沥青取样方法

1. 从储油罐中取样

(1)无搅拌设备的储罐

①液体沥青或经加热已经变成流体的黏稠沥青取样时,应先关闭进油阀和出油阀,然后取样。

②用取样器按液面上、中、下位置(液面高各为1/3等分处,但距罐底不得低于总液面高度的1/6)各取规定数量样品。

③当储罐过深时,也可在流出口按不同流出深度分3次取样。

④将取出的3个样品充分混合后取规定数量的样品作试样。

(2)有搅拌设备的储罐

将液体沥青或经加热已经变成流体的黏稠沥青充分搅拌后,用取样器从沥青层的中部取规定数量试样。

2. 从槽车、罐车、沥青洒布车中取样

(1)设有取样阀时,可旋开取样阀,待流出至少4kg或4L后再取样。

(2)对仅有放料阀时,待放出全部沥青的一半时再取样。

(3)对从顶盖处取样的,可用取料器从中部取样。

3. 从沥青储存池中取样

沥青(应待加热熔化后)经管道或沥青流至热锅后取样,分间隔每锅至少取3个样品,然后充分混匀后再取规定数量作样品。

4. 在装料或卸料过程中取样

要按时间间隔均匀地取至少3个规定数量样品,然后将这些样品充分混合后取规定数量样品作为试样。

5. 从沥青运输船取样

(1)应分别从每个沥青仓取样,每个仓从不同的部位取3个样品,混合在一起,作为一个仓的沥青样品供检验用。

(2)在卸油过程中取样时,应根据卸油量,大体均匀的分间隔3次从卸油口或管道中的取样口取样,混合后作为一个样品供检验用。

6. 从沥青桶中取样

(1)应从同一批生产的产品中随机取样。如不能确认是同一批的产品时,应根据桶数按附表 20 规定或按总桶数的立方根数随机选出沥青桶数。

选取沥青样品桶数 附表 20

沥青总桶数	选取桶数	沥青总桶数	选取桶数
2~8	2	217~343	7
9~27	3	344~512	8
28~64	4	513~729	9
65~125	5	730~1000	10
126~216	6	1001~1331	11

(2)将沥青桶加热全熔成流体后,按罐车取样方法取样。每个样品的数量,以充分混合后能满足供检验用样品的规定数量要求为限。

(3)若沥青桶不便加热熔化沥青时,也可在桶高的中部将桶凿开取样,但样品应在距离桶壁 5cm 以上的内部凿取,并防止样品散落地面沾有尘土。

7. 固体沥青取样

(1)从桶、袋、箱装或散装整块中取样。应在表面以下及容器侧面以内至少 5cm 取采取。

(2)如沥青能够打碎,可用一个干净的工具将沥青打碎后取中间部分作为试样。

(3)若沥青是软塑的,则用一个干净的热工具切割取样。

(二)沥青取样数量

(1)进行沥青性质常规检查的取样数量为黏稠或固体沥青不少于 1.5kg,液体沥青不少于 1L,沥青乳液不少于 4L。

(2)进行沥青性质非常规检查及沥青混合料性质试验所需的沥青数量,应根据实际需要确定。

二 沥青针入度试验

(一)试验目的

通过试验测定沥青的针入度,评定沥青的黏稠程度,并依针入度值确定沥青的牌号。

(二)仪器设备

(1)针入度仪:能使针连杆在无明显摩擦下垂直运动,并能指示穿入深度精确至 0.1mm 的仪器均可使用。针和针连杆的总质量为 50g±0.05g,另外仪器附有 50g±0.05g 和 100g±0.05g 的砝码各一个,可以组成 100g±0.05g 和 200g±0.05g 的载荷以满足试验所需的载荷条件。

(2)标准针:由硬化回火的不锈钢制成,钢号为 440-C 或等同材料,洛氏硬度为 HRC54~HRC60,形状及尺寸要求(附图 36)

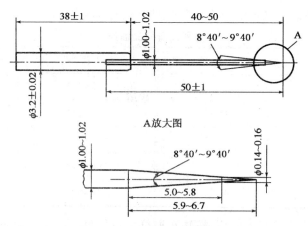

附图36　针入度标准针(尺寸单位:mm)

(3)试样皿:为金属或玻璃的圆柱形平底皿,尺寸见附表21。

试 样 皿 尺 寸　　　　　　　　　　　　　　　附表21

针 入 度	直径(mm)	深度(mm)
针入度小于200时	55	35
针入度200~350时	55	70
针入度350~500时	50	60

(4)恒温水浴:容量不小于10L,能保持温度在试验温度下控制在±0.1℃范围内。距水底部50mm处有一个带孔的支架。离水面至少有100mm。在低温下测定针入度时,水浴中装入盐水。

(5)平底玻璃皿:容量不小于350mL,深度要没过最大的样品皿。内设一个不锈钢三角支架,以保证试样皿稳定。

(6)计时器:刻度为0.1s或小于0.1s,60s内的准确度达到±0.1s的任何计时装置均可。

(7)温度计:液体玻璃温度计,刻度范围为0~50℃,分度值为0.1℃。

(8)瓷柄皿、筛、砂浴或可控制温度的密封电炉等。

(三)试样制备

(1)将试样小心加热,不断搅拌以防局部过热,加热到使样品能够流动。加热时焦油沥青的加热温度不超过软化点的60℃,石油沥青不超过软化点的90℃。加热时间不超过30min。加热、搅拌过程中避免试样中进入气泡。

(2)将试样倒入预先选好的两个试样皿中。试样深度应大于预计穿入深度10mm。

(3)松松盖住试样皿以防止灰尘落入。在15~30℃的室温下冷却1~1.5h(小试样皿)或1.5~2.0h(大试样皿),然后将两个试样皿和平底玻璃皿一起放入恒温水浴中,水面应高过试样表面10mm以上。在规定的试验温度下冷却。小试样皿恒温1~1.5h,大试样皿恒温1.5~2.0h。

(四)试验步骤

(1)调节针入度仪的水平,检查针连杆和导轨,确保上面无水和其他物质。先用甲苯或其他合适的溶剂将针擦干净,再用干净的布擦干,然后将针插入针连杆固定。按试验条件放好砝码。

(2)将已恒温到试验温度的试样皿和平底玻璃皿取出,放置在针入度仪的平台上。慢慢放下针连杆,使针尖刚刚接触到试样的表面,必要时用放置在合适位置的光源反射来观察。拉下活杆,使其与针连杆顶端相接触,调节针入度仪上的表盘读数使其指零。

(3)用手紧压按钮,同时启动秒表,使标准针自由下落穿入沥青试样,到规定时间停压按钮,使标准针停止移动。

(4)拉下活杆,再使其与针连杆顶端相接触,此时表盘指针的读数即为试样的针入度,用1/10mm 表示。

(5)同一试样至少重复测定三次。每一试验点的距离和试验点与试样皿边缘的距离都不得小于10mm。每次试验前都应将试样和平底玻璃皿放入恒温水浴中,每次测定都要用干净的针。当针入度超过200时,至少用三根针,每次试验用的针留在试样中,直到三根针扎完时再将针从试样中取出。针入度小于200时可将针取下用合适的溶剂擦净后继续使用。

(五)结果评定

(1)同一试样3次平行试验,结果的最大值和最小值之差在附表22的允许偏差范围内时,取三次测定针入度的平均值,作为试验结果。以0.1mm 为单位。

最大值和最小值之差的允许偏差范围 附表22

针入度	0~49	50~149	150~249	250~350
最大差值	2	4	6	8

(2)重复性:同一操作者同一样品利用同一台仪器测得的两次结果不超过平均值的4%。

(3)再现性:不同操作者同一样品利用同一类型仪器测得的两次结果不超过平均值的11%。

(4)如果误差超过了这一范围,利用上述样品制备中的第二个样品重复试验。

(5)如果结果再次超过允许值,则取消所有的试验结果,重新进行试验。

三 沥青延伸度试验

(一)试验目的

通过试验测定沥青的延伸度,了解其塑性和抵抗变形的能力。

(二)仪器设备

(1)模具(附图37):试件模具由黄铜制造,由两个弧形端模和两个侧模组成。

(2)水浴:水浴能保持试验温度变化不大于0.1℃,容量至少为10L,试件浸入水中深度不小于10cm,水浴中设置带孔搁架以支撑试件,搁架距浴底部不小于5cm。

(3)延伸度仪:将试件持续浸没于水中,能保持规定的试验温度及按照规定的速度拉伸试件且试验时无明显振动的延伸仪均可使用。

(4)温度计:0~50℃,分度值为0.1℃和0.5℃各一支。

(5)筛:筛孔为0.3~0.5mm的金属网。

(6)支撑板:金属板或玻璃板,一面必须磨光至表面粗糙度为Ra0.63。

(7)隔离剂:以质量计,由两份甘油和一份滑石粉调制而成。

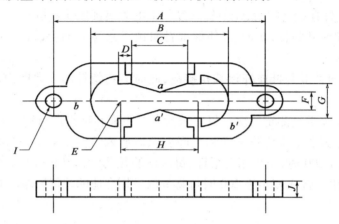

附图37　延度仪模具

A-两端模环中心点距离111.5~113.3mm;B-试件总长74.5~75.5mm;C-端模间距29.7~30.3mm;D-肩长6.8~7.2mm;E-半径15.75~16.25mm;F-最小横断面宽9.9~10.1mm;G-端模口宽19.8~20.2mm;H-两半圆间距离42.9~43.1mm;I-端模孔直径6.5~6.7mm;J-厚度9.9~10.1mm

(三)试样制备

(1)将模具组装在支撑板上,将隔离剂涂于支撑板表面及侧模的内表面,以防沥青黏在模具上。板上的模具要水平放好,以便模具的底部能够充分与板接触。

(2)将预先除去水分的沥青试样在砂浴或密封电炉上小心加热,以防局部过热。直到完全变成液体能够倾倒。石油沥青样品加热至倾倒温度的时间不超过2h,其加热温度不超过预计沥青软化点110℃;煤焦油沥青样品加热至倾倒温度的时间不超过30min,其加热温度不超过煤焦油沥青预计沥青软化点55℃。把熔化了的样品过筛,在充分搅拌之后,把样品倒入模具中,在倒样时使试样呈细流状,自模的一端至另一端往返倒入,使试样略高出模具,将试件在空气中冷却30~40min,然后放在25℃±0.5℃温度的水浴中保持30min取出,用热刀将高出模具的沥青刮出,使试样与模具齐平。

(3)将支撑板、模具和试件一起放入水浴中,并在试验温度为25℃±0.5℃下保持85~95min,然后从板上取下试件,拆掉侧模,立即进行拉伸试验。

(四)试验步骤

(1)把试样移入延度仪中,将模具两端的孔分别套在延伸度仪的柱上,然后以5cm/min±0.25cm/min的速度拉伸,直到试件拉伸断裂。拉伸速度允许误差±5%,测量试件从拉伸到断

①新煮沸过的蒸馏水适于软化点为 30 ~ 80℃的沥青,起始加热介质温度应为 5℃ ±1℃。
②甘油适于软化点为 80 ~ 157℃的沥青,起始加热介质温度应为 30℃ ±1℃。
③为了进行比较,所有软化点低于 80℃的沥青应在水浴中测定,而高于 80℃的在甘油浴中测定。

(2)把仪器放在通风橱内并配置两个样品环、钢球定位器,并将温度计插入合适的位置,浴槽装满加热介质,并使各仪器处于适当位置。用镊子将钢球置于浴槽底部,使其同支架的其他部位达到相同的起始温度。

(3)如果有必要,将浴槽置于冰水中,或小心加热并维持适当的起始浴温达 15min,并使仪器处于适当位置,注意不要玷污浴液。

(4)再次用镊子从浴槽底部将钢球夹住并置于定位器中。

(5)从浴槽底部加热使温度以恒定的速率 5℃/min 上升。为防止通风的影响有必要时可用保护装置。试验期间不能取加热速率的平均值,但在 3min 后,升温速度应达到 5℃/min ± 0.5℃/min,若温度上升速率超过此限定范围,则此次试验失败。

(6)当两个试环的球刚触及下支撑板时,分别记录温度计所显示的温度。无需对温度计的浸没部分进行校正。取两个温度的平均值作为沥青的软化点。如果两个温度的差值超过 1℃,则重新试验。

(六)计算

(1)因为软化测定是条件性的试验方法,对于给定的沥青试样,当软化点略高于 80℃时,水浴中测定的软化点低于甘油浴中测定的软化点。

(2)软化点高于 80℃时,从水浴变成甘油浴时的变化是不连续的。在甘油浴中所报告的最低可能沥青软化点为 84.5℃,而煤焦油沥青的最低可能软化点为 82℃。当甘油浴中软化点低于这些值时,应转变为水浴中的软化点,并在报告中注明。

①将甘油浴软化点转化为水浴软化点时,石油沥青的校正值为 -4.5℃,对煤焦油沥青的为 -2.0℃。采用此校正值只能粗略地表示出软化点的高低,欲得到准确的软化点应在水浴中重复试验。

②无论在什么情况下,如果甘油浴中所测得的石油沥青软化点的平均值为 80.0℃时,或更低,煤焦油沥青软化点的平均值为 77.5℃或更低,则应在水浴中重复试验。

(3)将水浴中略高于 80℃的软化点转化成甘油浴中的软化点时,石油沥青的校正值为 +4.5℃,煤焦油沥青的校正值为 +2.0℃。采用此校正值只能粗略地表示出软化点的高低,欲得到准确的软化点应在甘油浴中重复试验。

(4)在任何情况下,如果水浴中两次测定温度的平均值为 85.0℃或更高,则应在甘油浴中重复试验。

(七)结果评定

(1)同一操作者,对同一样品测定两次结果之差不得大于 1.2℃。
(2)同一试样由两个实验室各自提供的试验结果之差不应超过 2.0℃。
(3)同一试样平行试验两次,当两次测定值的差值符合重复性试验精密度要求时,取两个试验结果的平均值作为软化点的测定值。

第 2 节　沥青防水卷材性能检测

一、沥青防水卷材试验一般规定

（一）抽样方法

抽样根据相关方协议的要求，若无此协议，抽样方法见附图39（图中 1、2、3、4 表示抽样步骤）。

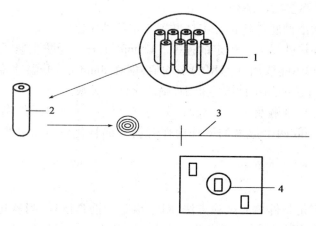

附图39　抽样方法

（二）抽样数量

根据 GB/T 328.1—2007 规定，抽样数量按附表23所示进行。

抽　样　数　量　　　　　　　　　　　　　　　　　　　附表23

批量（m²）		样品数量（卷）	批量（m²）		样品数量（卷）
以上	直至		以上	直至	
—	1000	1	2500	5000	3
1000	2500	2	5000	—	4

二、拉伸性能及延伸率检测

（一）试验目的

通过拉伸性能试验，检验卷材抵抗拉力破坏的能力，作为卷材使用的选择条件。

（二）仪器设备

(1) 电子拉力机：应有 2000N 以上的量程，夹具的移动速度 100mm/min ± 10mm/min，夹具夹持宽度不小于 50mm。

(2) 量尺：精确度为 1mm。

(三)试验条件

试验温度为23℃±2℃,试验相对湿度为30%~70%。

(四)试件制备

(1)拉伸检测应制备两组试件,一组纵向5个试件,一组横向5个试件。试件在试样边缘100mm以上用模板或裁刀任意截取。矩形试件尺寸宽为50mm±0.5mm,长为200±2×夹持长度(mm),长度方向为检测方向。表面非持久层应去除。

(2)试件在测定前应在标准条件下放置20h。

(五)试验步骤

(1)调整好拉力机,将试件紧紧地夹在拉力机的夹具中,试件长度方向的中线应与拉力机夹具中心在一条线上。上下夹具之间的距离为200mm±2mm,为防止试件从夹具中滑移,应作标记。

(2)开动试验机,使试件受拉,夹具移动的恒定速度为100mm/min±10mm/min。

(3)连续记录拉力和对应的夹具间距离。

(六)试验结果及评定

(1)记录测得的拉力和距离,或数据记录最大的拉力和对应的由夹具间距离与起始距离的百分率计算延伸率。

(2)去除任何在夹具10mm以内断裂或拉力机夹具中滑移超过极限值的试件的检测结果,用备用试件重测。

(3)最大拉力单位为N/50mm,对应的延伸率用百分率表示,作为试件同一方向结果。

(4)分步记录每个方向5个试件的拉力值和延伸率,计算平均值。

(5)拉力的平均值修约至5N,延伸率的平均值修约至1%。

二 防水卷材的不透水性试验

(一)试验目的

通过测定防水卷材的不透水性,了解其抗渗透性能。

(二)仪器设备

油毡不透水仪主要由液压系统、测试管路系统、夹紧装置和三个透水盘等部分组成,透水盘底为92mm,透水盘金属压盖上有9个均匀分布的直径25mm透水孔,压力表测量范围为0~0.6MPa,精度为2.5级,其测试原理见附图40。

(三)试验条件

试验温度为23℃±2℃。

(四)试件制备

(1)试件在卷材宽度方向均匀截取,最外一个距卷材边缘100mm。试件的纵向与产品的纵向平行并标记。

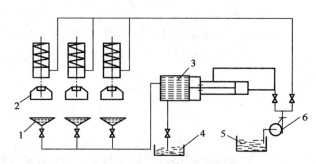

附图40 不透水仪测试原理图
1-试座;2-夹脚;3-水缸;4-水箱;5-油箱;6-油泵

(2)试件直径不小于盘外径(约130mm)。

(3)试件在检测前应在标准条件下放置6h。

(五)试验步骤

(1)首先,将洁净水灌满水箱,将仪器压母松开,三个截止阀按逆时针方向开启,启动油泵或用气筒加压,将管路中的空气排净,当三个试座充满水并连接溢出状态时,关闭三个截止阀。

(2)安装试件:注满水后依次把O形密封圈、制备好的试件、透水盖板、压圈对中放在透水盘上,然后把U形卡插入透水盘上的槽内,并旋紧U形卡上的方头螺栓,各压板压力要均匀。如产生压力影响结果,可通过排水阀泄水,以达到减压的目的。

(3)压力保持:打开试座进水阀门,按试样标准规定压力值加压到规定压力,保持压力值在规定的压力范围,并开始记录时间。在测试时间内出现一块试件有渗透时,记录渗水时间,关闭相应的进水阀。当测试达到规定时间即可卸压取出试件。

(4)检测完毕后,打开放水阀将水放出,并将透水盘、密封圈、透水盖板及压圈擦净,关闭机器。

(六)试验结果评定

当三个试件均无透水现象时,评定为不透水性合格。

试验八 木材性能检测

第1节 木材试验的一般规定

木材的取样方法及试样制备：
(1) 试条及试样毛坯按 GB/T 1929 的规定制作，当试样毛坯达到当地平衡含水率时，即可制作试样。
(2) 按 GB/T 1928 的规定，试样的各面加工应平整，端部相对的边棱应与试样断面的年轮大致平行，并与另一相对的边棱垂直。
(3) 除试验方法有具体的规定外，各相邻面均应成准确的直角。
(4) 试样上不允许有明显的缺陷，每个试样应注明编号。
(5) 试样尺寸允许误差：长度、宽度和厚度为 ±0.5mm，整个试样上各尺寸的相对偏差应不大于 0.1mm。

第2节 木材强度检测

一 木材顺纹抗压强度

(一) 试验目的

测定木材沿纹理方向承受压力荷载的最大能力，评定木材的抗压强度。

(二) 仪器设备

(1) 木材万能试验机：载荷示值精度为 ±1%。
(2) 钢尺、角尺、卡尺。

(三) 试样制备

(1) 制作试样的试条，应从试材树皮向内南北方向连续截取，并按试样尺寸留足干缩和加工余量。
(2) 试样尺寸为 30mm×20mm×20mm 的棱柱体，长度为顺纹方向。

(四) 试验步骤

(1) 在试样长度中央，测量试样宽度 b 及厚度 t，精确至 0.1mm。
(2) 将试样放置在试验机的中心位置，启动试验机，在 1.5~2.0min 内均匀加荷，记录破坏荷载，精确至 100N。
(3) 试样破坏后，对整个试样立即进行含水率测试。

(五) 试验结果计算

(1) 试样含水率为 $w(\%)$ 时的顺纹抗压强度，按下式计算，精确至 0.1MPa。

$$\sigma_w = \frac{P_{max}}{bt}$$

式中：σ_w——试样含水率为 w（%）时的顺纹抗压强度，MPa；

P_{max}——破坏荷载，N；

b——试样宽度，mm；

t——试样厚度，mm。

(2)试样含水率为12%时的顺纹抗压强度，按下式计算，精确至0.1MPa。

$$\sigma_{12} = \sigma_w [1 + 0.05(w - 12)]$$

式中：σ_{12}——试样含水率为12%时的顺纹抗压强度，MPa；

w——试样含水率，%。

(3)试样的含水率在9%~15%的范围内计算有效。

二 木材顺纹抗拉强度

(一)试验目的

通过木材顺纹抗拉强度试验，测定木材沿纹理方向承受拉力荷载的最大能力。

(二)仪器设备

(1)木材万能试验机：载荷示值精度不±1%。

(2)钢尺、角尺、卡尺。

(三)试样制备

试样制作要求、检查和含水率的调整应按 GB/T 1928 的规定进行。试样的纹理必须通直，年轮的切线方向应垂直于试样有效部分(指中部60mm长的一段)的宽面。有效部分与两端夹持部分之间的过渡弧表面应平滑，并与试样中心线相对称。

软质木材试样，必须在两端被夹持部分的窄面以 90mm×14mm×8mm 的硬木夹垫，用胶黏剂固定在试样上，硬质木材试件，可不用木夹垫。顺纹抗拉强度形状和尺寸见附图41。

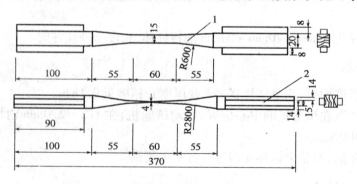

附图41 顺纹抗拉强度试样(尺寸单位：mm)

1-试件；2-木夹垫

(四)试验步骤

(1)在试样的有效部分中央,用卡尺测量厚度和宽度,精确至 0.1mm。

(2)将试样的两端夹紧在试验机的钳口中,使试样的宽面与钳口接触,两端靠近弧形部分露出 20~25mm,竖直地安装在试验机上。

(3)启动试验机,试验机在 1.5~2.0min 内均匀加荷直至试样破坏,记录破坏荷载,精确至 100N。

(4)如拉断处不在试样的有效部分内,试验结果应舍去。

(5)试样破坏后,立即在试验有效部分 选取一段木块进行含水率测试。

(五)试验结果计算

(1)试样含水率为 $w(\%)$ 时的顺纹抗拉强度,按下式计算,精确至 0.1MPa。

$$\sigma_w = \frac{P_{max}}{bt}$$

式中:σ_w——试样含水率为 $w(\%)$ 时的顺纹抗拉强度,MPa;

P_{max}——破坏荷载,N;

b——试样宽度,mm;

t——试样厚度,mm。

(2)试样含水率为 12% 时阔叶材的顺纹抗拉强度,按下式计算,精确至 0.1MPa。

$$\sigma_{12} = \sigma_w [1 + 0.015(w - 12)]$$

式中:σ_{12}——试样含水率为 12% 时的顺纹抗拉强度,MPa;

w——试样含水率,%。

(3)试样的含水率在 9%~15% 的范围内计算有效。

(4)试样的含水率在 9%~15% 的范围内时,对针叶材可取 $\sigma_{12} = \sigma_w$。

第3节 木材含水率的测定

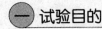

通过木材含水率的测定,了解木材的干燥程度,同时也是进行木材标准含水率(即含水率为 12%)时强度的换算的依据。

二 仪器设备

(1)天平:感量为 0.001g。

(2)烘箱。

(3)称量瓶。

三、试样制备

试样取样通常在需要测定含水率的试材、试条上或在物理力学试验后试样上,按照所对应标准试验方法规定的部位截取。试样尺寸约为 20mm×20mm×20mm。附在试样上的木屑、碎片等必须清除干净。

四、试验步骤

(1) 截取的试样编号后立即称其质量,精确至 0.001g。

(2) 将试样放入烘箱中,在 103℃±2℃ 的温度下烘 8h 后,任取 2~3 个试样进行第一次试称,以后每隔 2h 试称一次,以最后两次称量之差不超过试样质量的 0.5% 时,可认为试样达到全干。

(3) 将试样从烘箱中取出后,放入装有干燥剂的干燥器中的称量瓶中,盖好称量瓶和干燥器盖。

(4) 待试样冷却至室温后,从称量瓶中取出称其质量。

(5) 如试样是含较多挥发性物质的木材,宜改为真空干燥测定木材含水率。

五、试验结果计算

试样的含水率按下式计算,精确至 0.1%。

$$w = \frac{m_1 - m_0}{m_0} \times 100\%$$

式中:w——试样含水率,%;

m_1——试样试验时的质量,g;

m_0——试样全干时的质量,g。

试验九 建筑涂料检测

第1节 黏度测定

一、试验目的

了解涂料的黏度含义,掌握涂料黏度的测试方法。

二、仪器设备

(1)涂-4黏度计(附图42):上部为圆柱形,下部为圆锥形,在锥底部有一个可更换的漏嘴,上部有一凹槽,供多余试样溢出使用。黏度计置于带有调节水平螺钉的架上,由金属制成。

(2)秒表。

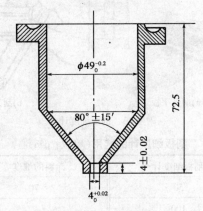

附图42 涂-4黏度计

三、试验步骤

(1)试样和黏度计在23℃±1℃的条件下放置4h以上。

(2)试验前,用纱布蘸乙醇将黏度计内部擦净。使其自然干燥或吹干。

(3)调整水平螺钉,使黏度计水平,然后在黏度计的漏嘴下面放一个150mL的烧杯,黏度计漏嘴孔距烧杯口100mm。

(4)用手指堵住漏嘴孔,将试样倒满黏度计,用玻璃板将气泡和多余的试样刮入凹槽。然后松开手指,使试样流出。在松开手指的同时,立即用秒表计时。当靠近流出孔的流丝中断时,立即停止计时,记录流出时间,精确至1s。

四、试验结果评定

试样从黏度计流出的全部时间即为试样的黏度。取两次测试的平均值作为试验测定值。两次测试的差值不应大于平均值的3%,平均值符合标准规定为合格。

第2节 细 度 测 定

一 试验目的

了解涂料的细度含义,掌握涂料细度的测试方法。

二 仪器设备

(1)刮板细度计(附图43):涂料细度的不同,应根据附表24选用不同的刮板细度计。
(2)刮刀。
(3)调漆刀。

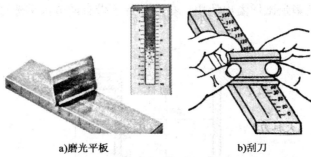

a)磨光平板　　　　　　b)刮刀

附图43　刮板细度计

刮板细度计的选用(单位:μm)　　　　　　　　　　　　　　　　附表24

涂料的细度	刮板细度计	涂料的细度	刮板细度计
≤30	50	>70	150
31~70	100		

三 试验步骤

(1)试验前,应用纱布蘸乙醇将刮板细度计擦净,再将试样用小调漆刀调均,然后滴入刮板细度计的沟槽最深部位,以能充满沟槽且有多余为宜。

(2)用双手持刮刀,横置在磨光平板上端(在试样边缘处),使刮刀与磨光平板表面垂直并接触。在3s内,将刮刀由沟槽深的部位向浅的部位拉过,使试样充满沟槽而平板上不留余料。

(3)刮刀拉过后在5s内,使视线与沟槽平面成15~30°角,对着光线观察沟槽中颗粒均匀显露的地方,记下读数,读数精确至最小分度值。如有个别颗粒显露于其他分度线时,则读数与相邻分度线范围内,不得超过三个颗粒。

四 试验结果评定

平行试验三次,试验结果取两次相近读数的算术平均值。两次读数的误差不应大于仪器的最小分度值。

第3节 遮盖力测定

一 试验目的

了解涂料的遮盖力含义,掌握涂料遮盖力的测试方法。

二 仪器设备

(1)涂刷法黑白格玻璃板(附图44):具有32个正方形的黑白格板。

(2)喷涂法黑白格木板(附图45):具有16个正方形的黑白格间隔板。

(3)木制暗箱(附图46):尺寸为600mm×500mm×400mm,其内用3mm厚的磨砂玻璃将箱分成上下两部分,磨砂玻璃的磨面向下。暗箱上部均匀的平行装置为15W荧光灯2支,前面安一挡光板,下部正面敞开用于检验,内壁涂上无光黑漆。

(4)天平:感量为0.1g。

(5)漆刷:宽25~35mm。

(6)玻璃板。

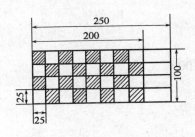

附图44 涂刷法黑白格玻璃板
(尺寸单位:mm)

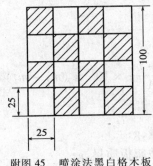

附图45 喷涂法黑白格木板
(尺寸单位:mm)

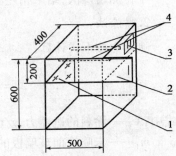

附图46 木制暗箱(尺寸单位:mm)
1-磨砂玻璃;2-挡光板;3-电源开关;
4-15W 荧光灯

三 试验步骤

1. 涂刷法

(1)根据产品标准规定的黏度(如黏度稠无法涂刷,则将试样调至涂刷的黏度,但稀释剂用量在计算遮盖力时应扣除),在天平上称出盛有涂料的杯子和漆刷的总质量。

(2)用漆刷将涂料均匀地涂刷于玻璃黑白格板上,放于暗箱内,距离磨砂玻璃片150~200mm,有黑白格的一端与平面倾斜成30°~45°交角,在荧光灯下观察,以刚刚看不见黑白格为终点。涂刷时应快速均匀,不应将涂料刷在板的边缘上。

(3)称取盛有剩余涂料的杯子和漆刷的质量,求出黑白格板上涂料质量。

2. 喷涂法

(1)将试样调至适于喷涂的黏度。在天平上分别称取两块100mm×100mm玻璃板的质量,用喷枪薄薄地分层喷涂,每次喷涂后放在黑白格木板上,置于暗箱内距离磨砂玻璃片150~200mm,有黑白格的一端与平面倾斜成30°~45°交角,在荧光灯下观察,以刚刚看不见黑白格为终点。

(2) 把玻璃板背面和边缘的涂料擦净,各种喷涂涂料按固体含量中规定的烘焙温度烘至恒质量。

四 试验结果计算及评定

1. 涂刷法

遮盖力按下式计算:

$$X = \frac{m_1 - m_2}{A} \times 10^4 = 50(m_1 - m_2)$$

式中:X——涂料的遮盖力,g/m^2;
m_1——未涂刷前盛有涂料的杯子和漆刷的总质量,g;
m_2——涂刷后盛有剩余涂料的杯子和漆刷的总质量,g;
A——黑白格板涂漆的面积,cm^2,取 $A = 200cm^2$。

平行测定两次,结果相差不大于平均值的5%,则取其平均值,否则重新试验。

2. 喷涂法

遮盖力按下式计算:

$$X = \frac{m_2 - m_1}{A} \times 10^4 = (m_2 - m_1) \times 100\%$$

式中:X——涂料的遮盖力,g/m^2;
m_1——未喷涂前玻璃板的质量,g;
m_2——喷涂涂料恒质量后的玻璃板质量,g;
A——玻璃板喷涂涂料的面积,cm^2,取 $A = 100cm^2$。

平行测定两次,结果相差不大于平均值的5%,则取其平均值,否则重新试验。

第4节 耐洗刷性的测定

一 试验目的

了解涂料耐洗刷性的含义,掌握涂料耐洗刷性的测试方法。

二 仪器设备

(1) 耐洗刷性试验仪(附图47):刷子在试验样板的涂层表面作直线往复运动,对仪器进行洗刷。

(2) 刷子使用前,将刷毛12mm浸入23℃±2℃水中30min,取出用力甩净水,再将刷毛12mm浸入符合规定的洗刷介质中20min。刷子经此处理,方可使用。

(3) 洗刷介质。将洗衣粉溶于蒸馏水中,配成0.5%(按质量计)的洗衣粉溶液,pH 值为9.5~11.0。

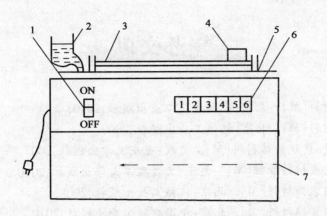

附图47 耐洗刷性试验仪构造示意图

1-电源开关;2-滴加洗刷介质的容器;3-滑动架;4-刷子及夹具;5-试验台板;6-往复次数显示器;7-电动机

三、试板制备

除另有规定或商定,底板采用430mm×150mm×(3~6)mm的无石棉纤维水泥平板,按规定处理每一块试板,然后按规定的方法涂覆涂料,在GB/T 9278规定的条件下干燥7d。

四、试验步骤

(1) 试验应在23℃±2℃下进行,对同一涂料试样采用2块试板进行平行试验。

(2) 将试板涂刷涂料面向上,水平固定在耐洗刷试验仪的试验台板上。

(3) 将预先处理过的刷子置于试板涂刷涂料的面上,使刷子保持自然下垂,滴加约2mL洗刷介质于试板的试验区域,立即起动仪器,往复洗刷涂层,同时以每秒钟滴加约0.04mL的速度滴加洗刷介质,使洗刷面保持润湿。

(4) 洗刷至规定次数或洗刷至试板长度的中间100mm区域露出底材后,取下试板,用自来水冲洗干净。

(5) 在散射日光下检查试板被洗刷过的中间长度100mm区域的涂层,观察其是否破损露出底材。

五、试验结果评定

洗刷至规定次数,两块试板中至少有一块试板的涂层不破损至露出底材,被评定为"通过"。洗刷到涂层刚好破损至露出底材,以两块试板中洗刷次数多的结果报出。

参考文献

[1] 魏鸿汉.建筑材料[M].北京:中国建筑工业出版社,2010.
[2] 王秀花.建筑材料[M].北京:机械工业出版社,2009.
[3] 张粉芹,赵志曼.建筑装饰材料[M].重庆:重庆大学出版社,2007.
[4] 陈茂明.建筑企业材料管理[M].大连:大连理工大学出版社,2010.
[5] 李风.建筑室内装饰材料[M].北京:机械工业出版社,2008.
[6] 宋岩丽.建筑与装饰材料[M].北京:中国建筑工业出版社,2010.
[7] 陈玉萍.建筑材料[M].武汉:华中科技大学出版社,2010.
[8] 梅杨,夏文杰.建筑材料与检测[M].北京:北京大学出版社,2010.
[9] 宋岩丽,王社欣,周仲景.建筑材料与检测[M].北京:人民交通出版社,2007.
[10] 张健.建筑材料与检测[M].北京:化学工业出版社,2007.
[11] 袭著革,李官贤.室内建筑装饰装修材料与健康[M].北京:化学工业出版社,2005.
[12] 隋良志,刘锦子.建筑与装饰材料[M].天津:天津大学出版社,2008.
[13] 夏文杰,余晖,曹智.建筑与装饰材料[M].北京:北京理工大学出版社,2009.
[14] 傅凌云,郑睿,李新献.建筑材料[M].北京:中国水利水电出版社,2009.